U0880849

高等学校城市轨道交通系列教材

（上海市本科教育高地建设资助项目）

数字信号处理

主　编　原　萍
主　审　尚　洪

中　国　铁　道　出　版　社

2012年·北　京

图书在版编目(CIP)数据

数字信号处理/原萍主编．—北京：中国铁道出版社，2012.4

高等学校城市轨道交通系列教材　上海市本科教育高地建设资助项目

ISBN 978-7-113-14178-3

Ⅰ.①数…　Ⅱ.①原…　Ⅲ.①数字信号处理—高等学校—教材　Ⅳ.①TN911.72

中国版本图书馆 CIP 数据核字(2012)第 012810 号

书　　名：高等学校城市轨道交通系列教材
数字信号处理

作　　者：原　萍

策划编辑：殷小燕　　**电话**：010－51873147

责任编辑：殷小燕

封面设计：陈东山　崔丽芳

责任校对：张玉华

责任印制：陆　宁

出版发行：中国铁道出版社(100054，北京市西城区右安门西街 8 号)

网　　址：http://www.tdpress.com

印　　刷：三河市兴达印务有限公司

版　　次：2012 年 4 月第 1 版　2012 年 4 月第 1 次印刷

开　　本：787 mm×960 mm　1/16　印张：15　字数：281 千

印　　数：1～3 000 册

书　　号：ISBN 978-7-113-14178-3

定　　价：30.00 元

前　言

在已经进入了信息时代的今天，随之而来的就是人们所接触的一切信息——文本、图片、图像、声音等信号都是以离散化的数据来表征了。这些数据的处理往往要经过采集、存储和传输等几个基本步骤，当然这其中不可忽视的就是数字信号处理技术。

一方面，数字信号处理采用通用计算机；而另一方面，在实际工程技术领域中越来越依赖于DSP/FPGA/CPLD等新型可编程器件。但是无论是采用软件处理还是硬件处理，信号处理的实质都是数值计算，本书围绕数值计算的核心内容予以介绍。

数字信号处理的触角已经深入到除常规电子、通信等信息应用之外的机械、自动化、图像、语音、电子对抗、仪器仪表等领域。这一科学领域的每一个重大进步，必将影响到人类生活的方方面面。本书是一本介绍数字信号处理的基础性教材，目的是使读者获取数字信号处理的基础知识，并引导该领域深入地学习和研究。

本书主要介绍离散时间信号与离散时间系统的时域和变换域分析方法。重点在于离散时间傅里叶变换(DTFT)、离散傅里叶级数(DFS)、离散傅里叶变换(DFT)、快速傅里叶变换(FFT)、Z变换和数字滤波器设计。同时，阐述了模拟信号的数字化处理、数字滤波器结构和相关内容的Matlab实现。全书共7章。第0章主要介绍信号与信号处理的基本概念，以及数字信号系统的组成等一些基本知识；第1章讨论离散时间信号表示、运算，离散时间系统分析以及与之相关的Matlab程序；第2章是离散时间信号与系统的变换域分析，主要介绍DTFT、DFS、Z变换以及与之相关的Matlab程序；第3章离散傅里叶变换，主要涉及DFT和与之相关的Matlab程序；第4章快速傅里叶变换，主要以基2FFT算法为主予以阐述FFT，并辅以Matlab实现；第5章和第6章是围绕数字滤波器，介绍数字滤波器结构和设计。

本书可作为普通高等院校非电子信息类理工科本科生的教材，也可供从事相关工程技术的人员及其他爱好者使用。

本书在多年的教学与科研基础上，比较全面、系统和准确地论述了数字信号处理基础理论。在编写教材过程中，充分注意到了数字信号处理理论性强、抽象概念多，其中大量的理论和结论都是通过严密的数学推导得到的等特点，教材选材尽量做到少而精，且编写侧重基本概念和基本原理的阐述，对结论尽可能用文字予以表述，淡化理论推导，但不回避必要的推导。本书力求言简意赅，详略得当，尽可能做到浅显易懂，为此，还辅以贴近内容的部分习题，以求解决该课程长期以来普遍认为的起点高，难度大的问题。本书也力争在达到实用性的同时，体现参考性和学术性。

本书在内容、例题和习题等方面参考了一些书籍，一并在此向书的作者表示衷心的感谢！对在编写过程中给予帮助和大力支持的所有人，表示感谢。

本书得到了上海本科教育高地项目的资助，使之得以顺利完成。

限于编者的水平有限，难免有不足和疏漏之处，敬请读者指正和赐教。

编　者

2011 年 10 月

目　　录

第0章　绪　　论

我们处在一个信息化的社会，不经意间就会触及信息化带来的成果，而信息化的基础是数字化，数字化的核心技术之一是数字信号处理，本章概要地介绍学习数字信号处理涉及的一些基本知识。

0.1　信号与信号分类

1. 信号

信号是承载信息的物理量，是信息的物理表现形式，信息是信号的具体内容，信息传输的载体是信号。借助信号传输时，信号不仅仅携带希望传输的有用信息，还存在不需要的无用信息，对信号进行分析和处理，就是利用数学手段，通过对信号做必要的变换，从而改变信号的表现形式，以达到提取有用的信息的目的。因此，讨论信号处理，一定意义上就是讨论与信号分析有关的数学变换。本书研究的对象是数字信号，其涉及到的主要变换包括傅里叶变换和Z变换。

2. 信号分类

一般来说，所有的工程领域都会涉及到信号和信号处理问题，虽然信号表现形式有电、磁、机械以及热、光、声等多种不同形式，但它都是反映物理系统的状态和特性的，都是是信息的函数，广义上它是随时间和空间变化的，可用数学来描述，信号（函数值）通常是一个自变量或几个自变量的函数，按自变量特点的不同，信号有不同的分类，归纳如下：

按自变量的个数分：
- 一维信号：只有一个自变量
- 多维信号：有两个或两个以上的自变量

按自变量取值形式分：
- 连续信号：自变量取连续值，函数值可连续也可离散
- 离散时间信号：自变量取离散值，而函数值取连续值

按自变量与函数值取值形式分：
- 模拟信号：自变量和函数值都取连续值
- 数字信号：自变量和函数值均取离散值

按自变量取值的域分：
- 时域信号：自变量是时间
- 频域信号：自变量是频率
- 时频域信号：自变量是复指数

按自变量取值范围分
- 因果信号:自变量小于 0 时,信号是零值
- 非因果信号:自变量小于 0 时,信号有非零值

此外,信号还有确定信号与随机信号、能量信号和功率信号、周期信号和非周期信号、实信号和复信号之分。

按信号数学表达分
- 确定信号:信号可用自变量确切的数学(或序列)表达
- 随机信号:信号不能用自变量的确切数学关系表达

按信号的能量是否有限分
- 能量信号:信号的能量是有限的
- 功率信号:信号的功率是有限的

按信号值是否重复出现分
- 周期信号:信号只有有限个独立值,且值等间隔复现
- 非周期信号:不满足周期信号的信号

按信号取值是否是实数分
- 实信号:信号的取值为实数
- 复信号:信号取值为复数

可见,从不同的角度,信号有不同分类。实际上,常说的信号分类是模拟信号、时间离散信号和数字信号,据此,系统按照输入输出是哪一类信号,系统也分模拟系统、时域离散系统和数字系统。

值得一提的是,工程中遇到的信号一般为模拟信号,而离散时间信号通常来源于对模拟信号的采样。数字信号也可以说是离散时间信号,是幅度量化了的离散时间信号。数字信号往往采用计算机或者专用数字信号处理芯片,对它进行分析与处理,故用有限位二进制编码表示,所以从工程角度来说,离散时间信号就是数字信号,数字信号就是离散时间信号,二者就有同一性。

本书仅研究确定的和一维的周期与非周期信号的数字信号处理理论与技术,主要涉及时域分析和变换域分析。关于信号的自变量,有多种形式,可以是时间、距离、温度、电压等,为方便起见,本书一般把信号看作是时间的函数。

对实际信号,上述分类仅仅是从不同角度,依据不同特征,按照不同分析目的,在不同分析域内对同一事物的认识,并未改变同一信号的实质,其目的就是为了充分地获取信息和有效地利用信息。

3. 信号的描述方法

数字信号处理无论是采用软件(主体是数字计算机)实现还是硬件(专用数字设备或 DSP 芯片)来实现,都是以数值计算的方式对离散时间信号进行分析、处理。因此,首先应将信号进行描述,信号描述分数学描述和波形描述。所谓“数学描述”就是将信号表示成一个或若干个自变量的函数或序列的形式。所谓“波形描述”就是将信号放到某种坐标系下,用波形来表述信号值随自变量变化而变化的规律。信号可从时域角度进行描述,也可从频域或复频域来描述。实际中可根据信号处理的需要进行选择。

0.2 信号分析与信号处理

为从信号中提取有用的信息，要求信号进行必要的分析和处理。

所谓"信号分析"就是通过数学的方法（解析法）或物理的方法（测试法）找出信号的特征，从而了解其特性，掌握其随时间或频率变化的规律。如工程中的故障检测，就是通过信号分析，把一个复杂的信号分解成几个简单信号的和或用有限的一组参量去表示一个复杂波形的信号，再从这组简单信号的组成或这组参数分析信号特征。信号分析是获取信号或信号所传递信息的重要手段。由于信号描述可以在不同分析域之间转换，因此信号分析分为时域分析、频域分析和复频域分析。

实际中或直接测量的信号一般是随时间变化的物理量，信号是时间的函数。时域分析法就是研究信号的幅值等参数、信号的稳态分量和瞬态分量随时间变化的一种信号分析方法，又称波形分析。对连续信号分析最常用的是把信号在时域上分解成具有不同时间延迟的简单冲激信号的和，再采用卷积方法和相关分析法进行分析。对数字信号的时域分析，是将任意离散时间信号表示成单位采样序列移位加权和，然后采用卷积和来分析。常常，为了更好地弄清信号的特征，通过数学变换将时域信号变换至频域加以分析，即建立信号的频域描述，把信号描述成以频率为独立变量的函数。其中，傅里叶变换就是最常用的一种变换，一个复杂的信号经过傅里叶变换可分解为不同频率的正弦分量的叠加，据此，加以分析，这种分析称为频率分析或频谱分析，也称为傅里叶分析。频谱分析分为幅值谱和相位谱，前者是研究信号幅值随频率的变换规律，而后者则是分析相位随频率变化的规律。频谱分析是工程中应用最广的分析方法，特别是在工程测试领域，通过频谱分析可以了解被测信号的频率成分，获得其所包含的更丰富信息，更好地反映被测物理量的特征。复频域分析是以复指数函数作为基本信号，将任意输入信号分解成为一系列不同复频率的复指数分量的叠加，对模拟信号来说再采用拉普拉斯氏变换，对离散时间信号来说再采用离散傅里叶变换进行信号分析。复频域分析更多的是从系统的角度来分析信号，连续信号系统分析采用拉普拉斯变换，而数字信号系统分析则采用 Z 变换。

重点应强调的是离散信号的频谱分析的工具包括 DTFT（离散时间傅里叶变换）、DFS（离散傅里叶级数）和 DFT（离散傅里叶变换）、FFT（快速傅里叶变换），这也是本书要讨论的重点之一。其中，DTFT 用于离散非周期序列分析，由于信号是非周期序列，包含了各种频率的信号，所以 DTFT 对它变换后得到的频谱是连续和周期的，即具有时域离散非周期对应频域连续周期的特点。当离散的信号为周期序列时，严格地讲，它的离散时间傅里叶变换是不存在的，因为它不满足信号序列绝对级数和收敛(绝对可和)这一 DTFT 存在的充要条件,但是采用 DFS 这一分析工具仍然可以对其进行频谱分析。当把一个有限长非周期序列假设是一无限长周期序列的一个主值周期,即对有限长非周期序列进行周期延拓时,延拓后的序列完全可以采用 DFS 进行处理,即是 DFT。由于 DFT 借用了 DFS,这样就假设了序列的周期性,但在处理时又对区间做出限定(主值区间),以符合有限长的特点,这就使 DFT 带有了周期性。故有限长序列 DFT 变换后的频谱是离散周期的。另外,DFT 是对一周期内的有限个离散频率的表示,所以它在频率上是离散的,就相当于 DTFT 变换成连续频谱后再对其采样,此时采样频率等于序列延拓后的周期 N,即主值序列的个数。快速傅里叶变换 FFT 其实是一种对离散傅里叶变换的快速算法,它的出现解决了离散傅里叶变换的计算量大、不实用的问题,使离散傅里叶变换的计算量降低了一个或几个数量级,从而使离散傅里叶变换得到了广泛应用。另外,FFT 的出现也解决了相当多的计算问题,使得其他计算也可以通过 FFT 来解决。

所谓"信号处理"是指对信号的变换或运算(滤波、增强、压缩、估计和识别等)。广义上信号处理包括信号分析。信号处理分时域处理和频域处理,其频域处理主要指的是滤波,就是把信号混有的噪声剔除掉,本书也将用一定篇幅介绍实现滤波的数字滤波器及其设计。信号处理又有连续信号处理和数字信号处理之分,数字信号处理是将信号用序列表示并处理的理论与技术,数字信号处理的最终目的是对现实世界的模拟信号进行测量或滤波等等处理。本书只研究数字信号处理。

数字信号处理是采用数值运算的方法达到处理目的的,其实质是用数字序列表示数字信号,并用数值计算方法对数字序列进行各种运算,从而把原始信号变换成符合需要的某种形式。因此,其实现方法不同于模拟信号的实现方法,基本上可以分成两种实现方法,即软件实现方法和硬件实现方法。软件实现方法是指按照原理和算法,编写程序或者采用现成的程序在通用计算机上实现;硬件实现是指按照具体的要求和算法,设计硬件结构图,用乘法器、加法器、延时器、控制器、存储器以及输入输出接口部件实现的一种方法。显然前者灵活,但是运算速度慢,一般达不到实时处理的要求,因此,这种方法一般适合于科研和教学。后者运算速度快,可以达到实时处理要求,但是不够灵活,广泛应用于解决工程上的问题,DSP 技术隶属于后者,本书不涉及,感兴趣者可查阅相关书籍。

0.3 数字信号处理系统

实际中我们遇到的信号是多种多样的,例如广播信号、电视信号、雷达信号、通信信号、导航信号、射电天文信号、生物医学信号、控制信号、气象信号、地震勘探信号、机械振动情号、遥感遥测信号等等，这些信号大部分是模拟信号，由于数字信号处理在精度、灵活性、可靠性和可重复性、实时性、抗噪声干扰、大规模集成等诸多方面比模拟信号处理有很多优势，因此，基本上上述提到的信号都采用数字化后的数字信号处理，当然，也有小部分是数字信号，那么就可直接采用数字信号处理了。就是说，在工程实际中人们经常希望针对模拟信号也采用数字信号处理的技术来进行处理。这时，首先必须将模拟信号经过采样、量化和编码形成数字信号，再用数字处理技术进行处理，如果需要，还可将处理结果转换成模拟信号。这种方法称为模拟信号的数字处理方法，其系统基本组成如图 0.1 所示。

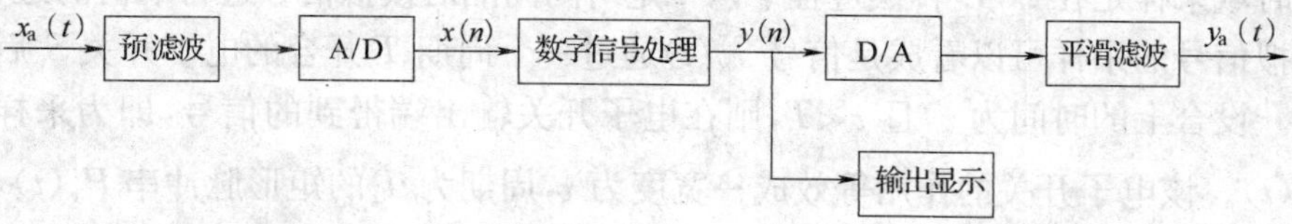

图 0.1 数字信号处理系统组成原理框图

由图 0.1 得出数字信号处理的步骤如下。

1. 预滤波

预滤波的目的是将信号调整为便于数字信号处理的形式，如：对输入的模拟信号 $x_a(t)$进行限幅，或对它的频率进行限制（滤除信号的高频噪声或隔离信号中的直流分量），等等。

2. 模数(A/D)转换

经预滤波后的信号，被送到模数(A/D)转换器，目的是为了下一步进行数字信号处理。而把模拟信号转换成数字信号，实现这一转换功能的就是模数转换器Analog/Digital Converter)。在工程实际中，A/D 转换包括在时间上对模拟信号等间隔采样（也就是所说的离散化）和保持，在幅值上进行量化和编码，而 A/D 转换器是把采样、量化和编码都集成在一起了，通过 A/D 转换器可把模拟信号采样得到的每个信号样值变换成有限长的二进制编码。

需要说明的一点是随着计算机和专用数字处理系统的字长不断增加，模数转换器和系统参数值的量化误差以及计算误差越来越小。如果忽略这些误差，经过采样得到的抽样信号 $x(n)$可等同为经 A/D 转换后的数字信号，离散时间系统也等价于数字系统。

3. 数字信号处理

数字信号处理负责对数字信号进行分析和处理，它可以是计算机也可以是单片的 DSP、也可以是专用的数字设备（如数字信号分析仪）。它们一般处理的数据长度是有限的，所以要把经过 A/D 转换后得到的序列截短，然后根据需要进行滤波、相关分析、频谱分析、概率统计、功率谱分析或传输函数分析等数字信号处理。

4. 输出结果

$x(n)$经过数字信号处理的加工后，变成另一个数字信号 $y(n)$，一方面可以将其直接显示或打印输出，另一方面可以通过数模转换器(D/AC)把数字量转换为模拟量，再进行平滑滤波器输出或用于外部被控装置。

0.3.1 时域采样与 A/D 变换

1. 时域采样

时域采样是在 A/D 转换过程中以一定时间间隔对模拟信号进行取值的过程。对模拟信号的采样可以看成是信号 $x_a(t)$通过一个周期 T 开合的电子开关 S 后的结果。设合上的时间为 τ，且 $\tau \ll T$，则在电子开关输出端得到的信号，即为采样信号$\hat{x}_a(t)$。该电子开关的作用等效成一宽度为 τ，周期为 T 的矩形脉冲串 $P_\tau(t)$，采样信号$\hat{x}_a(t)$就是 $x_a(t)$与 $P_\tau(t)$相乘的结果，这一采样过程如图 0.2(a)所示。如果让电子开关合上的时间 τ 趋于零，就形成了理想采样，此时上面的脉冲串 $P_\tau(t)$变成单位冲激串 $P_\delta(t)$。$P_\delta(t)$中每个单位冲激处在采样点上，强度为 1。那么，理想采样则是 $x_a(t)$与 $P_\delta(t)$相乘的结果，采样过程如图 0.2(b)所示。

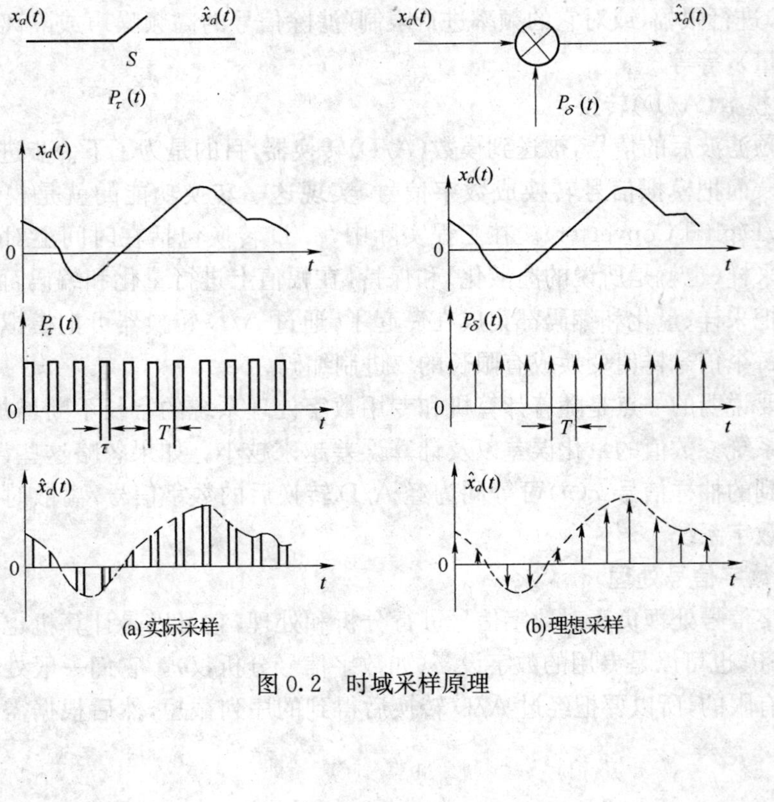

图 0.2 时域采样原理

可见，理想采样用数学描述就是用时间间隔为 T 的单位冲激序列 $P_\delta(t)$ 去乘模拟信号 $x_a(t)$，得到采样信号 $\hat{x}_a(t)$。

由

$$P_\delta(t)=\sum_{n=-\infty}^{\infty}\delta(t-nT) \qquad \text{式}(0.1)$$

得到：

$$\hat{x}_a(t)=x_a(t)\cdot P_\delta(t)=\sum_{n=-\infty}^{\infty}x_a(t)\delta(t-nT) \qquad \text{式}(0.2)$$

式(0.2)表明只有当 $t=nT$ 时，$\hat{x}_a(t)$ 才可能有非零值，因此 $\hat{x}_a(t)$ 可写成：

$$\hat{x}_a(t)=\sum_{n=-\infty}^{\infty}x_a(nT)\delta(t-nT) \qquad \text{式}(0.3)$$

也就是说经时域采样后，信号 $x_a(t)$ 各采样点值为 $x_a(nT)$。其中 T 为采样间隔，也称采样周期，它的倒数称为采样频率 f_s，即 $f_s=1/T$。为了恰当地选择 f_s，使得使采样信号不失真地恢复原模拟信号，即如能得出采样信号不失真地恢复原模拟信号的条件，就得出了采样定理。

我们知道，可通过傅里叶变换(FT)来分析采样信号 $\hat{x}_a(t)$ 的频谱与原模拟信号 $x_a(t)$ 的频谱之间的关系，以此获得采样信号不失真地恢复原模拟信号的条件。描述采样过程各个信号及其频谱如图 0.3 所示。

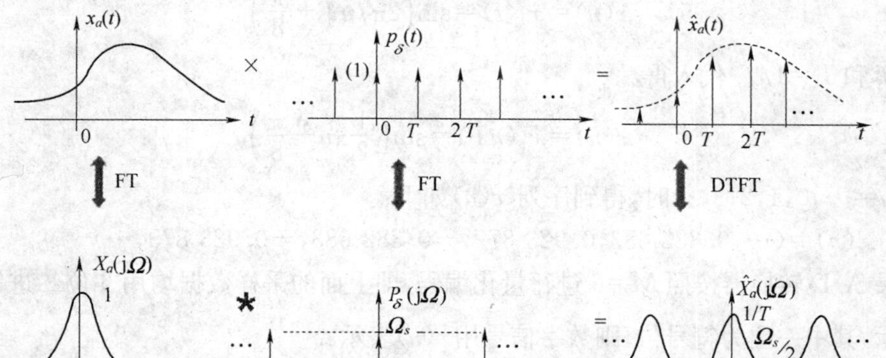

图 0.3 信号及其采样信号频谱

从频谱图可以看出：要使各频移不重叠，抽样频率 $\Omega_S\geqslant 2\Omega_C$，$\Omega_C$ 为 $x_a(t)$ 的最高截止角频率。否则，$\Omega_S<2\Omega_C$ 时采样信号的频谱会出现混叠。

采样定理：一个频谱受限的信号(带限信号)$x_a(t)$，其最高频率为 f_C，若由采样信号恢复原信号，则采样频率 f_s 必须必须大于信号最高频率的两倍，即 $f_s\geqslant 2f_C$ 或 $\Omega_S\geqslant 2\Omega_C$，$T\leqslant 1/2f_C$。

实际信号的频谱不会是严格的带限信号，只是随着频率升高，振幅衰减很快而已。在具体应用时可根据需要确定信号的最高频率 f_c，但该频率以上还会有不为零的高频分量部分。为减少这部分高频分量在采样后产生的频率混叠效应，一是采样频率通常可取 $f_s \geqslant (3\sim5)f_c$；此外，在采样前可加抗混叠滤波也称预滤波，先将高于 $f_s/2$（称折叠频率）以上的频率分量滤除，如图 0.1 所示。

2. A/D 变换

将模拟信号转换成数字信号由 A/D 转换器完成，一般分为 4 个步骤进行，即采样、保持、量化和编码，原理图如图 0.4 所示。

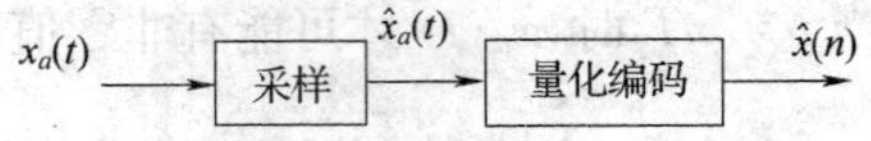

图 0.4　A/D 转换器原理框图

A/D 转换器中的采样是将连续的时间信号转变为等间隔的离散信号，再经量化编码器将离散信号转变为由二进制数表示的数字信号。可以说采样以后到形成数字信号的过程是一个量化编码的过程。

例如：假如 A/D 转换器有 M 位，用 M 位二进制数表示并取代采样的样本数据，即形成数字信号。设模拟信号 $x_a(t)=\sin(2\pi ft+\pi/8)$，式中 $f=50$ Hz，选取采样频率 $f_s=200$ Hz，将 $t=nT$ 代入 $x_a(t)$ 中，得到采样数据：

$$x(n)=x_a(t)=\sin\left(2\pi fnT+\frac{\pi}{8}\right)$$

将 f 和 $T=1/f_s$ 代入得

$$x(n)=x_a(nT)=\sin\left(\frac{1}{2}\pi n+\frac{\pi}{8}\right)$$

当 $n=\cdots,0,1,2,3,\cdots$ 时，得到序列 $x(n)$ 如下：

$$x(n)=(\cdots,0.382\,683,0.923\,879,-0.382\,683,-0.923\,879,\cdots)$$

如果 A/D 转换器按照 $M=6$ 进行量化编码，即上面的采样数据均用 6 位二进制码表示，其中一位为符号位，则数字信号用 $\hat{x}(n)$ 表示：

$$\hat{x}_a(n)=(\cdots,0.011\,00,0.111\,01,1.011\,00,1.111\,01,\cdots)$$

如果在把 $\hat{x}_a(n)$ 换算成十进制数表示，则有

$$\hat{x}_a(n)=(\cdots,0.375\,00,0.906\,25,-0.375\,00,-0.906\,25,\cdots)$$

显然，量化编码以后的 $\hat{x}_a(n)$ 和 $x(n)$ 不同。这样产生的误差称为量化误差，这种量化误差起的作用称为量化效应，它是衡量 A/D 转换的技术指标之一，此外还有分辨率、精度、转换速率等指标，这部分内容请读者查阅相关书籍。

0.3.2　数字信号转换成模拟信号

将经过数字信号处理后的离散时间信号 $y(n)$ 恢复模拟信号 $y_a(t)$ 的实质是插值，由理想低通滤波器完成。但理想低通滤波器是非因果系统，实际是物理不可实现的，实际可实现的基本方框图如图 0.5 所示。

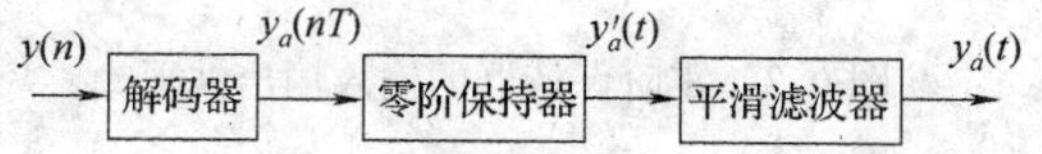

图 0.5　D/A 转换器原理框图

实际可实现的 D/A 转换器包括三部分：解码器、零阶保持器和平滑滤波器。解码器是将数字信号 $y(n)$ 转换为离散时间信号 $y_a(nT)$；零阶保持器和平滑滤波器将离散时间信号 $y_a(nT)$ 转换为模拟信号 $y_a(t)$，$y_a(t)$ 近似等于 $x_a(t)$。零阶保持器的原理图、单位冲激响应、振幅频响函数如图 0.6 所示，它实际是一个可实现的低通滤波器，即用零阶保持器的单位冲激响应 $h(t)$ 作内插函数，实现 D/A 转换。

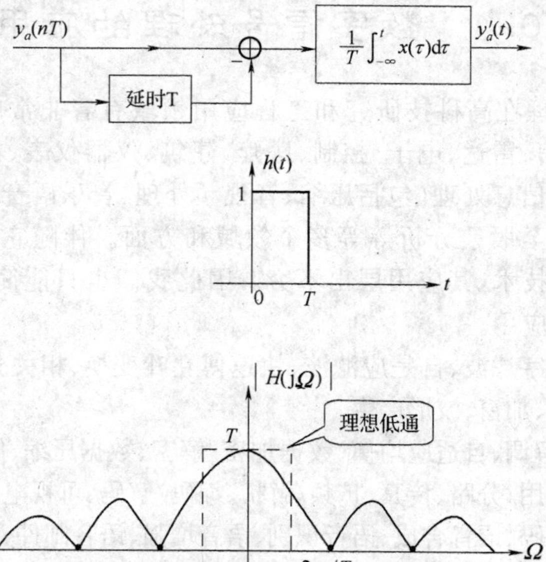

图 0.6　零阶保持器的原理图

零阶保持器的单位冲激响应、振幅频响函数因为零阶保持器与理想低通（图中虚线所示）相比，在 $|\Omega|>\pi/T$ 区域有较多的高频分量，所以零阶保持器输出的波形与理想低通所恢复的波形有很大差别。从时域上看，因为零阶保持器要将一个采样值保持到下一个采样值到来之前，所以离散信号 $y_a(nT)$ 及经过零阶保持器的输出波形如图 0.7 所示。

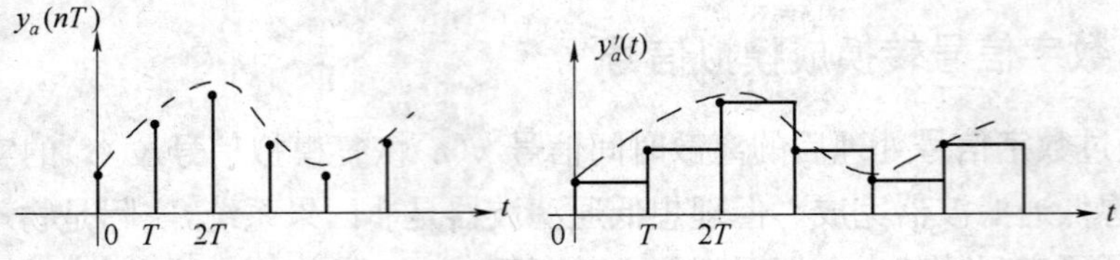

(a) 输入波形　　(b) 输出波形

图 0.7　零阶保持器的输入输出波形

表现在时域上是所恢复出的模拟信号是台阶形的，表现在频域上是有镜像频率分量，总之失真较大。为了减少恢复出的模拟信号的失真，在 D/A 转换器之后再加平滑低通滤波器，滤除多余的高频分量，对时间波形起平滑作用，使最后的输出波形逼近理想低通的输出波形，这也就是在图 0.1 模拟信号数字处理框中，最后加平滑滤波的原因。虽然由零阶保持器所恢复出的模拟信号是有失真的，但简单、易实现，故还是经常使用的方法。

0.4　数字信号处理的应用

数字信号处理在高科技研究和工程应用领域有着非常广泛的应用，它涉及航空航天、通信、雷达、电子、控制、医疗、建筑、仪器仪表、检测（包括医学检测和工业检测）、信息处理（包括压缩、音视频处理、音乐语音处理、语音识别及其图像识别），甚至股票分析等等多个领域和方面。伴随它的 DSP 技术已经迅速发展为前沿技术，其应用层出不穷。因此我们也只能简明扼要地归纳出数字信号处理的应用。

信号处理：数字滤波、自是应滤波、快速傅立叶变换、相关分析、卷积、模式匹配、加窗、波形产生。

通信：调制/解调、自适应均衡、数据加密/解密、数据压缩/解压缩、回波抵消、多路复用/分路、传真、扩频/解扩、编码/解码、可视电话。

语音：语音编码、语音合成、语音识别、语音增强、语音邮件、语音存储等。

图形/图像：二维和三维图形处理、图像压缩与传输、图像增强、动画、机器人视觉。

仪器/仪表：频谱分析、动态分析、函数发生器、锁相环、勘探、模拟试验。

医疗电子：助听器、CT 扫描、超声波、心脑电图、核磁共振、医疗监控。

消费电子：如数字电视、高清晰度电视、数字电话、高保真音像、音乐合成等。

军事与尖端科技：雷达与声纳信号处理、导弹制导、火控系统、导航、GPS、尖端武器试验、航空航天试验、宇宙飞船、侦察卫星等。

第 1 章　离散时间信号与系统

本章所述内容是全书的基础，主要介绍离散时间信号的表示、运算及其典型信号；线性时不变系统的因果性和稳定性，以及系统的输入输出描述法，线性常系数差分方程的解法。

1.1　离散时间信号

1.1.1　离散时间信号的序列表示

1. 序列的定义

离散时间信号大都是由工程上遇到最多的模拟信号经过等间隔采样得到的。假设模拟信号为 $x_a(t)$，对它进行采样间隔为 T 的等间隔采样，可得：

$$x_a(t)\big|_{t=nT}=x_a(nT),n\ 为整数 \qquad 式(1.1)$$

因为 $x_a(nT)$ 的自变量是离散的，所以 $x_a(nT)$ 称为离散时间信号。对于不同的 n 值，$x_a(nT)$ 实际是一个自变量有序的数字序列，即…$x_a(-T)$、$x_a(0)$、$x_a(T)$…。在实际的信号处理中，这些数字序列值按顺序放在存储器中，此时 nT 仅仅代表的是前后顺序。为简化起见，采样间隔 T 不写，$x_a(nT)$ 变为…$x_a(-1)$、$x_a(0)$、$x_a(1)$…，形成了一串有序的数字的集合，称为序列，也就是说离散时间信号即为序列，记为

$$x(n)=x_a(nT),n\ 为整数 \qquad 式(1.2)$$

一个序列就可表示一个离散时间信号，$x(n)$ 是一个序列，它就表示一个离散时间信号，当 n 取某一值时，$x(n)$ 表示第 n 个序列值。

2. 序列的表示

离散时间信号有三种表示。

(1)集合表示法

离散时间信号是一个有序的数值的集合，可用集合符号表示序列，为：

$$x(n)=\{x_n,n=\cdots,-2,-1,0,1,2,\cdots\}$$

在序列 $n=0$ 所对应的序列值下面加下划线或箭头，则序列可简化表示。例如：序列 $x(n)=\{1,1.3,2.5,3.3,1.9,0,4.1;n=-2,-1,0,1,2,3,4\}$，简化表示为 $x(n)=\{1,1.3,\underline{2.5},3.3,1.9,0,4.1\}$ 或 $x(n)=\{1,1.3,\underset{\uparrow}{2.5},3.3,1.9,0,4.1\}$，本

书采用前者。

(2)解析式表示法

也可以用公式表示离散时间信号随 n 的变化规律。如:$x(n)=2^n$。

(3)图形表示法

序列也常用谱线状的图形表示,如图 1.1 所示。以谱线的竖线长短表示序列值的大小,竖线顶端加的黑点,是为了醒目。有时为了描述序列的一般规律(变化趋势),也将黑点用虚线(包络线)联起来,以方便观察序列值之间的关系。

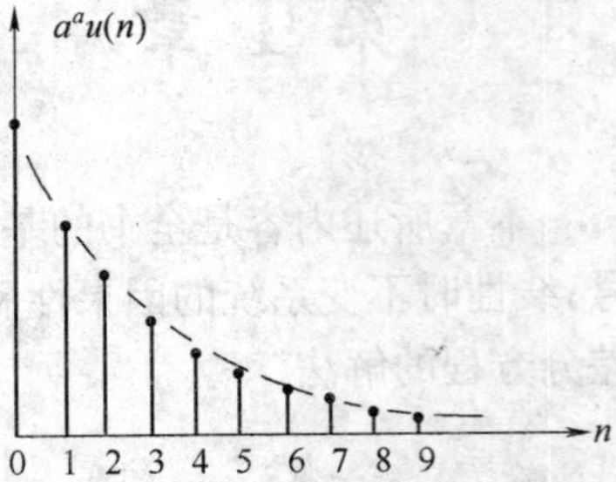

图 1.1 序列的图形表示

数字信号处理就是用数字或符号的序列来表示信号,通过计算机去处理这些序列,提取其中的有用信息。

1.1.2 常用的典型序列

1. 单位采样序列 $\boldsymbol{\delta(n)}$

解析表达为

$$\delta(n)=\begin{cases}0 & n\neq 0\\ 1 & n=0\end{cases} \quad \text{式(1.3)}$$

单位采样序列也可以称为单位脉冲序列,特点是仅在 $n=0$ 时取值为 1,其他均为零。它类似于连续信号和系统中的单位冲激函数 $\delta(t)$,但不同的是 $\delta(t)$ 在 $t=0$ 时,取值无穷大,$t\neq 0$ 时取值为零,对时间 t 的积分为 1。单位采样序列和单位冲激信号如图 1.2 所示。

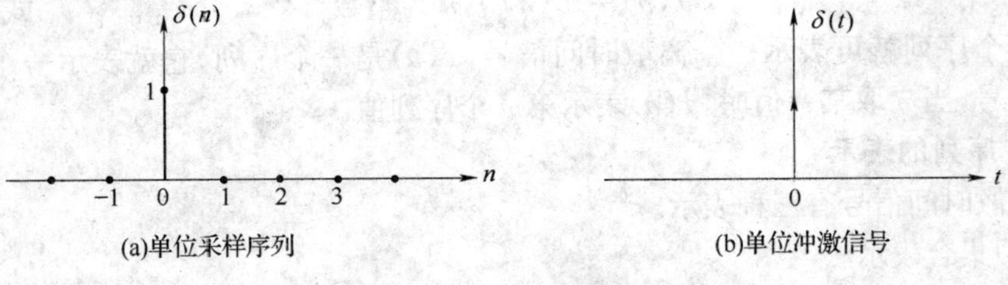

图 1.2 单位采样序列和单位冲激信号

单位采样序列具有如下特征:

移位性:$\delta(n-m)=\begin{cases}0 & n\neq m\\ 1 & n=m\end{cases}$

比例性:$c\delta(n)$;推广 $c\delta(n-m)$

抽样性:$x(n)\delta(n)=x(0)\delta(n)$;推广 $x(n)\delta(n-m)=x(m)\delta(n-m)$

对于任意序列，常用单位采样序列的移位加权和来表示，即

$$x(n)=\sum_{m=-\infty}^{\infty}x(m)\delta(n-m) \qquad 式(1.4)$$

这种任意序列的表示方法，在数字信号处理中是一个很有用的公式。例如：$x(n)$的波形如图 1.3 所示，可以表示成：

$x(n)=-2\delta(n+2)+0.5\delta(n+1)+2\delta(n)+\delta(n-1)+1.5\delta(n-2)-\delta(n-4)+2\delta(n-5)+\delta(n-6)$

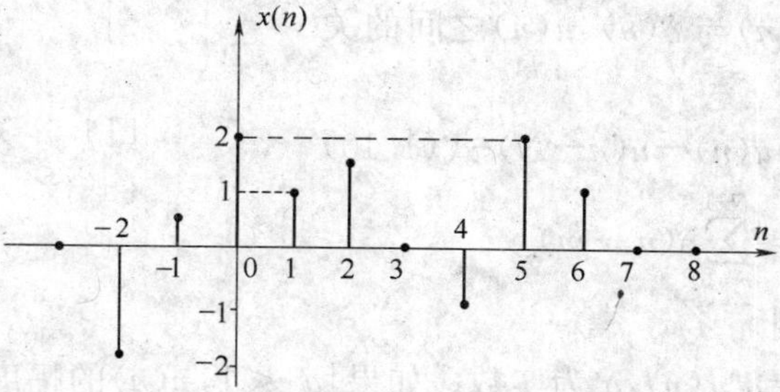

图 1.3　用单位采样序列的移位加权和表示序列

2. 单位阶跃序列 $u(n)$

数学表达式为

$$u(n)=\begin{cases}1 & n\geqslant 0\\ 0 & n<0\end{cases} \qquad 式(1.5)$$

其波形如图 1.4 所示。

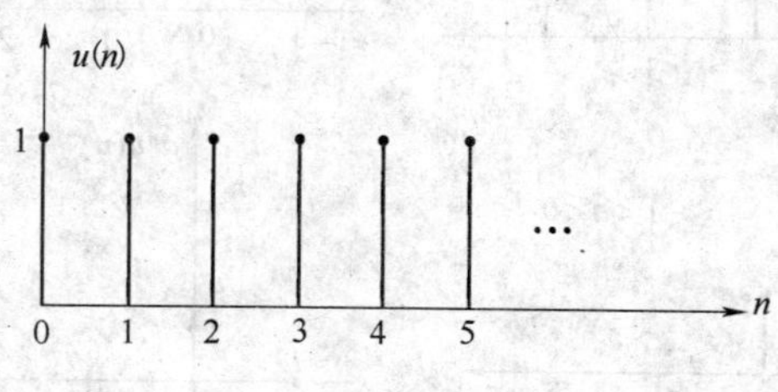

图 1.4　单位阶跃序列

一方面，$u(n)$可以看做无数个样值的和，即

$$u(n)=\delta(n)+\delta(n-1)+\delta(n-2)+\delta(n-3)+\cdots$$
$$=\sum_{k=0}^{\infty}\delta(n-k) \qquad 式(1.6)$$

令 $n-k=m$，$u(n)$ 也可以表示为

$$u(n)=\sum_{m=-\infty}^{n}\delta(m) \qquad 式(1.7)$$

另一方面，$\delta(n)$与 $u(n)$之间有如下关系

$$\delta(n)=u(n)-u(n-1) \qquad 式(1.8)$$

3. 矩形序列 $R_N(n)$

数学表达式为

$$R_N(n)=\begin{cases}1 & 0\leqslant n\leqslant N-1\\ 0 & 其他\end{cases} \qquad 式(1.9)$$

式中,N 称为矩形序列的长度。如图 1.5 所示。

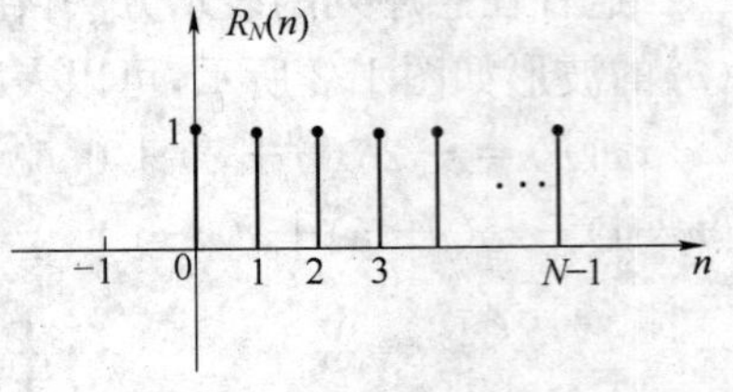

图 1.5 矩形序列

不难得出 $R_N(n)$ 与 $\delta(n)$、$u(n)$之间的关系是

$$R_N(n)=u(n)-u(n-N) \qquad 式(1.10)$$

$$R_N(n)=\sum_{m=0}^{N-1}\delta(n-m) \qquad 式(1.11)$$

4. 实指数序列

定义为 $x(n)=a^n u(n)$,a 为实数。如果$|a|<1$,$x(n)$的幅度随 n 的增大而减小,称 $x(n)$为收敛序列;如$|a|>1$,$x(n)$的幅度随 n 的增大而增大则称为发散序列,其波形如图 1.6 所示。

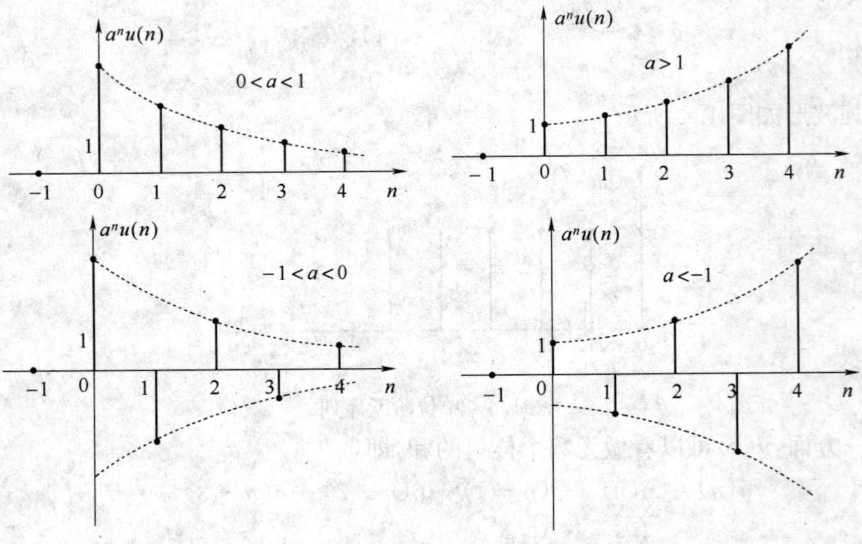

图 1.6 实指数序列

5. 正弦序列

$$x(n)=A\sin(\omega n)$$

式中,A 称为幅度;ω 称为数字域频率,简称数字频率,单位是 rad,它表示序列变化

的速率，或者说表示相邻两个序列值之间变化的弧度数。如图 1.7 所示。

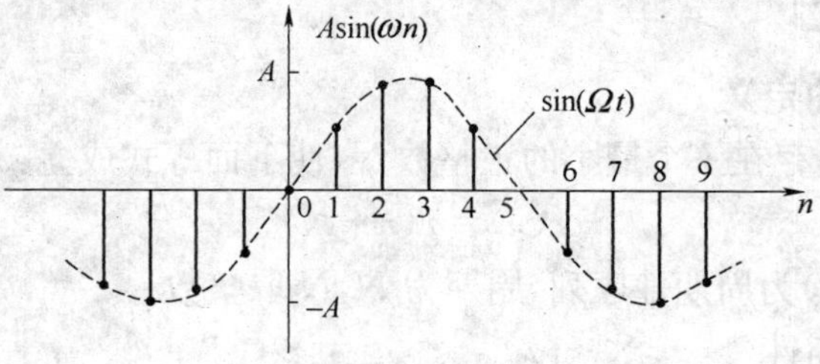

图 1.7　正弦序列

如果正弦序列是由模拟信号 $x_a(t)$ 采样得到的，令 $x_a(t)=A\sin(\Omega t+\varphi)$，那么

$$\begin{aligned}x(n)&=x_a(t)\big|_{t=nT}\\&=A\sin(\Omega nT+\varphi)\\&=A\sin(\omega n+\varphi)\end{aligned}$$

因为在数值上，序列值与采样信号值相等，因此得到数字频率 ω 与模拟角频率 Ω 之间的关系为

$$\omega=\Omega T \qquad \text{式(1.12)}$$

式(1.12)具有普遍意义，它表示凡是由模拟信号采样得到的序列，模拟角频率 Ω 与序列的数字频率 ω 成线性关系。由于采样频率 f_s 与采样周期 T 互为倒数，式(1.12)也可以表示成：

$$\omega=\frac{\Omega}{f_s} \qquad \text{式(1.13)}$$

式(1.13)表示数字频率是模拟角频率对采样频率的归一化频率。

注：本书中均用 f 表示模拟频率，Ω 表示模拟角频率；ω 表示数字频率，Ω_s 表示模拟数字频率；f_s 表示采样频率；T 表示采样周期。

6. 复指数序列

$$x(n)=e^{j\omega n}$$

也可表示为

$$x(n)=\cos(\omega n)+j\sin(\omega n)$$

其中，$\sin(\omega n)=(e^{j\omega n}-e^{-j\omega n})/2j$；$\cos(\omega n)=(e^{j\omega n}+e^{-j\omega n})/2$

由于 n 取整数，下面等式成立：

$$e^{j(\omega+2\pi M)n}=e^{j\omega n},M=0,\pm1,\pm2,\cdots$$

这表明复指数序列具有以 2π 为周期的周期性，因此在以后的讨论中，只考虑一个周期 $(0,2\pi)$ 或 $(-\pi,\pi)$ 就够了，区间 $(0,2\pi)$ 或 $(-\pi,\pi)$ 称主值区间。

1.1.3 周期序列

1. 周期序列的定义

如果对所有 n 存在一个最小的正整数 N，使下面等式成立：

$$x(n)=x(n+N), \qquad \text{式(1.14)}$$

则称序列 $x(n)$ 为周期性序列，周期为 N，N 取整数。

2. 序列的周期性

下面以正弦序列为例讨论序列的周期性。

由正弦序列 $x(n)=A\sin(\omega n+\varphi)$，知道

$$x(n+N)=A\sin[\omega(n+N)+\varphi]=A\sin(\omega n+\omega N+\varphi)$$

若 $x(n+N)=x(n)$

必有
$$2\pi k=\omega N$$

那么有

$$N=\frac{2\pi}{\omega}k \qquad \text{式(1.15)}$$

可见，使 k 与 N 均取正整数，且使 k 的取值能保证 N 是最小的正整数时，正弦序列就是以 N 为周期的周期序列。据此我们可根据$\frac{2\pi}{\omega}$的值，将周期求法细分如下情况。

$$\text{当}\frac{2\pi}{\omega}=\begin{cases}\text{整数时，周期 } N=\frac{2\pi}{\omega}\text{（此时对应 } k \text{ 取 1）}\\ \text{有理数时，设}\frac{2\pi}{\omega}=\frac{P}{Q}\text{，}P\text{、}Q\text{ 是互为素数整数，周期 } N=P\text{（此时对应 } k \text{ 取 } Q\text{）}\\ \text{无理数时，无论 } k \text{ 取任何整数，} k \text{ 都不能使 } N \text{ 为正整数，无周期}\end{cases}$$

对于复指数序列 $e^{j\omega n}$ 的周期性也有同样的分析结果，读者可自行验证。

【例 1.1】 求下列正弦序列的周期：

(1) $x_1(n)=2\sin(0.05\pi n)$；(2) $x_2(n)=-\sin(0.055\pi n)$；

(3) $x_3(n)=2\sin(0.05\pi n)+4\sin(0.12\pi n)$；

(4) $x_4(n)=5\cos(0.2n)$。

解 (1) 由 $\omega=0.05\pi$，所以$\frac{2\pi}{\omega}=\frac{2\pi}{0.05\pi}=40$，故 $N=40$；

(2) 由 $\omega=0.055\pi$，所以$\frac{2\pi}{\omega}=\frac{2\pi}{0.055\pi}=\frac{400}{11}$，故 $N=400$；

(3) 由 $\omega_1=0.05\pi$，所以$\frac{2\pi}{\omega}=\frac{2\pi}{0.05\pi}=40$，故 $N_1=40$；

由 $\omega_2=0.12\pi$，所以$\dfrac{2\pi}{\omega_2}=\dfrac{2\pi}{0.12\pi}=\dfrac{25}{3}$，故 $N_2=25$；

N 为 N_1 和 N_2 的最小公倍数，即 $N=200$。

(4)由 $\omega=0.2$，所以$\dfrac{2\pi}{\omega_2}=\dfrac{2\pi}{0.2}=10\pi$，它是无理数，故 N 不存在。

1.1.4 序列的运算

在数字信号处理中，常遇到以下几种序列的运算，它们是加法、乘法、移位与翻褶及尺度变换、累加和卷积等。

1. 加法和乘法

序列之间的加法或乘法，是指它的同序号的序列值逐项对应相加或相乘，从而，得到一个新的序列，如图 1.8 所示。

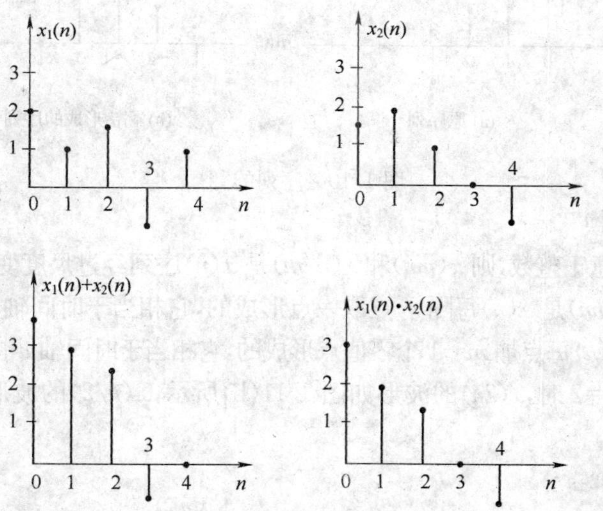

图 1.8 序列的加法和乘法

2. 移位、翻褶

移位运算形成的新序列 $x(n-m)$ 是原序列 $x(n)$ 移 m 位形成的序列。当 $m>0$ 时，每项右移 m 位，这样的 $x(n-m)$ 称作 $x(n)$ 的延时序列；当 $m<0$ 时，每项左移 m 位，$x(n-m)$ 称为 $x(n)$ 的超前序列。

例如，图 1.9 所示，$x(n-1)$ 序列是 $x(n)$ 序列每项右移 1 位形成的。

而 $x(-n)$ 则是 $x(n)$ 的翻褶序列，它是将 $x(n)$ 以纵轴为对称轴翻转形成的序列，用图 1.10 表示。

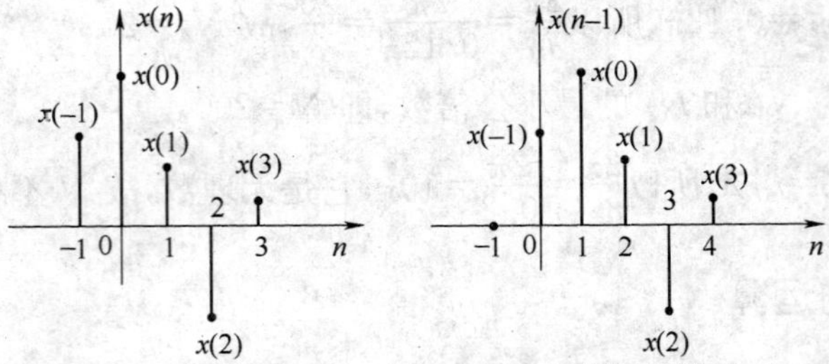

图 1.9　序列的移位

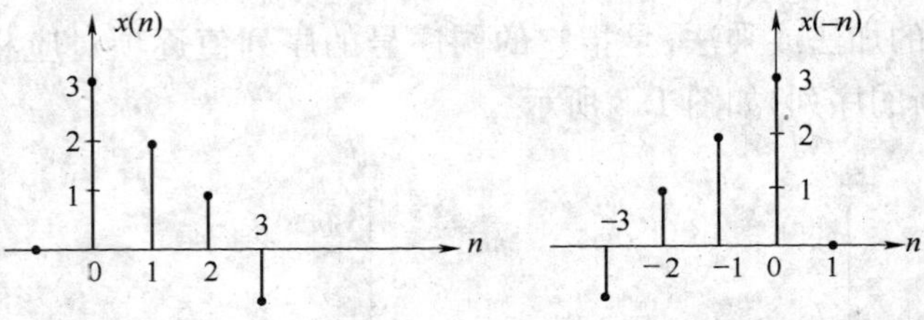

图 1.10　序列的翻褶

3. 尺度变换

若 m 为任意正整数，则 $x(mn)$ 和 $x(n/m)$ 是 $x(n)$ 序列经过尺度变换运算得到的新序列。其中，$x(mn)$ 是 $x(n)$ 每隔 m 点取一点形成的，它相当于时间轴 n 压缩了 m 倍；$x(n/m)$ 是序列 $x(n)$ 每点加 $m-1$ 个零值点形成的，它相当于时间轴 n 扩展了 m 倍。

例如：当 $m=2$ 时，$x(2n)$ 的波形如图 1.11(b) 所示，$x(n/2)$ 的波形如图 1.11(c) 所示。

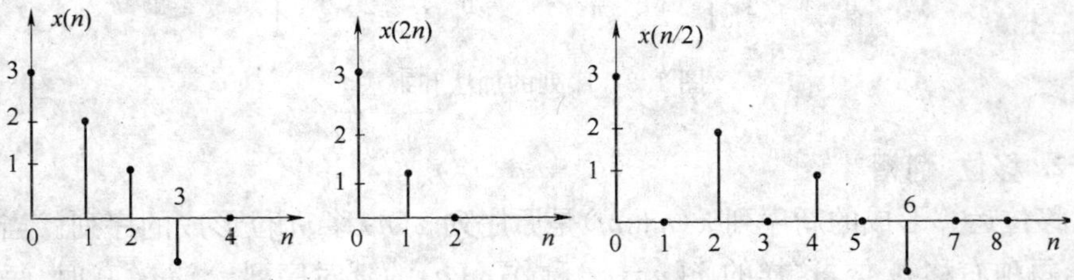

图 1.11　序列的尺度变换

4. 累加运算

符号 $\sum$ 表示累加运算，令 $y(n)$ 是原序列 $x(n)$ 累加运算形成的新序列，若

$y(n)=\sum_{m=-\infty}^{n}x(m)$，则 $y(n_0)$ 表示在 $n=n_0$ 上的值等于 $x(n_0)$ 值与 n_0 以前所有 n 上的 $x(n)$ 之和。

特别地，序列所有采样样本的平方和定义为序列的能量，用 E 表示，即

$$E=\sum_{m=-\infty}^{\infty}|x(n)|^2$$

5. 卷积运算

设序列 $x(n)$ 和 $h(n)$，则定义 $x(n)$ 和 $h(n)$ 两个序列的卷积运算为

$$y(n)=\sum_{m=-\infty}^{\infty}x(m)h(n-m)=x(n)*h(n) \qquad 式(1.16)$$

式中的符号"$*$"代表卷积运算，这类卷积称为序列的线性卷积，简称卷积。如果 $x(n)$ 和 $h(n)$ 两个序列的长度分别是 N 和 M，那么，线性卷积后的序列 $y(n)$ 的长度为$(N+M-1)$。

卷积运算的求解分解析法、图解法和图表法，解析法就是按式(1.16)公式计算。同样按照式(1.16)，可得出用图解法求解卷积的过程。说明如下。

对某一个 n 值，我们把卷积运算过程的图解法分 3 个步骤：

(1) 翻褶：将 $x(n)$ 和 $h(n)$ 用亚变量 m 替换，得 $x(m)$ 和 $h(m)$，并将 $h(m)$ 进行翻褶，形成 $h(-m)$；

(2) 移位：将 $h(-m)$ 移位 n 位，得到 $h(n-m)$。当 $n>0$ 时，序列右移；$n<0$ 时，序列左移；

(3) 相乘、相加：将 $x(m)$ 和 $h(n-m)$ 相同序号 m 的序列值对应相乘后，再相加。

按照以上三个步骤可得到对应 n 取某一个值时的卷积结果 $y(n)$。依上法，可计算出所有 n 时的结果，即得到全部的 $y(n)$ 值。

至于图表法，通过下例举例说明。

【例 1.2】　设 $x(n)=R_4(n)$，$h(n)=R_4(n)$，求 $y(n)=x(n)*h(n)$。

解　法一：解析法，即利用式(1.16)计算。

由题知 $x(n)$ 和 $h(n)$ 都是矩形序列，长度为 4，求解卷积 $y(n)$ 主要是根据矩形序列的非零值区间确定求和的上、下限，$R_4(m)$ 的非零值区间为：$0\leqslant m\leqslant 3$，$R_4(n-m)$ 的非零值区间为：$0\leqslant n-m\leqslant 3$，其乘积值的非零区间，要求 m 同时满足下面两个不等式：

$$0\leqslant m\leqslant 3$$
$$n-3\leqslant m\leqslant n$$

因此，

当 $0 \leqslant n \leqslant 3$ 时，$y(n) = \sum_{m=0}^{n} 1 = 1 + n$

当 $4 \leqslant n \leqslant 6$ 时，$y(n) = \sum_{m=n-3}^{3} 1 = 7 - n$

所以，所得的卷积结果 $y(n)$ 为

$$y(n)=\begin{cases} n+1 & 0\leqslant n\leqslant 3 \\ 7-n & 4\leqslant n\leqslant 6 \\ 0 & 其他 \end{cases}$$

法二：图解法

卷积过程以及 $y(n)$ 波形如图 1.12 所示。

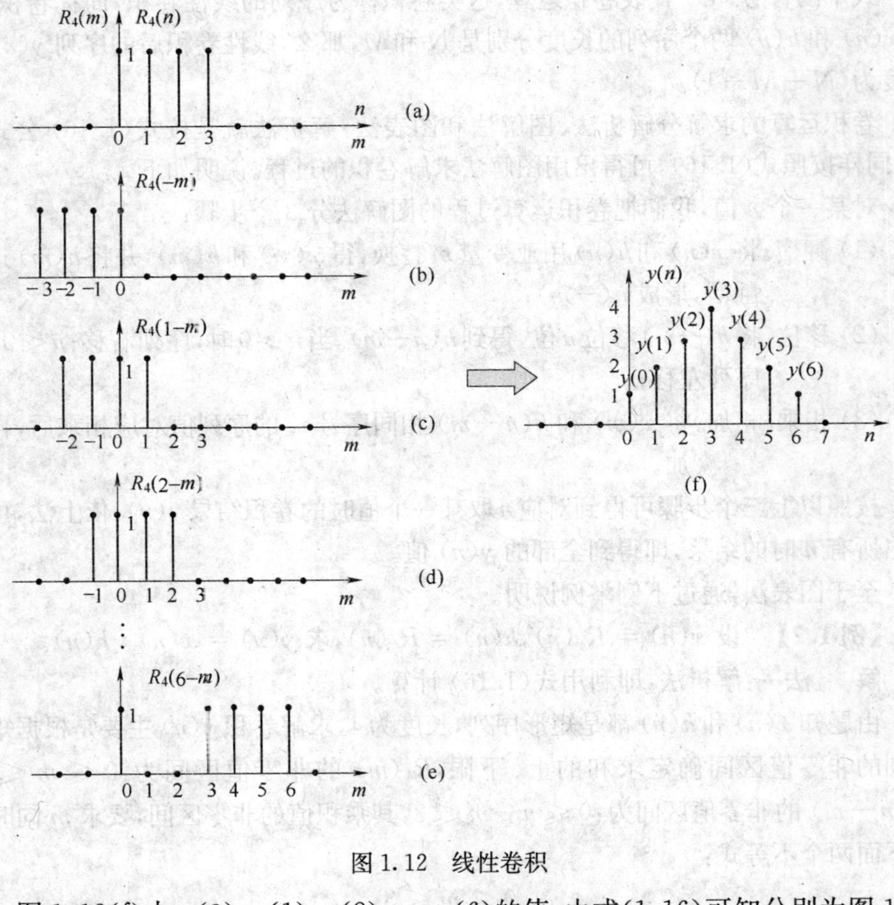

图 1.12　线性卷积

图 1.12(f)中 $y(0)$，$y(1)$，$y(2)$，…，$y(6)$的值，由式(1.16)可知分别为图 1.12 中的(a)与(b)、(c)等相乘相加得到。

法三:图表法

列表如表 1.1 所示。

表 1.1　卷积运算列表

n	…	−3	−2	−1	0	1	2	3	…	y
m	…	−3	−2	−1	0	1	2	3	…	
$x(m)=R_4(m)$	0	0	0	0	1	1	1	1	0	
$h(m)=R_4(m)$	0	0	0	0	1	1	1	1	0	
$R_4(-m)$	0	1	1	1	1	0	0	0	0	$y(0)=1$
$R_4(1-m)$	0	0	1	1	1	1	0	0	0	$y(1)=1+1=2$
$R_4(2-m)$	0	0	0	1	1	1	1	0	0	$y(2)=1+1+1=3$
$R_4(3-m)$	0	0	0	0	1	1	1	1	0	$y(3)=1+1+1+1=4$
$R_4(4-m)$	0	0	0	0	0	1	1	1	1	$y(4)=1+1+1=3$
$R_4(5-m)$	0	0	0	0	0	0	1	1	1	$y(5)=1+1=2$
$R_4(6-m)$	0	0	0	0	0	0	0	1	1	$y(6)=1$

有时也可利用卷积的重要等式简化卷积运算。

两个重要等式:

序列与单位取样序列的卷积:$x(n)*\delta(n)=x(n)$　　　式(1.17)

序列与移位单位取样序列的卷积:$x(n)*\delta(n-k)=x(n-k)$　　　式(1.18)

下面证明一下式(1.17)和(1.18)。

考查任意序列的表示的式(1.4),并与卷积定义式式(1.16)比较,不难看出它就是一个线性卷积,故有

$$x(n)=\sum_{m=-\infty}^{\infty}x(m)\delta(n-m)=x(n)*\delta(n)$$

它表示序列与单位采样序列进行卷积等于序列本身。

再考查序列与一个移位的单位采样序列 $\delta(n-k)$ 进行卷积。

由卷积定义式知

$$x(n)*\delta(n-k)=\sum_{m=-\infty}^{\infty}x(m)\delta(n-k-m)$$

上式只有当 $m=n-k$ 时才可能有非零值,因此得到

$$x(n)*\delta(n-k)=x(n-k)$$

显然,它就相当于序列本身移位 k。

【例 1.3】 设 $x(n)=R_4(n)$,$h(n)=\delta(n)+2\delta(n-1)-3\delta(n-2)$,求 $y(n)=x(n)*h(n)$。

解 利用卷积重要等式计算卷积

由式(1.17)和式(1.18)易得

$$\begin{aligned}y(n)&=x(n)*h(n)=R_4(n)*[\delta(n)+2\delta(n-1)-3\delta(n-2)]\\&=R_4(n)+2R_4(n-1)-3R_4(n-2)\end{aligned}$$

另外,线性卷积服从交换律、结合律和分配律。它们分别

交换律:$y(n)=x(n)*h(n)=h(n)*x(n)$ 式(1.19)

结合律:$y(n)=x(n)*[h_1(n)*h_2(n)]=[x(n)*h_1(n)]*h_2(n)$ 式(1.20)

分配律:$y(n)=x(n)*[h_1(n)+h_2(n)]=x(n)*h_1(n)+x(n)*h_2(n)$ 式(1.21)

这些定律用于分析离散时间系统时尤为方便,参见【例 1.9】。

1.2 离散时间系统

从数学角度说来,系统可视为是将输入序列映射成输出序列的一种运算或变换。记为

$$y(n)=T[x(n)]$$

其中,符号 $T[\cdot]$表示变换关系或处理的一种运算。通过离散时间系统,输入信号 $x(n)$被变换成输出信号 $y(n)$,离散时间系统可以用框图表示,如图 1.13 所示。

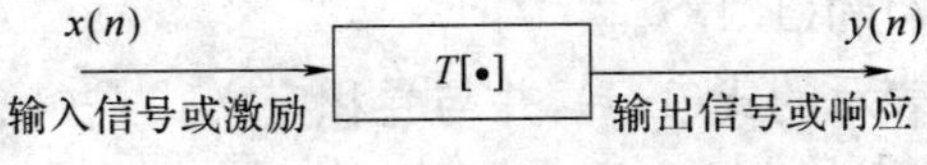

图 1.13 离散时间系统框图

离散时间系统按属性不同,分线性与非线性系统,时变和时不变系统,因果和非因果系统,稳定和不稳定系统。最重要最常用的是线性时不变系统,这是因为很多物理过程都可用这类系统表征,且便于系统分析和设计,本书主要研究线性时不变离散时间系统(简记 LTI,Lear Invaried-Time)或称线性移不变系统(LSI,Lear Invaried-Shift)。

1.2.1 线性系统

满足叠加原理的离散时间系统称为线性系统。设 $x_1(n)$和 $x_2(n)$分别作为系

统的输入序列，对应的输出序列分别为 $y_1(n)$ 和 $y_2(n)$，因此

$$y_1(n)=T[x_1(n)],y_2(n)=T[x_2(n)]$$

如果离散时间系统是线性系统则一定满足下面两个公式：

$$T[x_1(n)+x_2(n)]=y_1(n)+y_2(n) \qquad 式(1.22)$$

$$T[ax_1(n)]=ay_1(n),T[bx_2(n)]=by_2(n) \qquad 式(1.23)$$

式(1.22)称为线性系统满足的可加性；式(1.23)称为线性系统满足的比例性或齐次性，式中 a,b 是任意常数。也可将以上两个公式结合起来，就构成了叠加原理，写成

$$T[ax_1(n)+bx_2(n)]=ay_1(n)+by_2(n) \qquad 式(1.24)$$

即输入信号的线性组合等于各自输出信号的线性组合。很明显，线性系统的直接结果是零输入产生零输出。

判别一个系统是否是线性系统时，可验证是否满足叠加定理，也可验证系统既满足可加性又满足比例性。而判定一个系统不是线性系统只需验证它不满足可加性或比例性即可。

【例 1.4】 试判断 $y(n)=\sum_{m=-\infty}^{n}x(m)$ 所代表的系统是否是线性系统？

解 由题知 $y(n)=\sum_{m=-\infty}^{n}x(m)$，故有

$$ay_1(n)+by_2(n)=\sum_{m=-\infty}^{n}[ax_1(m)+bx_2(m)]$$

再由系统知

$$y_1(n)=T[x_1(n)]=\sum_{m=-\infty}^{n}x_1(m),y_2(n)=T[x_2(n)]=\sum_{m=-\infty}^{n}x_2(m)$$

那么 $T[ax_1(n)+bx_2(n)]=\sum_{m=-\infty}^{n}[ax_1(m)+bx_2(m)]$

因此有

$$T[ax_1(n)+bx_2(n)]=ay_1(n)+by_2(n)$$

即系统满足叠加定理，所以这个系统是线性系统。

【例 1.5】 证明 $y(n)=ax(n)+b$，其中 a 和 b 都是任意常数，它代表的系统是非线性系统。

证明 验证系统的可加性

因为

$$y_1(n)=T[x_1(n)]=ax_1(n)+b;y_2(n)=T[x_2(n)]=ax_2(n)+b$$

所以 $y_1(n)+y_2(n)=ax_1(n)+ax_2(n)+2b$

又因为

$$y(n)=T[x_1(n)+x_2(n)]=ax_1(n)+ax_2(n)+b$$

可见，$y(n)\neq y_1(n)+y_2(n)$，即系统不满足可加性

因此，该系统不是线性系统，而是非线性系统。其实由当 $x(n)=0$ 时，$y(n)=b$ 不为零，即系统零输入不产生零输出，这就暗示了这个系统是非线性系统。

1.2.2 时不变系统

如果系统对输入信号的运算关系 $T[\cdot]$ 在整个运算过程中不随时间（也即不随序列的移位）变化而变化，或者说系统对于输入信号的响应与信号加于系统的时间无关，则这种系统称为时不变系统（或称移不变系统），用公式表示如下：

$$\text{如果 } T[x(n)]=y(n)$$

则

$$T[x(n-m)]=y(n-m) \qquad \text{式(1.25)}$$

式中 m——任意整数。

【例 1.6】 判断 $y(n)=ax(n)+b$ 代表的系统是否是时不变系统，式中 a 和 b 是任意常数。

解 由题知

$$y(n)=ax(n)+b$$

所以 $y(n-m)=ax(n-m)+b$

又因为

$$y(n-m)=T[x(n-m)]=ax(n-m)+b$$

可见，$y(n-m)=T[x(n-m)]$

因此，该系统是时不变系统。

【例 1.7】 分析系统 $y(n)=x(n)\sin\left(\omega n-\frac{\pi}{4}\right)$ 线性性和时不变性。

解 首先分析线性性：

一方面，由题知 $y(n)=x(n)\sin\left(\omega n-\frac{\pi}{4}\right)$

所以 $y_1(n)=x_1(n)\sin\left(\omega n-\frac{\pi}{4}\right)$，$y_2(n)=x_2(n)\sin\left(\omega n-\frac{\pi}{4}\right)$

那么

$$\begin{aligned}ay_1(n)+by_2(n)&=ax_1(n)\sin\left(\omega n-\frac{\pi}{4}\right)+bx_2(n)\sin\left(\omega n-\frac{\pi}{4}\right)\\&=[ax_1(n)+bx_2(n)]\sin\left(\omega n-\frac{\pi}{4}\right)\end{aligned}$$

另一方面，又因为

$$T[ax_1(n)+bx_2(n)]=[ax_1(n)+bx_2(n)]\sin\left(\omega n-\frac{\pi}{4}\right)$$

可见,$T[ax_1(n)+bx_2(n)]=ay_1(n)+by_2(n)$

因此,该系统是线性系统。

再分析时不变性:

若输入为 $x(n-m)$,则系统输出为

$$T[x(n-m)]=x(n-m)\sin\left(\omega n-\frac{\pi}{4}\right)$$

再将已知 $y(n)$表达式的 n 换成$n-m$ 代入得

$$y(n-m)=x(n-m)\sin\left(\omega n-\omega m-\frac{\pi}{4}\right)$$

可见,$T[x(n-m)]\neq y(n-m)$,所以该系统不是时不变系统。

1.2.3 线性时不变系统输入与输出之间的关系

LTI系统的时域特性可以由该系统对于单位采样序列的响应来刻画。设系统的输入为 $\delta(n)$,且系统输出 $y(n)$的初始状态为零,则定义在这种条件下,系统输出为系统的单位采样响应,用 $h(n)$表示。换句话说,单位采样响应即是系统对于$\delta(n)$的零状态响应。用公式表示为

$$h(n)=T[\delta(n)]$$

$h(n)$和模拟系统中的单位冲激响应 $h(t)$相类似,都代表系统的时域特征。那么系统在任意输入下,系统的输出与 $h(n)$有什么关系呢?

设 $x(n)$为系统的输入,按照式(1.4)把 $x(n)$分解成单位采样序列移位加权和的形式,即 $x(n)=\sum\limits_{m=-\infty}^{\infty}x(m)\delta(n-m)$

那么系统输出为

$$y(n)=T\left[\sum_{m=-\infty}^{\infty}x(m)\delta(n-m)\right]$$

根据线性系统的叠加原理有

$$y(n)=\sum_{m=-\infty}^{\infty}x(m)T[\delta(n-m)]$$

再根据系统时不变性,同时考虑卷积定义有

$$y(n)=\sum_{m=-\infty}^{\infty}x(m)h(n-m)=x(n)*h(n) \qquad \text{式(1.26)}$$

式(1.26) 表明线性时不变系统的输出等于输入序列和该系统的单位冲激响应 $h(n)$ 的卷积。式(1.26) 也就是线性系统对任意输入信号 $x(n)$ 的响应表达式。

由此，LTI 的系统结构图如图 1.14 所示。

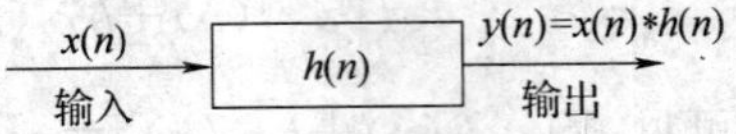

图 1.14 线性时不变系统结构图

【例 1.8】 已知一个线性时不变系统的输入为 $x(n)=2^n u(-n-1)$，系统的单位采样响应为 $h(n)=0.5^n u(n)$，试求系统的输出 $y(n)$。

解 因为 $y(n)=x(n)*h(n)$，所以 $y(n)=\sum_{m=-\infty}^{\infty}x(m)h(n-m)$

故 当 $n\geqslant 0$ 时，$y(n)=\sum_{m=-\infty}^{n}2^m 0.5^{n-m}=\frac{1}{3}\cdot 2^{-n}$

当 $n\leqslant -1$ 时，$y(n)=\sum_{m=-\infty}^{n}2^m 0.5^{n-m}=\frac{4}{3}\cdot 2^n$

【例 1.9】 线性时不变系统如图 1.15 所示。该系统是由 $h_1(n)$ 系统和 $h_2(n)$ 级联组成的，设 $x(n)=u(n)$，$h_1(n)=\delta(n)-\delta(n-2)$，$h_2(n)=2^n u(n)$，求系统的输出 $y(n)$。

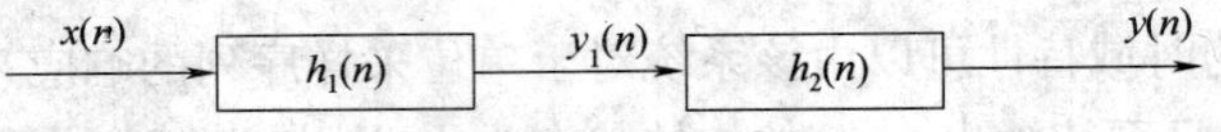

图 1.15 级联系统结构

解 设输入 $x(n)$ 经过 $h_1(n)$ 系统的输出为 $y_1(n)$，则

$$y_1(n)=x(n)*h_1(n)$$

而 $y_1(n)$ 作为输入通过 $h_2(n)$ 系统的输出，即为该系统的输出 $y(n)$，则

$$\begin{aligned}y(n)&=y_1(n)*h_2(n)=[x(n)*h_1(n)]*h_2(n)\\&=\{u(n)*[\delta(n)-\delta(n-2)]\}*2^n u(n)\\&=[u(n)*\delta(n)-u(n)*\delta(n-2)]*2^n u(n)\\&=[u(n)-u(n-2)]*2^n u(n)\\&=R_2(n)*2^n u(n)\\&=2^n u(n)*[\delta(n)+\delta(n-1)+\delta(n-2)]\\&=2^n u(n)+2^{n-1}u(n-1)+2^{n-2}u(n-2)\end{aligned}$$

实际中系统有级联、并联等联接方式，其等效系统的单位采样响应与原来两系统分别的单位采样响应的关系，是基于线性卷积的性质，而线性卷积是基于线性时不变系统满足线性叠加定理。因此对于非线性或者非时不变系统，线性卷积性质的结论是不成立的。

1.2.4 系统的稳定性和因果性

系统的稳定性和因果性是探讨系统是否是稳定系统和因果系统的问题，稳定和因果系统是物理可实现的系统，下面分别对系统的稳定性和因果性进行讨论。

1. 系统的稳定性

定义:有界输入产生有界输出的系统称为稳定系统。

所谓输入序列 $x(n)$ 是有界的,是指存在一个不变的正的有限值 B_x,对所有 n 值满足

$$|x(n)| \leqslant B_x < \infty \quad -\infty < n < \infty$$

稳定性要求对于所有有界输入存在一个不变的正的有限值 B_y,对所有 n 值,输出序列 $y(n)$ 满足

$$|y(n)| \leqslant B_y < \infty \quad -\infty < n < \infty$$

判别条件:线性时不变系统稳定的充要条件是系统的单位响应绝对可和,用公式表示为

$$\sum_{n=-\infty}^{\infty} |h(n)| < \infty \qquad \text{式(1.27)}$$

证明　先证明充分性,即需证明当式(1.27)成立时,若输入有界,则产生的输出也是有界的。

设 $x(n)$、$y(n)$ 分别为系统输入和输出,$h(n)$ 为系统的单位采样响应,则

$$y(n) = x(n) * h(n) = h(n) * x(n) = \sum_{m=-\infty}^{\infty} h(m)x(n-m)$$

所以有

$$|y(n)| \leqslant \sum_{m=-\infty}^{\infty} |h(m)||x(n-m)|$$

因为输入序列 $x(n)$ 有界,即 $|x(n)| \leqslant B_x < \infty$,$B_x$ 为任意常数

因此 $$|y(n)| \leqslant \sum_{m=-\infty}^{\infty} B_x |h(m)|$$

当 $\sum\limits_{n=-\infty}^{\infty} |h(n)| < \infty$ 成立时,上式有

$$|y(n)| \leqslant B_y < \infty$$

即输出 $y(n)$ 也是有界的。

下面证明其必要性。用反证法。

如果 $h(n)$ 不满足 $\sum\limits_{n=-\infty}^{\infty} |h(n)| < \infty$,也就是 $\sum\limits_{n=-\infty}^{\infty} |h(n)| \to \infty$,那么总可以找到一个或若干个有界的输入引起无界的输出。不妨找一个有界输入,例如

$$x(n) = \begin{cases} \dfrac{h^*(-n)}{|h(-n)|} & h(n) \neq 0 \\ 0 & h(n) = 0 \end{cases}$$

输出为 $y(n)=\sum_{m=-\infty}^{\infty}h(m)x(n-m)$，验证在 $n=0$ 这一点上 $y(0)$，则

$$y(0)=\sum_{m=-\infty}^{\infty}h(m)x(n-m)=\sum_{m=-\infty}^{\infty}h(m)\frac{h^{*}(-m)}{|h(-m)|}$$

$$=\sum_{m=-\infty}^{\infty}|h(m)|\rightarrow\infty$$

也即 $y(0)$ 是无界的，不符合稳定性的定义，所以假设不成立，系统不稳定，这就证明了式(1.27)是系统稳定的必要条件。

这个证明启示我们，要证明一个系统不稳定，只需找到系统施加某一个有界输入时，系统输出是无界的即可。

2. 系统的因果性

定义：如果系统的 n 时刻输出 $y(n)$，只取决于 n 时刻以及 n 时刻以前的输入，而和 n 时刻以后的输入信号无关，则称该系统是因果系统。也说该系统具有因果性，这样的系统才是物理可实现系统。

判别条件：线性时不变系统具有因果性的充分必要条件是系统的单位采样响应恒为零，即

$$h(n)=0,\qquad n<0 \qquad \text{式(1.28)}$$

而满足式(1.28)的序列称为因果序列，因此因果系统的单位采样响应必然是因果序列。因果性系统的条件从概念上也容易理解，因为单位采样响应是输入为 $\delta(n)$ 的零状态响应，在 $n=0$ 时刻以前即 $n<0$ 时，没有加入信号，输出只能等于零。

值得进一步说明的是，模拟系统的非因果系统确实不能实现，然而，对于数字系统，利用系统中数据的存贮性能，有些非因果系统是可以实现的，只是系统输出有延时而已。

【例1.10】 设线性时不变系统的单位采样响应 $h(n)=a^{n}u(n)$，式中 a 是实常数，试分析该系统的因果稳定性。

解 验证因果性：由于 $n<0$ 时，$h(n)=0$，所以系统是因果系统。

验证稳定性：因为

$$\sum_{n=-\infty}^{\infty}|h(n)|=\sum_{n=0}^{\infty}|a|^{n}=\lim_{N\to\infty}\sum_{n=0}^{N-1}|a|^{n}$$

$$=\lim_{N\to\infty}\frac{1-|a|^{N}}{1-|a|}$$

只有当 $|a|<1$ 时

$$\sum_{n=-\infty}^{\infty}|h(n)|=\frac{1}{1-|a|}$$

因此系统稳定的条件是$|a|<1$；否则，$|a|>1$时，系统不稳定。系统稳定时，$h(n)$的模值随n加大而减小，此时序列$h(n)$称为收敛序列。如果系统不稳定，$h(n)$的模值随n加大而增大，则称为发散序列。此题是利用判别条件判断系统的因果稳定性的，也可以应用定义分析系统的稳定因果性，特别是系统输出已知的情况下。

【例1.11】 设系统的单位采样响应$h(n)=u(n)$，检验系统的因果性和稳定性。

解 因果性：因为

$$y(n)=x(n)*h(n)=\sum_{m=-\infty}^{\infty}x(m)u(n-m)$$

因为当$n-m<0$时，$u(n-m)=0$；$n-m\geqslant 0$时，$u(n-m)=1$，因此，求和限为$m\leqslant n$，所以

$$y(n)=x(n)*h(n)=\sum_{m=-\infty}^{n}x(m)$$

上式表示该系统是一个累加器，它将输入序列从加上之时开始，逐项累加，一直加到n时刻为止，因此，系统n时刻的输出，只与n时刻以及n时刻以前的输入有关，而和n时刻以后的输入信号无关，则该系统是因果系统。

稳定性：因为

$$y(n)=\sum_{m=-\infty}^{n}x(m)$$

若输入有界时，即$|x(n)|\leqslant B_x<\infty$，输出$|y(n)|\leqslant\infty$，即输出无界，因此该系统是不稳定的系统。

1.3 离散时间系统的差分方程描述法

描述一个系统，可以不管系统内部的结构如何，将系统看成一个黑盒子，只描述或者研究系统输出和输入之间的关系，这种方法称为输入输出描述法。我们知道对于线性时不变的连续系统，通过线性常系数微分方程描述系统输出与输入之间的关系，而对于线性时不变离散时间系统，则用线性常系数差分方程描述。本书主要介绍这类差分方程，再提到差分方程均指线性常系数差分方程。

1.3.1 线性常系数差分方程

一个N阶线性常系数差分方程用下式表示：

$$y(n)=\sum_{i=0}^{M}b_i x(n-i)-\sum_{k=1}^{N}a_k y(n-k) \qquad 式(1.29)$$

或者写做

$$\sum_{k=0}^{N} a_k y(n-k) = \sum_{i=0}^{M} b_i x(n-i), a_0 = 1 \qquad 式(1.30)$$

所谓线性是指方程中，$y(n-k)$和 $x(n-i)$项只有一次幂，且不含有它们的交叉项，否则就是非线性的。而常系数则是指方程的系数 a_k 和 b_i 均为常数。差分方程的阶数等于方程中输出项 $y(n-k)$中 k 取值的最大与最小之差。在(1.30)式中，$y(n-k)$项 k 最大的取值为 N，k 的最小取值为零，因此称为 N 阶的差分方程。由于差分方程便于求解系统的瞬态响应，所以它主要用于离散时间系统的时域分析。

1.3.2 线性常系数差分方程的求解

已知系统的输入序列，通过求解差分方程可以求出输出序列。求解差分方程的基本方法有以下三种：

(1)经典解法。这种方法类似于连续系统中求解微分方程的方法，它包括齐次解与特解，由边界条件求待定系数，用这种方法求解是较麻烦的，实际中很少采用，这里不予介绍。

(2)递推解法。这种方法简单，且适合用计算机求解，但只能得到数值解，尤其对于阶次较高的线性常系数差分方程不容易得到封闭式(公式)解。

(3)变换域方法。这种方法是将差分方程变换到 Z 域进行求解，方法简便有效，这部分内容将在第 2 章中介绍。当然还可以不直接求解差分方程，而是先由差分方程求出系统的单位采样响应，再与已知的输入序列进行卷积运算，得到系统的输出。但是系统的单位采样响应如果不是预先知道，仍然需要求解差分方程，得到其零状态响应解。本节只介绍递推解法。

差分方程在给定初始条件和输入(激励)的情况下，可采用递推迭代的方法求出系统的输出(响应)。观察(1.29)式，求 n 时刻的输出，要知道 n 时刻以及 n 时刻以前的输入值，还要知道 M 时刻以前的 N 个输出值。因此求解差分方程在给定输入序列的条件下，还需要确定 N 个初始条件。只有在已知 N 个初始条件的情况下，才能得到唯一解。就是说，如果求 n_0 时刻以后的输出，要知道 n_0 时刻以前的 N 个输出值，即 $y(n_0-1)$、$y(n_0-2)$、…、$y(n_0-N)$，这 N 个值就构成初始条件。

【例 1.12】 设系统用差分方程 $y(n)=ay(n-1)+x(n)$描述，输入 $x(n)=\delta(n)$，分别求不同初始条件 $y(-1)=0$ 或 $y(-1)=1$ 下的系统输出 $y(n)$。

解 该差分方程是一阶差分方程，需要一个初始条件，由于初始条件已经给出了零时刻以前的输出，因此只需从 $n=0$ 时刻开始求起。

(1)设初始条件 $y(-1)=0$

由题知 $y(n)=ay(n-1)+x(n)=ay(n-1)+\delta(n)$

当 $n=0$ 时，$y(0)=ay(-1)+\delta(0)=1$

$n=1$ 时，$y(1)=ay(0)+\delta(1)=a$

$n=2$ 时，$y(2)=ay(1)+\delta(2)=a^2$

…

所以，$y(n)=a^n u(n)$

(2)设初始条件 $y(-1)=1$

当 $n=0$ 时，$y(0)=ay(-1)+\delta(0)=1+a$

$n=1$ 时，$y(1)=ay(0)+\delta(1)=(1+a)a$

$n=2$ 时，$y(2)=ay(1)+\delta(2)=(1+a)a^2$

…

$n=n$ 时，$y(n)=(1+a)a^n$

所以，$y(n)=(1+a)a^n u(n)$

该例表明，对于同一个差分方程和同一个输入信号，因为初始条件不同，得到的输出信号是不相同的。

对于实际系统，用递推解法求解，总是由初始条件向 $n>0$ 的方向递推，这样，得出的解是一个因果解。但对于差分方程，其本身也可以向 $n<0$ 的方向递推，得到的解是非因果解。因此差分方程本身并不能确定该系统是因果还是非因果系统，还需要用初始条件进行限制。下面就是向 $n<0$ 方向递推的例子。

【例 1.13】 设差分方程为 $y(n)=ay(n-1)+x(n)$，式中 $x(n)=\delta(n)$，初始条件为 $y(n)=0, n>0$，求输出序列 $y(n)$。

解 该差分方程是一阶差分方程，需要一个初始条件，由于初始条件给出的是 $n>0$ 时输出，因此求解系统输出响应向 $n\leqslant 0$ 方向递推。

把差分方程改写成

$$y(n-1)=a^{-1}[y(n)-\delta(n)]$$

当 $n=0$ 时，$y(-1)=a^{-1}[y(0)-\delta(0)]=-a^{-1}$

$n=-1$ 时，$y(-2)=a^{-1}[y(-1)-\delta(-1)]=-a^{-2}$

…

$n=-n$ 时，$y(n-1)=-a^{n-1}$

可见，将 $n-1$ 用 n 代替，得到 $y(n)=-a^n u(-n-1)$

这确实是一个非因果的输出信号。

由于差分方程和单位采样响都可以用于刻画 LTI 系统，因此可由系统差分方程求系统的单位采样响应，其单位采样响应是当系统输入为 $\delta(n)$ 时的零状态响应，因此只要令差分方程中的输入序列为 $\delta(n)$，N 个初始条件都为零，其解就是系统的单位采样响应。实际上例题 1.12(1)中求出的 $y(n)$就是该系统的单位采样响应。

最后要说明的是，一个线性常系数差分方程描述的系统不一定是线性非时变系统，这和系统的初始状态有关。如果系统是因果的，一般在输入 $x(n)=0(n<n_0)$时，则输出 $y(n)=0(n<n_0)$时，系统才是线性时不变系统。

1.4 本章相关的 Matlab 释义与程序实现

1.4.1 任意序列的产生

本书约定，离散时间信号即序列用行向量表示。

下面以习题 1.3 为例说明任意序列的产生。

chapterone1 程序：

```
%chapterone1.m 任意序列的产生，程序名 chapterone1
n1=[-3:-1];
n2=[0:3];
n=[n1,n2]        %形成序列值非零的 n 的范围，命令行无分号，显示结果
x1=2*n1+5;
x2=[2,2,2,2];
x=[x1,x2]
stem(n,x)                       %绘柱状图
title('任意序列的产生')         %加图名
```

运行时将程序放在当前目录下，即 work 文件夹里或通过浏览将放程序的文件夹设为当前目录；在 Matlab 命令窗口中键入程序名——chapterone1 回车即可，以下同，不再说明。

```
运行：
>> chapterone1
结果：
n =
    -3    -2    -1    0    1    2    3
x =
    -1    1    3    2    2    2    2
```

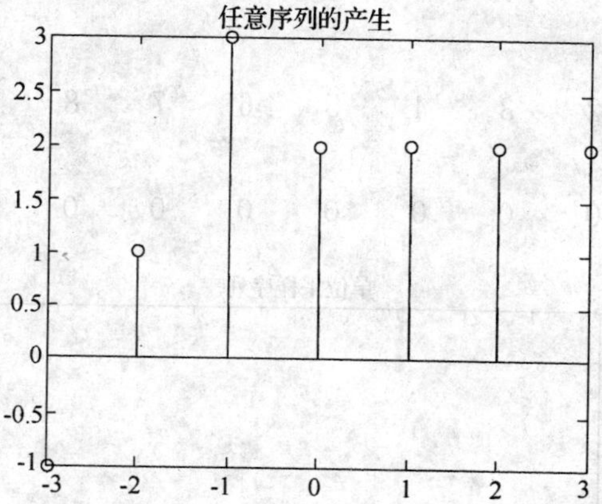

1.4.2 典型序列的产生

1. 单位采样序列程序实现

利用 Matlab 内部函数 zeros(*M*,*N*)函数，当 *M*=1 时，即 zeros(1,*N*) 产生单位脉冲序列。了解更多的 zeros( )，可通过在命令空间键入 help zeros 查看，以下提到的函数都可用 help 命令查看，不再说明。

help zeros 查看显示如下：

```
≫ help zeros
    ZEROS Zeros array.
    ZEROS(N) is an N-by-N matrix of zeros.
    ZEROS(M,N) or ZEROS([M,N]) is an M-by-N matrix of zeros.
    ZEROS(M,N,P,...) or ZEROS([M N P ...]) is an M-by-N-by-P-by-...
    array of zeros.
    ZEROS(SIZE(A)) is the same size as A and all zeros.
```

chapterone2 程序：

```
% chapterone2.m 产生单位采样序列，程序名 chapterone2
n=0:9                       %横坐标
N=10;
x=zeros(1,N);               %1 行 N 列的零序列
x(1)=1;                     %第一个序列值赋 1
stem(n,x);
title ('单位采样序列')
```

运行及其结果：

```
>> chapterone2
n =
     0     1     2     3     4     5     6     7     8     9
x =
     1     0     0     0     0     0     0     0     0     0
```

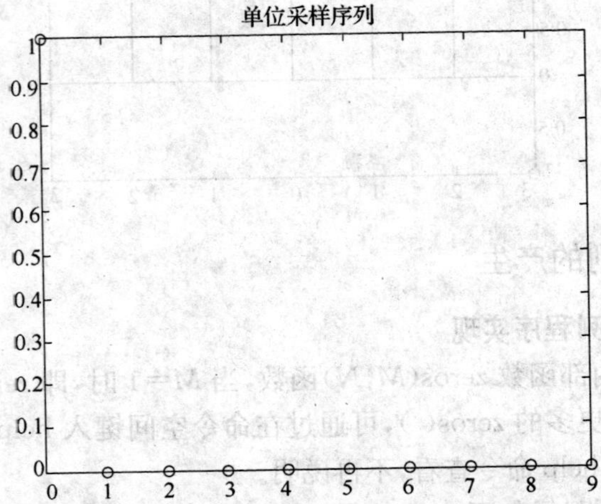

也可简洁的编写，如 $x(n)=\delta(n-3)$，若显示 8 点，编写命令及其运行结果为

```
>> x=[zeros(1,3),1,zeros(1,8-3)]
x =
     0     0     0     1     0     0     0     0     0
```

画图为

```
>> stem(0:8,x)
```

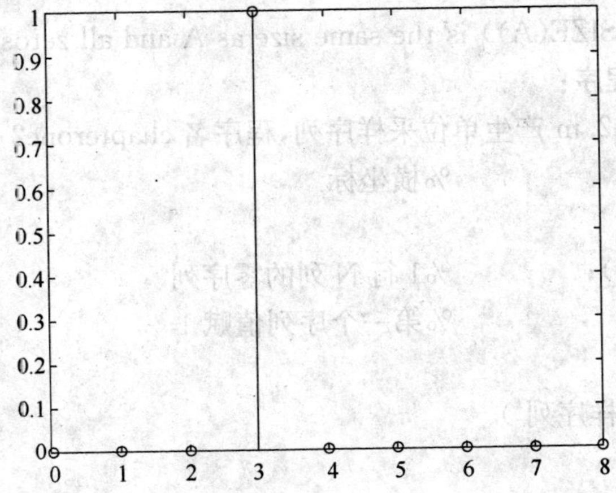

2. 单位阶跃序列程序实现

利用 Matlab 的 ones(M,N)函数产生单位阶跃序列。ones(1,N)产生 N 个 1 的行向量。

chapterone3 程序：

```
% chapterone3. m 产生单位阶跃序列,程序名 chapterone3
n=0:9                      %横坐标
N=10;
x=ones(1,N)                %1 行 N 列的序列值都为 1 的序列
stem(n,x);
title ('单位阶跃序列')
```

运行及其结果：

```
≫ chapterone3
n =
    0    1    2    3    4    5    6    7    8    9
x =
    1    1    1    1    1    1    1    1    1    1
```

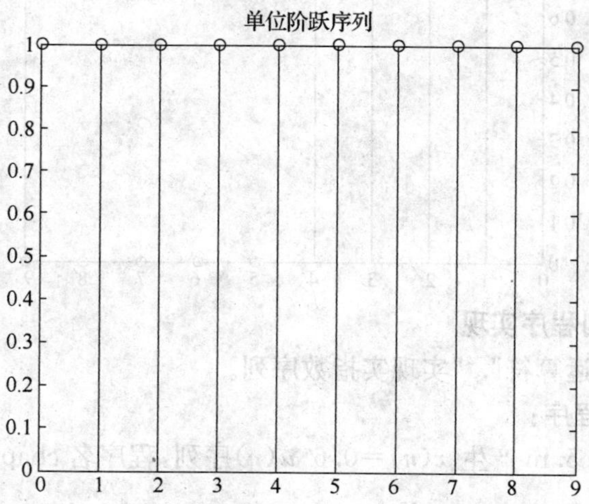

3. 单位矩形序列程序实现

利用 Matlab 符号函数 sign(x)函数实现单位矩形序列。sign(x)当 x 大于 0 时其值为 1,等于 0 时其值为 0,小于 0 时其值为−1。

chapterone4 程序：

```
% chapterone4. m 产生 R5(n) 矩形序列，程序名 chapterone4
n=0:9                                    %横坐标
N=10;
x= sign(sign(N-1-n)+1)     %1 行 N 列的序列值都为 1 的序列
stem(n,x);
title ('矩形序列')
```

运行及其结果：

```
≫ chapterone4
n =
    0    1    2    3    4    5    6    7    8    9
x =
    1    1    1    1    1    0    0    0    0    0
```

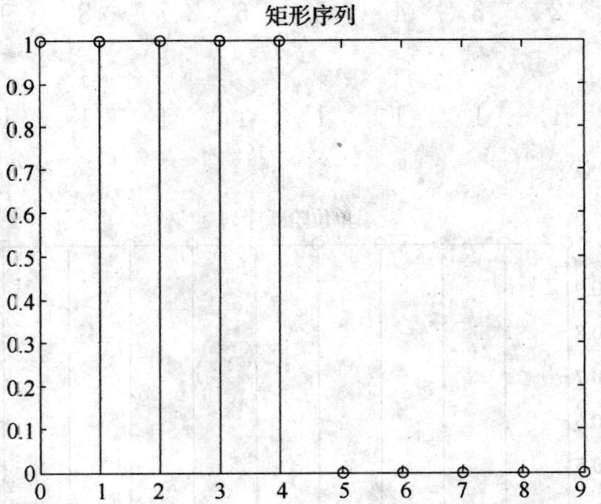

4. 实指数序列程序实现

利用 Matlab 运算符".^"实现实指数序列。

chapterone5 程序：

```
% chapterone5. m 产生 x(n)=0.6^n u(n)序列，程序名 chapterone5
n=0:7
N=10;
a=0.6;
x=a.^n                          %1 行 N 列的序列值都为 1 的序列
stem(n,x);
```

title ('实指数序列')

运行及其结果：

```
>> chapterone5
n =
     0     1     2     3     4     5     6     7
x =
     1.0000    0.6000    0.3600    0.2160    0.1296    0.0778
0.0467    0.0280
```

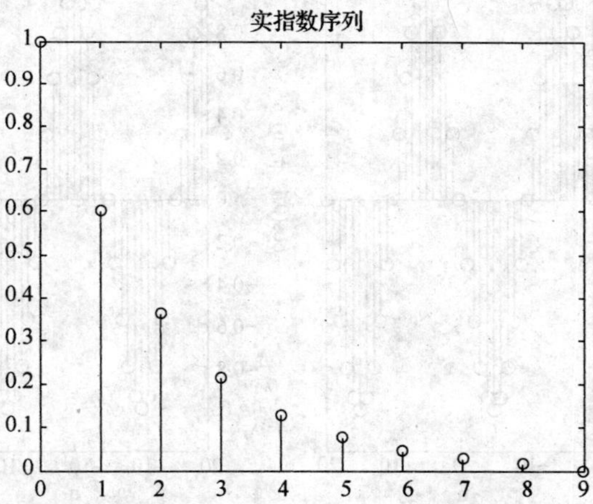

5. 正弦、余弦序列程序实现

利用 Matlab 正弦、余弦函数序列，实现正弦、余弦序列。

chapterone6 程序：

```
% chapterone6.m，画正弦序列 sin(0.1 * π * n)、余弦序列 cos(0.1 * π * n)
n0=-20;n1=20;
n=n0:n1;
f1=sin(0.1 * pi * n);
f2=cos(0.1 * pi * n);
max_f1=max(f1);
min_f1=min(f1);
subplot(1,2,1)          %一个图上画左右两个子图的第 1 个(左边一个)
stem(n,f1);
axis([n0,n1,min_f1-0.2,max_f1+0.2])
xlabel('n'),ylabel('sin(0.1 * π * n)'),title('正弦序列')
```

```
subplot(1,2,2)          %一个图上画左右两个子图的第 2 个(右边一个)
stem(n,f2);
axis([n0,n1,min_f1-0.2,max_f1+0.2])
xlabel('n'),ylabel('cos(0.1*π*n)'),title('余弦序列')
```

运行及其结果：

```
>> chapterone6
```

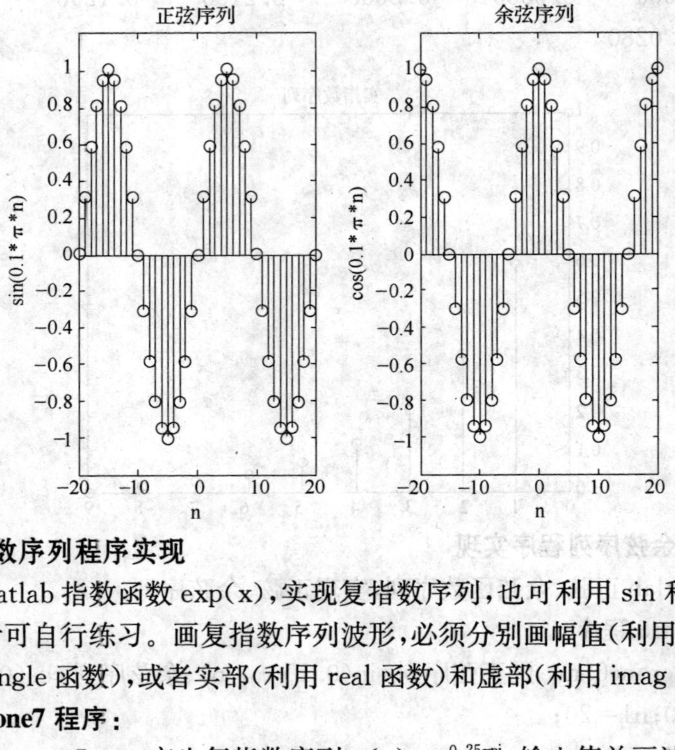

6. 复指数序列程序实现

利用 Matlab 指数函数 exp(x)，实现复指数序列，也可利用 sin 和 cos 函数产生，后者读者可自行练习。画复指数序列波形，必须分别画幅值(利用 abs 函数)和相角(利用 angle 函数)，或者实部(利用 real 函数)和虚部(利用 imag 函数)。

chapterone7 程序：

```
% chapterone7.m, 产生复指数序列 x(n)=e^(0.25πnj),输入值并画波形
n=0:10;
x= exp (j*0.25*pi*n)
subplot(2,2,1);      %一个图上画左右 4 个子图(2 行 2 列)的第 1 个(上左)
stem(n,real(x) ,'.');      %显示实心圆点
xlabel('n'),ylabel(' real(x(n))'),title('实部')
subplot(2,2,2);             %一个图上画左右 4 个子图的第 2 个(上右)
stem(n, imag (x), '.');
xlabel('n'),ylabel(' imag (x(n))'),title('虚部')
```

```
subplot(2,2,3)              %一个图上画左右 4 个子图的第 3 个(下左)
stem(n, abs (x) , '.');
xlabel('n'),ylabel(' abs (x(n))'),title('幅值')
subplot(2,2,4)              %一个图上画左右 4 个子图的第 3 个(下右)
stem(n, angle (x) , '.');
xlabel('n'),ylabel(' angle (x(n))'),title('相角')
```

运行及其结果：

```
>> chapterone7
x =
  Columns 1 through 5
    1.0000   0.7071 + 0.7071i   0.0000 + 1.0000i  -0.7071 + 0.7071i
-1.0000 + 0.0000i
  Columns 6 through 10
    -0.7071 - 0.7071i -0.0000 - 1.0000i   0.7071 - 0.7071i   1.0000
- 0.0000i   0.7071 + 0.7071i
  Column 11
    0.0000 + 1.0000i
```

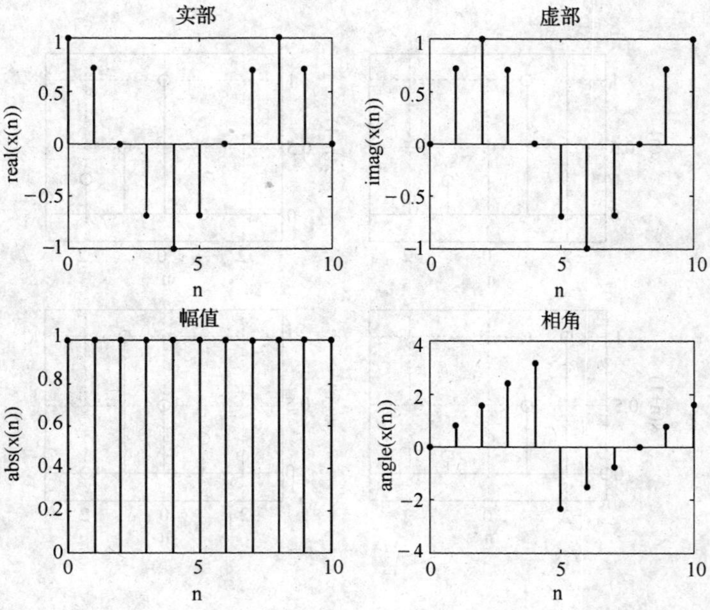

1.4.3 序列运算的实现

1. 序列的翻褶、移位运算

chapterone8 程序：

```
% chapterone8.m，翻褶、移位的 Matlab 实现
n1=-2;n2=-1:2;n=[n1,n2];
x1=0;x2=0.5.^(n2+1);x=[x1,x2];
subplot(2,2,1),stem(n,x);
axis([-3,3,-0.2,1.2]),xlabel('n'),ylabel('x(n)')          %原序列
subplot(2,2,2),stem(n+1,x);
axis([-3,3,-0.2,1.2]),xlabel('n'),ylabel('x(n-1)')        %x(n-1)
subplot(2,2,3),stem(n-1,x);
axis([-3,3,-0.2,1.2]),xlabel('n'),ylabel('x(n+1)')        %x(n+1)
x_fanzhe=fliplr(x);                                       %fliplr 左右翻褶函数
subplot(2,2,4),stem(n,x_fanzhe);
axis([-3,3,-0.2,1.2]),xlabel('n'),ylabel('x(-n)')         %x(-n)
```

运行及其结果：

≫ chapterone8

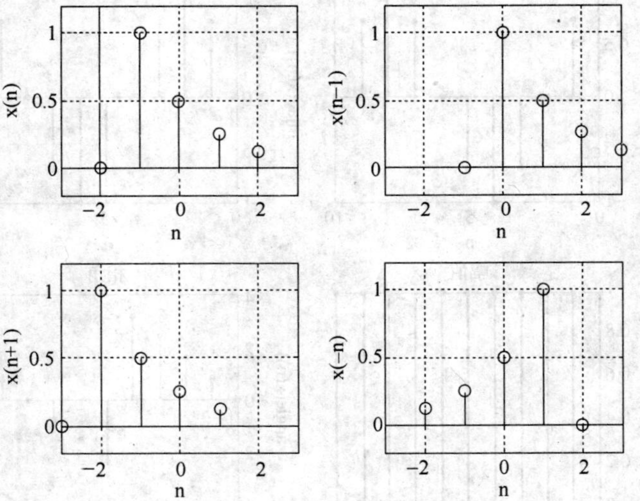

2. 卷积和运算

利用 Matlab 的 conv(x,h)函数,计算两个有限长序列的卷积。

chapterone9 程序:

```
% chapterone9.m,序列的卷积运算实现 y(n)=x(n)*h(n),并画图
% x(n)=[2,1,3,1];h(n)=[1,2,3,4,1,2]
N=4;
M=6;
L=N+M-1;
x=[2,1,3,1];nx=0:N-1;
h=[1,2,3,4,1,2];nh=0:M-1;
y=conv(x,h)
ny=0:L-1;
subplot(1,3,1);stem(nx,x,'.');xlabel('n'),ylabel('x(n)');
subplot(1,3,2);stem(nh,h,'.');xlabel('n'),ylabel('h(n)');
subplot(1,3,3);stem(ny,y,'.');xlabel('n'),ylabel('y(n)');
```

运行及其结果:

```
>> chapterone9
y =
    2    5    11    18    17    20    9    7    2
```

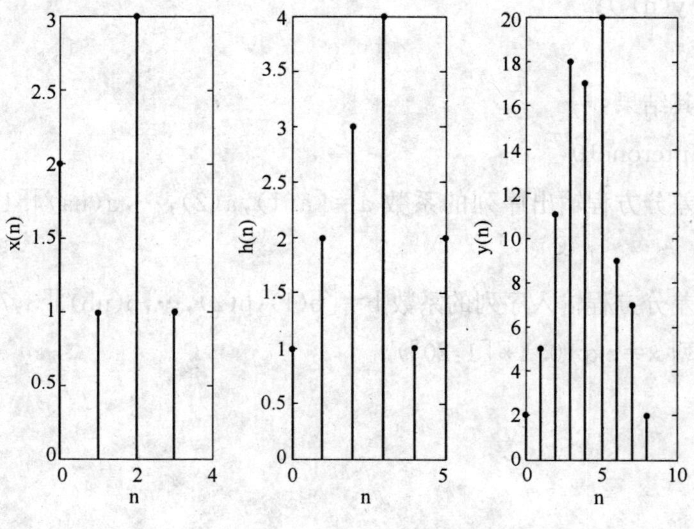

1.4.4 差分方程的求解的实现

按照式(1.30)的差分方程,可利用 Matlab 的 filter(b,a,x)函数求解输出序列,其中 a 对应差分方程输出序列的系数,b 对应差分方程输入序列的系数,x 是系统输入。编写较通用程序。input 是 MATLAB 输入函数。

chapterone10 程序:

```
% chapterone10.m,初始状态为零的差分方程求解
% x(n)= exp(0.1*[1:20]), a=[1,0.1,0.15,-0.225], b=[3,7,1]
a=input('请输入差分方程输出序列的系数 a=[a(1),a(2),…,a(na)]');
b=input('请输入差分方程输入序列的系数 b=[b(1),b(2),…,b(nb)]');
x1=[1 zeros(1,15)];          %单位脉冲
x=input('输入序列 x=');
nx=length(x);
h=filter(b,a,x1);            %单位冲激响应
y=filter(b,a,x);
subplot(1,2,1);stem(h); title('单位冲激响应');xlabel('n');
ylabel('h(n)');
subplot(1,2,2);stem(y); title('某一输入响应');xlabel('n');
ylabel('y(n)');
```

运行及其结果:

```
>> chapterone10
请输入差分方程输出序列的系数 a=[a(1),a(2),…,a(na)][1,0.1,0.15,-0.225]
请输入差分方程输入序列的系数 b=[b(1),b(2),…,b(nb)][3,7,1]
输入序列 x=exp(0.1*[1:20])
```

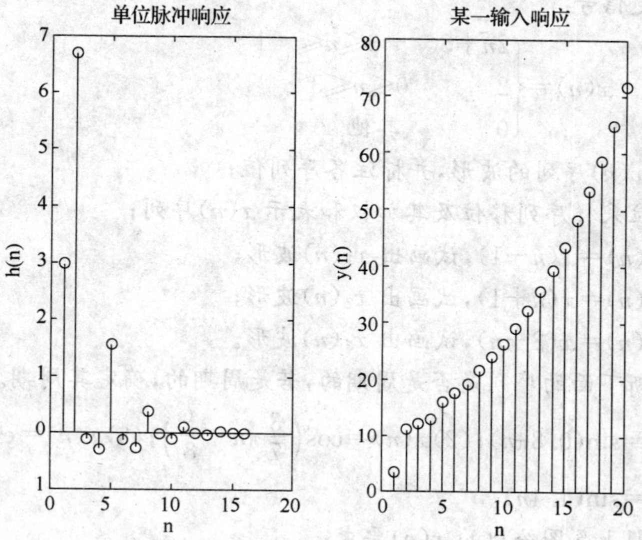

习　　题

1.1　用单位采样序列 $\delta(n)$ 及其加权和表示题 1.1 图所示的序列。

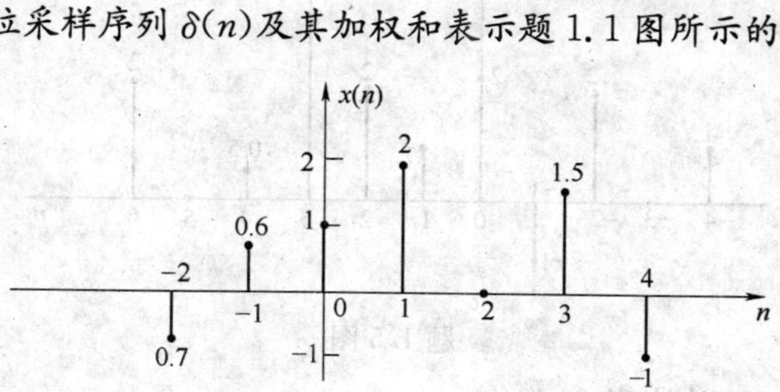

题 1.1 图

1.2　写出题图 1.2 所示的各序列的表达式。

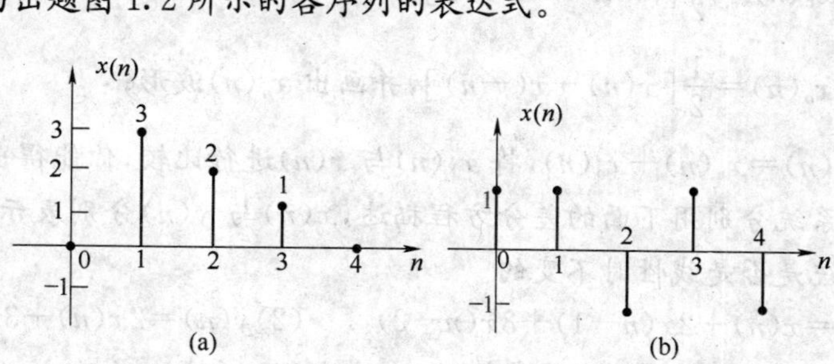

题 1.2 图

1.3 给定信号

$$x(n)=\begin{cases}2n+5 & -3\leqslant n\leqslant -1\\ 2 & 0\leqslant n\leqslant 3\\ 0 & \text{其他}\end{cases}$$

(1)画出 $x(n)$ 序列的波形,并标注各序列值;

(2)用单位采样序列移位及其加权和表示 $x(n)$ 序列;

(3)令 $x_1(n)=x(n-1)$,试画出 $x_1(n)$ 波形;

(4)令 $x_2(n)=x(n+1)$,试画出 $x_2(n)$ 波形;

(5)令 $x_3(n)=x(2-n)$,试画出 $x_3(n)$ 波形。

1.4 判断下面的序列是否是周期的,若是周期的,确定其周期。

(1) $x(n)=\sin(0.8\pi n)$;(2) $x(n)=\cos\left(\frac{3}{7}\pi n-\frac{\pi}{8}\right)$;(3) $x(n)=e^{j\left(\frac{1}{8}n-\pi\right)}$

(4) $x(n)=\sin(1.4n)$。

1.5 对题 1.5 图给出的 $x(n)$ 要求:

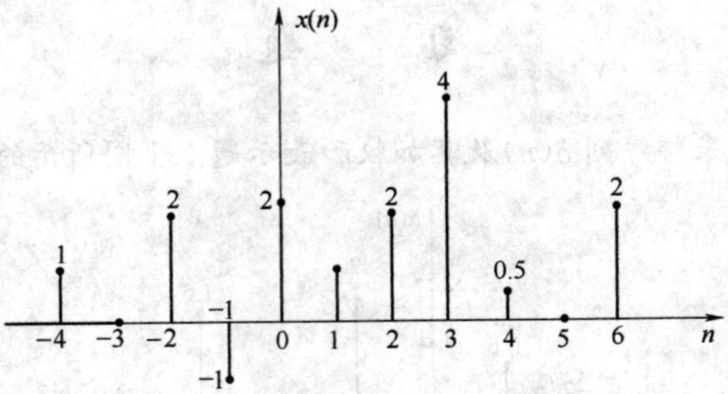

题 1.5 图

(1)画出 $x(-n)$ 的波形;

(2)计算 $x_e(n)=\frac{1}{2}[x(n)+x(-n)]$,并画出 $x_e(n)$ 波形;

(3)计算 $x_o(n)=\frac{1}{2}[x(n)-x(-n)]$,并画出 $x_o(n)$ 波形;

(4)令 $x_1(n)=x_e(n)+x_o(n)$,将 $x_1(n)$ 与 $x(n)$ 进行比较,你能得出什么结论?

1.6 设系统分别用下面的差分方程描述,$x(n)$ 与 $y(n)$ 分别表示系统输入和输出,判断系统是否是线性时不变的。

(1) $y(n)=x(n)+2x(n-1)+3x(n-2)$　　(2) $y(n)=2x(n)+3$

(3) $y(n)=x(n-n_0)$,n_0 为整常数　　(4) $y(n)=x(-n)$

(5) $y(n)=x^2(n)$　　(6) $y(n)=x(n^2)$

(7) $y(n)=\sum_{m=0}^{n}x(m)$　　(8) $y(n)=x(n)\sin(\omega n)$

1.7　给定下述差分方程描述的系统，试判断系统是否是因果稳定的系统，并说明理由。

(1) $y(n)=\frac{1}{N}\sum_{k=0}^{N-1}x(n-k)$　　(2) $y(n)=x(n)+x(n+1)$

(3) $y(n)=\sum_{k=n-n_0}^{n+n_0}x(k)$　　(4) $y(n)=x(n-n_0)$

(5) $y(n)=e^{x(n)}$

1.8　设线性时不变系统的单位冲激响应 $h(n)$ 和输入序列 $x(n)$ 如题1.8图所示，给出输出 $y(n)$ 的波形。

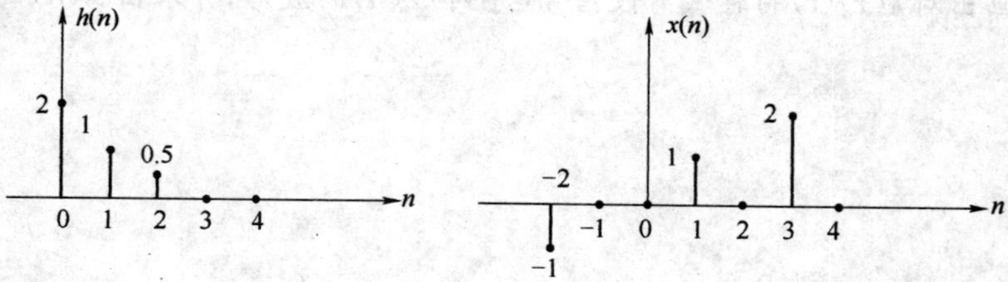

题1.8图

1.9　设线性时不变系统的单位采样响应 $h(n)$ 和输入 $x(n)$ 分别有以下三种情况，求出每种情况所对应的系统输出 $y(n)$。

(1) $h(n)=R_4(n)$,　　$x(n)=R_5(n)$

(2) $h(n)=2R_4(n)$,　　$x(n)=\delta(n)-\delta(n-2)$

(3) $h(n)=0.5^n u(n)$,　　$x(n)=R_5(n)$

1.10　证明线性卷积服从交换律、结合律和分配律，即证明下面等式成立：

(1) $x(n)*h(n)=h(n)*x(n)$

(2) $x(n)*[h_1(n)*h_2(n)]=[x(n)*h_1(n)]*h_2(n)$

(3) $x(n)*[h_1(n)+h_2(n)]=x(n)*h_1(n)+x(n)*h_2(n)$

1.11　以下序列是系统的单位采样响应 $h(n)$，试说明系统的因果稳定性。

(1) $\frac{1}{n^2}u(n)$　　(2) $\frac{1}{n!}u(n)$

(3) $3^n u(n)$　　(4) $3^n u(-n)$

(5) $0.3^n u(n)$　　(6) $0.3^n u(-n-1)$

1.12　设系统的单位冲激响应 $h(n)=(3/8)0.5^n u(n)$，系统的输入 $x(n)$ 是一些观测数据，设 $x(n)=\{x_0,x_1,x_2,\cdots,x_k,\cdots\}$，试利用递推法求系统的输出 $y(n)$。递推时设系统初始状态为零状态。

1.13 设某一因果系统由下面差分方程描述：

$$y(n)=\frac{1}{2}y(n-1)+x(n)+\frac{1}{2}x(n-1)$$

利用递推法求系统的单位采样响应。

1.14 设系统用一阶差分方程 $y(n)=ay(n-1)+x(n)$ 描述，初始条件 $y(-1)=1$，试分析该系统是否是线性非时变系统。

1.15 有一连续信号 $x_a(t)=\cos(2\pi ft+\varphi)$，式中，$f=20\ \text{Hz}$，$\varphi=\pi/2$

(1)求出 $x_a(t)$ 的周期。

(2)用采样间隔 $T=0.02\ \text{s}$ 对 $x_a(t)$ 进行采样，试写出采样信号 $\hat{x}_a(t)$ 的表达式。

(3)画出对应 $\hat{x}_a(t)$ 的时域离散信号(序列) $x(n)$ 的波形，并求出 $x(n)$ 的周期。

第 2 章 离散时间信号与系统的变换域分析

对离散时间系统变换域分析指的是频域(ω 域)和 z 域分析。采用傅里叶变换及 Z 变换作为数学工具。其中傅里叶变换指的是序列的傅里叶变换,它和模拟域中的傅里叶变换是不一样的,但都是线性变换,很多性质是类似的。本章主要介绍离散时间信号的傅里叶变换和 Z 变换。

本章涉及的内容是本书也是数字信号处理这一领域的基础。

2.1 非周期序列的傅里叶变换(DTFT)

与连续非周期信号一样,离散时间非周期信号的频域分析涉及到傅立叶变换(也就是信号的谱)。傅里叶变换揭示了时域与频域之间的关系,本质上是建立以"时间"为变量的信号和以"频率"为变量的频谱函数之间的变换关系,下面讨论离散时间信号的傅里叶变换。

2.1.1 DTFT 的定义

离散时间信号的傅里叶变换也用 DTFT(Discrete Time Fourier Transform)来表示,其定义为

$$X(e^{j\omega}) = \text{DTFT}[x(n)] = \sum_{n=-\infty}^{\infty} x(n)e^{-j\omega n} \quad \text{式(2.1)}$$

其中,ω 为数字频率,单位是弧度(rad)。$X(e^{j\omega})$代表信号的频率内容,换句话说,它是信号 $x(n)$的频率(正弦或余弦)分解。

DTFT 成立的充分条件是序列 $x(n)$绝对可和,即满足下式:

$$\sum_{n=-\infty}^{\infty} |x(n)| < \infty \quad \text{式(2.2)}$$

用 $e^{j\omega m}$乘式(2.1)两边,并在$-\pi\sim\pi$ 内对 ω 积分,同时考虑虚指数函数的正交性得

$$\int_{-\pi}^{\pi} X(e^{j\omega})e^{j\omega m}d\omega = \int_{-\pi}^{\pi}\Big[\sum_{n=-\infty}^{\infty} x(n)e^{-j\omega n}\Big]e^{j\omega m}d\omega$$

$$= \sum_{n=-\infty}^{\infty} x(n)\int_{-\pi}^{\pi} e^{j\omega(m-n)}d\omega$$

$$= \sum_{n=-\infty}^{\infty} x(n) 2\pi\delta(n-m) = 2\pi x(m)$$

将上式的 m 用 n 替换，因此

$$x(n) = \frac{1}{2\pi}\int_{-\pi}^{\pi} X(e^{j\omega}) e^{j\omega n} d\omega \qquad 式(2.3)$$

上式即是 DTFT 的反变换。式(2.1)和式(2.3)是一对傅里叶变换，叫做序列的傅里叶变换对。

【例 2.1】 设 $x(n)=R_N(n)$，求 $x(n)$ 的 DTFT。

解

$$X(e^{j\omega}) = \sum_{n=-\infty}^{\infty} R_N(n) e^{-j\omega n} = \sum_{n=0}^{N-1} e^{-j\omega n} = \frac{1-e^{-j\omega N}}{1-e^{-j\omega}}$$

$$= \frac{e^{j\omega N/2}(e^{-j\omega N/2} - e^{j\omega N/2})}{e^{-j\omega/2}(e^{j\omega/2} - e^{-j\omega/2})} = e^{-j(N-1)\omega/2}\,\frac{\sin(\omega N/2)}{\sin(\omega/2)}$$

当 $N=4$，$X(e^{j\omega})$ 的幅度与相位随 ω 变化曲线（幅度谱和相位谱）如图 2.1 所示。

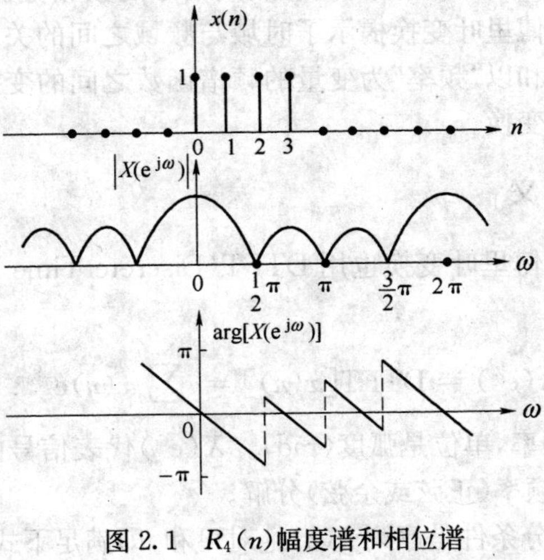

图 2.1 $R_4(n)$ 幅度谱和相位谱

2.1.2 DTFT 的性质

1. DTFT 的周期性

在定义式(2.1)中，n 取整数，因此下式成立：

$$X(e^{j\omega}) = \sum_{n=-\infty}^{\infty} x(n) e^{-j(\omega+2\pi M)n}，M 为整数 \qquad 式(2.4)$$

因此，序列的傅里叶变换是频率 ω 的周期函数，周期是 2π。对比连续信号的傅里叶变换，它同样表示了信号在频域的分布规律，但不同的是序列的傅里叶变换

是以 2π 为周期的函数。在 $\omega=0$ 和 $\omega=2\pi M$ 附近的频谱分布应是相同的，在 $\omega=0,\pm2\pi,\pm4\pi,\cdots$ 点上表示 $x(n)$ 信号的直流分量，那么离开这些点愈远，其频率应愈高，但又是以 2π 为周期，那么最高的频率应是 $\omega=\pi$。还要说明的是，所谓 $x(n)$ 的直流分量，是指如图 2.2(a)所示的波形。例如，$x(n)=\cos\omega n$，当 $\omega=2\pi M$，M 取整数时，$x(n)$的序列值如图 2.2(a)所示，它代表其直流分量；当 $\omega=(2M+1)\pi$ 时，$x(n)$波形如图 2.2(b)所示，它代表最高频率信号，是一种变化最快的信号。由于 DTFT 的周期性，一般只分析 $\pm\pi$ 之间或 $0\sim2\pi$ 之间的 DTFT 就行了。

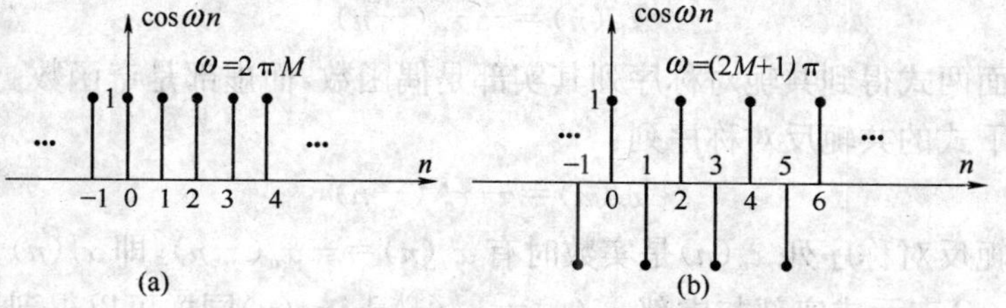

图 2.2　cosωn的波形

2. 线性性

设 $X_1(e^{j\omega})=\text{DTFT}[x_1(n)]$，$X_2(e^{j\omega})=\text{DTFT}[x_2(n)]$，那么

$$\text{DTFT}[ax_1(n)+bx_2(n)]=aX_1(e^{j\omega})+bX_2(e^{j\omega}) \qquad 式(2.5)$$

式中 a,b 为常数。

傅里叶变换可以视为是对信号的一种运算，它是一个线性变换，线性性使得它适用于线性系统的分析。

3. 时移性

设 $X(e^{j\omega})=\text{DTFT}[x(n)]$，那么有

$$\text{DTFT}[x(n-n_0)]=e^{-j\omega n_0}X(e^{j\omega}) \qquad 式(2.6)$$

这个性质意味着一个信号在时域移动 n_0 个采样，而它的幅度谱不变，只是相位谱改变了 $-\omega n_0$。

4. 频移性

设 $X(e^{j\omega})=\text{DTFT}[x(n)]$，那么

$$\text{DTFT}[e^{j\omega_0 n}x(n)]=X(e^{-j(\omega-\omega_0)}) \qquad 式(2.7)$$

5. 对称性

在学习 DTFT 的对称性以前，先介绍什么是共轭对称与共轭反对称及其它们的性质。

设序列 $x_e(n)$满足下式：

$$x_e(n)=x_e^*(-n) \qquad 式(2.8)$$

则称 $x_e(n)$为共轭对称序列。当共轭对称序列是实数时，式(2.8)变为 $x_e(n)$

$=x_e(-n)$，即 $x_e(n)$为偶对称序列。为研究共轭对称序列具有什么性质，将 $x_e(n)$用其实部与虚部表示：

$$x_e(n)=x_{er}(n)+jx_{ei}(n)$$

将上式两边 n 用 $-n$ 代替，并取共轭，得到：

$$x_e^*(-n)=x_{er}(-n)-jx_{ei}(-n)$$

对比上面两公式，因左边相等，因此得到：

$$x_{er}(n)=x_{er}(-n) \quad \text{式(2.9)}$$

$$x_{ei}(n)=-x_{ei}(-n) \quad \text{式(2.10)}$$

由上面两式得到共轭对称序列其实部是偶函数，而虚部是奇函数。类似地，可定义满足下式的共轭反对称序列：

$$x_o(n)=-x_o^*(-n) \quad \text{式(2.11)}$$

当共轭反对称序列 $x_o(n)$是实数时有 $x_o(n)=-x_o(-n)$，即 $x_o(n)$为奇对称序列。将 $x_o(n)$表示成实部与虚部 $x_o(n)=x_{or}(n)+jx_{oi}(n)$同样可以得到：

$$x_{or}(n)=-x_{or}(-n) \quad \text{式(2.12)}$$

$$x_{oi}(n)=x_{oi}(-n) \quad \text{式(2.13)}$$

即共轭反对称序列的实部是奇函数，而虚部是偶函数。

【例 2.2】 试分析 $x(n)=e^{j\omega n}$的对称性。

解 将 $x(n)$的 n 用 $-n$ 代替，再取共轭得到：

$$x^*(-n)=e^{j\omega n}$$

因此，$x(n)=x^*(-n)$，故 $x(n)$是共轭对称序列，如展成实部与虚部，得到：

$$x(n)=\cos\omega n+j\sin\omega n$$

上式表明，共轭对称序列的实部确实是偶函数，虚部是奇函数。

任意一个序列总可以表示成一个共轭对称和共轭反对称序列之和，即

$$x(n)=x_e(n)+x_o(n) \quad \text{式(2.14)}$$

其中，

$$x_e(n)=\frac{1}{2}[x(n)+x^*(-n)] \quad \text{式(2.15a)}$$

$$x_o(n)=\frac{1}{2}[x(n)-x^*(-n)] \quad \text{式(2.15b)}$$

同理，对于频域函数 $X(e^{j\omega})$，也有和上面类似的概念和结论，即

$$X(e^{j\omega})=X_e(e^{j\omega})+X_o(e^{j\omega}) \quad \text{式(2.16)}$$

式中，$X_e(e^{j\omega})$与 $X_o(e^{j\omega})$分别为共轭对称分量和共轭反对称分量，它们满足：

$$X_e(e^{j\omega})=X_e^*(e^{-j\omega}) \quad \text{式(2.17)}$$

$$X_o(e^{j\omega})=-X_o^*(e^{-j\omega}) \quad \text{式(2.18)}$$

同样有下面式子：

$$X_e(e^{j\omega})=\frac{1}{2}[X(e^{j\omega})+X^*(e^{-j\omega})] \quad 式(2.19)$$

$$X_o(e^{j\omega})=\frac{1}{2}[X(e^{j\omega})-X^*(e^{-j\omega})] \quad 式(2.20)$$

由以上的定义，可以得到 DTFT 的对称性了，下面按两部分进行分析。

(a)将序列 $x(n)$分成实部 $x_r(n)$与虚部 $x_i(n)$，即

$$x(n)=x_r(n)+jx_i(n)$$

将上式进行 DTFT，得到

$$X(e^{j\omega})=X_e(e^{j\omega})+X_o(e^{j\omega}) \quad 式(2.21)$$

式中，

$$X_e(e^{j\omega})=\mathrm{DTFT}[x_r(n)]=\sum_{n=-\infty}^{\infty}x_r(n)e^{-j\omega n}$$

$$X_o(e^{j\omega})=\mathrm{DTFT}[jx_i(n)]=j\sum_{n=-\infty}^{\infty}x_i(n)e^{-j\omega n}$$

上面两式中，$x_r(n)$和 $x_i(n)$都是实数序列。容易证明：$X_e(e^{j\omega})$满足式(2.17)，具有共轭对称性，它的实部是偶函数，虚部是奇函数；$X_o(e^{j\omega})$满足式(2.18)，具有共轭反对称性质，它的实部是奇函数，虚部是偶函数。

最后得到结论：序列分成实部与虚部两部分，实部对应的 DTFT 具有共轭对称性，虚部和 j 一起对应的 DTFT 具有共轭反对称性。

(b)将序列分成共轭对称部分 $x(n)$和共轭反对称部分 $x_o(n)$，即

$$x(n)=x_e(n)+x_o(n)$$

将式(2.15)重写如下：

$$x_e(n)=\frac{1}{2}[x(n)+x^*(-n)]$$

$$x_o(n)=\frac{1}{2}[x(n)-x^*(-n)]$$

将上面两式分别进行 DTFT，得到：

$$\mathrm{DTFT}[x_e(n)]=\frac{1}{2}[X(e^{j\omega})+X^*(e^{j\omega})]=\mathrm{Re}[X(e^{j\omega})]=X_R(e^{j\omega})$$

$$\mathrm{DTFT}[x_o(n)]=\frac{1}{2}[X(e^{j\omega})-X^*(e^{j\omega})]=j\mathrm{Im}[X(e^{j\omega})]=jX_I(e^{j\omega})$$

因此对 $x(n)$进行 DTFT 得到：

$$X(e^{j\omega})=X_R(e^{j\omega})+jX_I(e^{j\omega}) \quad 式(2.22)$$

式(2.22)表示序列的共轭对称部分 $x_e(n)$对应着 DTFT 的实部 $X_R(e^{j\omega})$，而序列的共轭反对称部分 $x_o(n)$对应着 DTFT 的虚部(包括 j)。

为了实际中可以利用序列对称性来简化傅里叶变换的计算，我们把上面讨论

的结果概括为表 2.1。

表 2.1 离散时间傅里叶变换的对称性

序列	DTFT
$x(n)$	$X(e^{j\omega})$
$x^*(n)$	$X^*(e^{-j\omega})$
$x(-n)$	$X(e^{-j\omega})$
$x^*(-n)$	$X^*(e^{j\omega})$
$\mathrm{Re}[x(n)]$	$X_e(e^{j\omega})=\frac{1}{2}[X(e^{j\omega})+X^*(e^{-j\omega})]$
$\mathrm{jIm}[x(n)]$	$X_o(e^{j\omega})=\frac{1}{2}[X(e^{j\omega})-X^*(e^{-j\omega})]$
$x_e(n)=\frac{1}{2}[x(n)+x^*(-n)]$	$\mathrm{Re}[X(e^{j\omega})]$
$x_o(n)=\frac{1}{2}[x(n)-x^*(-n)]$	$\mathrm{jIm}[X(e^{j\omega})]$
实信号	
任意实信号	$X_e(e^{j\omega})=X^*(e^{-j\omega})$
$x(n)$	$\mathrm{Re}[X_e(e^{j\omega})]=\mathrm{Re}[X(e^{-j\omega})]$
	$\mathrm{Im}[X_e(e^{j\omega})]=-\mathrm{Im}[X(e^{-j\omega})]$
	$\lvert X_e(e^{j\omega})\rvert=\lvert X(e^{-j\omega})\rvert$
	$\angle X_e(e^{j\omega})=-\angle X(e^{-j\omega})$
$x_e(n)=\frac{1}{2}[x(n)+x(-n)]$(实偶)	$\mathrm{Re}[X_e(e^{j\omega})]$(实偶)
$x_o(n)=\frac{1}{2}[x(n)-x(-n)]$(实奇)	$\mathrm{jIm}[X_e(e^{j\omega})]$(虚奇)

【例 2.3】 一个实信号的傅里叶变换为

$$X(e^{j\omega})=\frac{1}{1-ae^{-j\omega}},-1<a<1$$

确定 $X(e^{j\omega})$的实部、虚部、模和辐角，并画出当 a 为 0.8 的模和辐角的波形，从而验证对称性。

解 将 $X(e^{j\omega})$分子和分母分别剩以 $1-ae^{j\omega}$得到：

$$X(e^{j\omega})=\frac{1-ae^{j\omega}}{(1-ae^{j\omega})(1-ae^{-j\omega})}=\frac{1-a\cos\omega-\mathrm{j}a\sin\omega}{1-2a\cos\omega+a^2}$$

则它的实部、虚部、模和辐角分别为：

$$\mathrm{Re}[X(\mathrm{e}^{\mathrm{j}\omega})]=\frac{1-a\cos\omega}{1-2a\cos\omega+a^2}$$

$$\mathrm{Im}[X(\mathrm{e}^{\mathrm{j}\omega})]=-\frac{a\sin\omega}{1-2a\cos\omega+a^2}$$

$$|X(\mathrm{e}^{\mathrm{j}\omega})|=\frac{1}{\sqrt{1-2a\cos\omega+a^2}}$$

$$\arg[X(\mathrm{e}^{\mathrm{j}\omega})]=-\arctan\left(\frac{a\sin\omega}{1-a\cos\omega}\right)$$

当 a 为 0.8 时实部和虚部的波形如图 2.3 所示。可见满足实信号谱的模和辐角的对称性。通过本例读者可自行验证实信号的谱的所有对称性都满足。

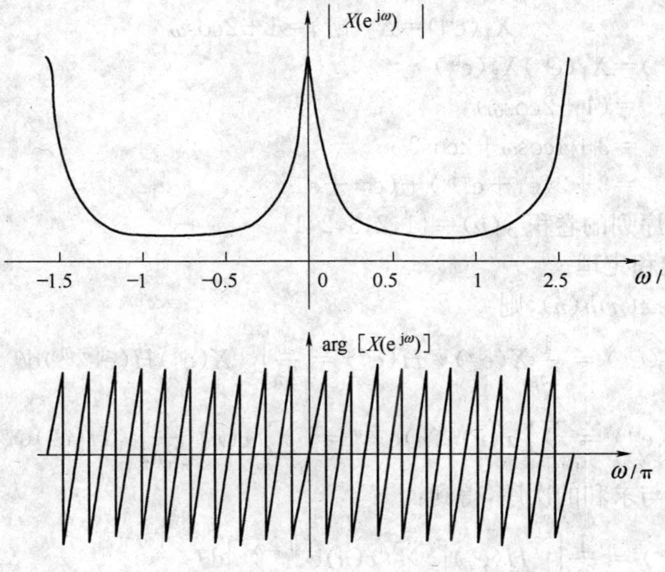

图 2.3　$X(\mathrm{e}^{\mathrm{j}\omega})$的模和辐角图形

6. 时域卷积定理

设　$y(n)=x(n)*h(n)$，则

$$Y(\mathrm{e}^{\mathrm{j}\omega})=X(\mathrm{e}^{\mathrm{j}\omega})\cdot H(\mathrm{e}^{\mathrm{j}\omega}) \qquad \text{式(2.23)}$$

证明　$y(n)=x(n)*h(n)=\sum\limits_{m=-\infty}^{\infty}x(m)h(n-m)$，那么

$$Y(\mathrm{e}^{\mathrm{j}\omega})=\mathrm{DTFT}[y(n)]=\sum_{n=-\infty}^{\infty}\left[\sum_{m=-\infty}^{\infty}x(m)h(n-m)\right]\mathrm{e}^{-\mathrm{j}\omega n}$$

令 $k=n-m$，则

$$Y(\mathrm{e}^{\mathrm{j}\omega})=\sum_{k=-\infty}^{\infty}\sum_{m=-\infty}^{\infty}h(k)x(m)\mathrm{e}^{-\mathrm{j}\omega k}\,\mathrm{e}^{-\mathrm{j}\omega m}$$

$$= \sum_{k=-\infty}^{\infty} h(k) e^{-j\omega k} \sum_{m=-\infty}^{\infty} x(m) e^{-j\omega m}$$
$$= H(e^{j\omega}) X(e^{j\omega})$$

该定理说明，两序列卷积的 DTFT 服从相乘的关系。对于线性时不变系统，输出的 DTFT 等于输入信号的 DTFT 乘以单位采样响应的 DTFT。因此，在求系统的输出信号时，可以在时域用卷积公式(1.16)计算，也可以在频域按照式(2.23)求出输出的 DTFT，再作逆 DTFT，求出输出信号。

【例 2.4】 已知两个序列 $x_1(n)=x_2(n)=\{1,\underline{1},1\}$，利用时域卷积定理计算 $y(n)=x_1(n)*x_2(n)$。

解 应用式(2.1)知 $x_1(n)$和 $x_2(n)$的 DTFT 为：

$$X_1(e^{j\omega})=X_2(e^{j\omega})=1+2\cos\omega$$

那么 $Y(e^{j\omega})=X_1(e^{j\omega})X_2(e^{j\omega})$

$$=(1+2\cos\omega)^2$$
$$=3+4\cos\omega+2\cos2\omega$$
$$=3+2(e^{j\omega}+e^{-j\omega})+(e^{j2\omega}+e^{-j2\omega})$$

所以两个序列的卷积 $y(n)=\{1,2,\underline{3},2,1\}$

7. 频域卷积定理

设 $y(n)=x(n)h(n)$，则

$$Y(e^{j\omega}) = \frac{1}{2\pi}X(e^{j\omega}) * H(e^{j\omega}) = \frac{1}{2\pi}\int_{-\pi}^{\pi} X(e^{j\theta})H(e^{j(\omega-\theta)})d\theta \qquad 式(2.24)$$

证明 $Y(e^{j\omega}) = \sum_{n=-\infty}^{\infty} x(n)h(n)e^{-j\omega n} = \sum_{n=-\infty}^{\infty} x(n)\left[\frac{1}{2\pi}\int_{-\pi}^{\pi} H(e^{j\theta})e^{j\theta n}d\theta\right]e^{-j\omega n}$

交换积分与求和的次序，得到：

$$Y(e^{j\omega}) = \frac{1}{2\pi}\int_{-\pi}^{\pi} H(e^{j\theta})\left[\sum_{n=-\infty}^{\infty} x(n)e^{-j(\omega-\theta)n}\right]d\theta$$
$$= \frac{1}{2\pi}\int_{-\pi}^{\pi} H(e^{j\theta})X(e^{j(\omega-\theta)})d\theta$$
$$= \frac{1}{2\pi}X(e^{j\omega}) * H(e^{j\omega})$$

该定理表明，在时域两序列相乘，转换到频域时服从卷积关系。

8. 帕斯维尔(Parseval)定理

$$\sum_{n=-\infty}^{\infty} |x(n)|^2 = \frac{1}{2\pi}\int_{-\pi}^{\pi} |X(e^{j\omega})|^2 d\omega \qquad 式(2.25)$$

证明

$$\sum_{n=-\infty}^{\infty} |x(n)|^2 = \sum_{n=-\infty}^{\infty} x(n)x^*(n)$$

$$= \sum_{n=-\infty}^{\infty} x^*(n)\left[\frac{1}{2\pi}\int_{-\pi}^{\pi} X(e^{j\omega})e^{j\omega n}d\omega\right]$$

$$= \frac{1}{2\pi}\int_{-\pi}^{\pi} X(e^{j\omega})\sum_{n=-\infty}^{\infty} x^*(n)e^{j\omega n}d\omega$$

$$= \frac{1}{2\pi}\int_{-\pi}^{\pi} X(e^{j\omega})X^*(e^{j\omega})d\omega$$

$$= \frac{1}{2\pi}\int_{-\pi}^{\pi} |X(e^{j\omega})|^2 d\omega$$

帕斯维尔定理表明了信号时域的总能量等于频域的总能量。要说明的是，这里频域总能量是指$|X(e^{j\omega})|^2$ 在一个周期中的积分再乘以 $1/2\pi$。

傅里叶变换的上述这些性质有利于简化运算和求解，在许多实际应用中对降低分析的复杂性是非常有用的。

2.2　周期序列的离散傅里叶级数(DFS)

因为周期序列即离散时间周期信号不满足序列绝对可和的条件，因此它的 DTFT 是不存在的，但是，正如连续时间周期信号可以用傅里叶级数表示一样，周期序列也可以用离散傅里叶级数(DFS，Discrete Fourier Series)来表示。如果引入冲激函数，周期序列的 DTFT 可用冲激函数的形式表示出来。

设 $\widetilde{x}(n)$是以 N 为周期的周期序列，它可以展成离散傅里叶级数，也就是用周期为 N 的复指数序列表示，即

$$\widetilde{x}(n) = \sum_{k=-\infty}^{\infty} a_k e^{j\frac{2\pi}{N}kn} \qquad \text{式}(2.26)$$

式中，a_k 是傅里叶级数的系数。

为求系数 a_k，对任意整数 m，要利用复正弦序列的正交性，即利用如下的关系：

$$\sum_{n=0}^{N-1} e^{j\frac{2\pi}{N}(k-m)n} = \frac{1-e^{j\frac{2\pi}{N}(k-m)N}}{1-e^{j\frac{2\pi}{N}(k-m)}} = \begin{cases} N & k=m \\ 0 & k\neq m \end{cases} \qquad \text{式}(2.27)$$

现将式(2.26)两边同乘 $e^{-j\frac{2\pi}{N}mn}$，并对 n 在一个周期 N 内求和，则有

$$\sum_{n=0}^{N-1}\widetilde{x}(n)e^{-j\frac{2\pi}{N}mn} = \sum_{n=0}^{N-1}\left[\sum_{k=-\infty}^{\infty} a_k e^{j\frac{2\pi}{N}kn}\right]e^{-j\frac{2\pi}{N}mn} = \sum_{k=-\infty}^{\infty} a_k \sum_{n=0}^{N-1} e^{j\frac{2\pi}{N}(k-m)n}$$

考虑式(2.27)，有

$$\sum_{n=0}^{N-1}\widetilde{x}(n)e^{-j\frac{2\pi}{N}mn} = Na_m \qquad \text{式}(2.28)$$

再将 m 换成 k 得

$$a_k = \frac{1}{N}\sum_{n=0}^{N-1}\tilde{x}(n)\mathrm{e}^{-\mathrm{j}\frac{2\pi}{N}kn}, -\infty < k < \infty \qquad 式(2.29)$$

式(2.29)中,k 和 n 均取整数,当 k 或者 n 变化时,$\mathrm{e}^{-\mathrm{j}\frac{2\pi}{N}kn}$ 是周期为 N 的周期函数,可表示成

$$\mathrm{e}^{-\mathrm{j}\frac{2\pi}{N}(k+lN)n} = \mathrm{e}^{-\mathrm{j}\frac{2\pi}{N}kn}, l\text{ 取整数}$$

因此,系数 a_k 也是周期序列,满足下式:

$$a_k = a_{k+lN}$$

令 $\tilde{X}(k) = Na_k$,并将式(2.29)代入,得到:

$$\tilde{X}(k) = \sum_{n=0}^{N-1}\tilde{x}(n)\mathrm{e}^{-\mathrm{j}\frac{2\pi}{N}kn}, -\infty < k < \infty \qquad 式(2.30)$$

可见,$\tilde{X}(k)$也是一个以 N 为周期的周期序列,称 $\tilde{X}(k)$为 $\tilde{x}(n)$的离散傅里叶级数。

如对式(2.30)两端乘以 $\mathrm{e}^{\mathrm{j}\frac{2\pi}{N}kl}$,并对 k 在一个周期 N 内求和,得到:

$$\sum_{k=0}^{N-1}\tilde{X}(k)\mathrm{e}^{\mathrm{j}\frac{2\pi}{N}kl} = \sum_{k=0}^{N-1}\left[\sum_{n=0}^{N-1}\tilde{x}(n)\mathrm{e}^{-\mathrm{j}\frac{2\pi}{N}kn}\right]\mathrm{e}^{\mathrm{j}\frac{2\pi}{N}kl} = \sum_{n=0}^{N-1}\tilde{x}(n)\sum_{k=0}^{N-1}\mathrm{e}^{\mathrm{j}\frac{2\pi}{N}(l-n)k}$$

同样按照式(2.28),得到:

$$\tilde{x}(n) = \frac{1}{N}\sum_{k=0}^{N-1}\tilde{X}(k)\mathrm{e}^{\mathrm{j}\frac{2\pi}{N}kn} \qquad 式(2.31)$$

将式(2.30)和式(2.31)一起称为周期序列的离散傅立叶级数(DFS)变换对。为表述方便,习惯上也采用以下符号:

$$W_N = \mathrm{e}^{-\mathrm{j}\frac{2\pi}{N}}$$

表示式(2.30)和式(2.31),此时有 DFS 变换对

正变换:$\tilde{X}(k) = \mathrm{DFS}[\tilde{x}(n)] = \sum_{n=0}^{N-1}\tilde{x}(n)\mathrm{e}^{-\mathrm{j}\frac{2\pi}{N}kn} = \sum_{n=0}^{N-1}\tilde{x}(n)W_N^{kn}$　　式(2.32)

反变换:$\tilde{x}(n) = \mathrm{IDFS}[\tilde{X}(k)] = \frac{1}{N}\sum_{k=0}^{N-1}\tilde{X}(k)\mathrm{e}^{\mathrm{j}\frac{2\pi}{N}kn} = \frac{1}{N}\sum_{k=0}^{N-1}\tilde{X}(k)W_N^{-kn}$

式(2.33)

式(2.32)和式(2.33)中的 k 和 n 取值都为 $0,1,2,\cdots,N-1$。式(2.33)也表明可将周期序列分解成 N 次谐波,第 k 个谐波的频率为 $\omega_k = (2\pi/N)k, k=0,1,2,\cdots,N-1$,幅度为$(1/N)\tilde{X}(k)$。基波分量的频率是 $2\pi/N$,幅度是$(1/N)\tilde{X}(1)$。

从上面分析可见,一个周期为 N 的序列 $\tilde{x}(n)$,它的 DFS 仍然是周期为 N 的序列 $\tilde{X}(k)$,且可用 $\tilde{X}(k)$表示它的频谱分布规律。同时,对周期序列,只要知道一个周期的内容,其他的内容也就知道了。

【例 2.5】 设 $x(n)=R_4(n)$，将 $x(n)$ 以 $N=8$ 为周期进行周期延拓，得到如图 2.4(a)所示的周期也为 8 的周期序列 $\tilde{x}(n)$，求 $\tilde{x}(n)$ 的 DFS。

解　按照式(2.32)有

$$\tilde{X}(k)=\sum_{n=0}^{7}\tilde{x}(n)\mathrm{e}^{-\mathrm{j}\frac{2\pi}{8}kn}=\sum_{n=0}^{3}\mathrm{e}^{-\mathrm{j}\frac{\pi}{4}kn}=\frac{1-\mathrm{e}^{-\mathrm{j}\frac{\pi}{4}k\cdot 4}}{1-\mathrm{e}^{-\mathrm{j}\frac{\pi}{4}k}}=\frac{1-\mathrm{e}^{-\mathrm{j}\pi k}}{1-\mathrm{e}^{-\mathrm{j}\frac{\pi}{4}k}}=$$

$$\frac{\mathrm{e}^{-\mathrm{j}\frac{\pi}{2}k}(\mathrm{e}^{\mathrm{j}\frac{\pi}{2}k}-\mathrm{e}^{-\mathrm{j}\frac{\pi}{2}k})}{\mathrm{e}^{-\mathrm{j}\frac{\pi}{8}k}(\mathrm{e}^{\mathrm{j}\frac{\pi}{8}k}-\mathrm{e}^{-\mathrm{j}\frac{\pi}{8}k})}=\mathrm{e}^{-\mathrm{j}\frac{3}{8}\pi k}\frac{\sin\dfrac{\pi}{2}k}{\sin\dfrac{\pi}{8}k}$$

其幅度特性 $|\tilde{X}(k)|$ 如图 2.4(b)所示。

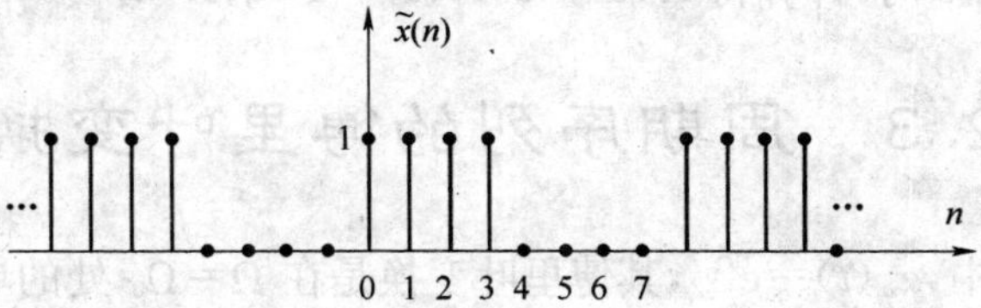

(a)

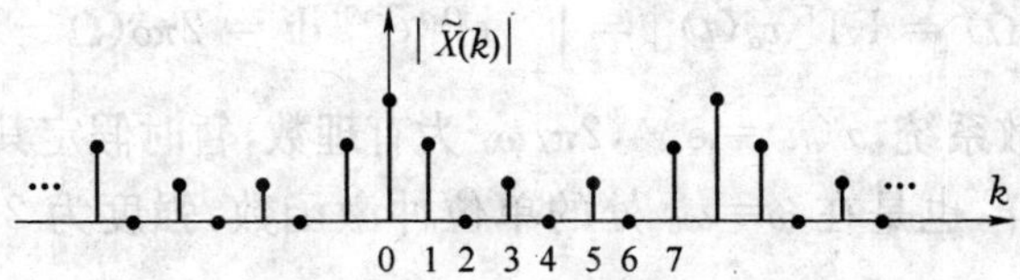

(b)

图 2.4　例 2.5 所讨论的周期信号的谱

【例 2.6】 确定下列信号的谱。

(1) $x(n)=\cos\frac{\pi}{3}n$　　(2) $x(n)$ 是周期 $N=4$ 的信号，且 $x(n)=\{\underline{1},1,0,0\}$

解　(1)　方法一

因为 $\frac{2\pi}{\omega_0}=6$，所以 $x(n)$ 周期 $N=6$，由式(3.32)得：

$$\tilde{X}(k)=\sum_{n=0}^{N-1}\tilde{x}(n)\mathrm{e}^{-\mathrm{j}\frac{2\pi}{N}kn}=\sum_{n=0}^{5}x(n)\mathrm{e}^{-\mathrm{j}\frac{\pi}{3}kn},k=0,1,\cdots,5$$

当 $k=0$ 时，$\tilde{X}(0)=\sum_{n=0}^{5}x(n)=0$

当 $k=1$ 时，$\tilde{X}(1)=\sum_{n=0}^{5}x(n)\mathrm{e}^{-\mathrm{j}\frac{\pi}{3}n}=1+\cos\frac{\pi}{3}\mathrm{e}^{-\mathrm{j}\frac{\pi}{3}}+\cos\frac{2\pi}{3}\mathrm{e}^{-\mathrm{j}\frac{2\pi}{3}}+\cdots=3$

同理求得：$\tilde{X}(2)=\tilde{X}(3)=\tilde{X}(4)=0$，　$\tilde{X}(5)=3$

方法二

将 $x(n)$ 按复指数展开，即

$$x(n)=\cos\frac{\pi}{3}n=\cos\frac{2\pi}{6}n=\frac{1}{2}(e^{j\frac{2\pi}{6}n}+e^{-j\frac{2\pi}{6}n})=\frac{1}{2}(e^{j\frac{2\pi}{6}n}+e^{j\frac{2\pi(5n)}{6}})$$

对照式(2.32)有

$\tilde{X}(0)=0,\tilde{X}(1)=3,\tilde{X}(2)=\tilde{X}(3)=\tilde{X}(4)=0,\tilde{X}(5)=3$

(2)由式(3.32)得：

$$\tilde{X}(k)=\sum_{n=0}^{N-1}\tilde{x}(n)e^{-j\frac{2\pi}{N}kn}=\sum_{n=0}^{3}x(n)e^{-j\frac{\pi}{2}kn}=1+e^{-j\frac{\pi}{2}k}\quad k=0,1,2,3$$

当 $k=0,1,2,3$ 时，计算得 $\tilde{X}(0)=2,\tilde{X}(1)=1-j,\tilde{X}(2)=0,\tilde{X}(3)=1+j$

2.3 周期序列的傅里叶变换

在模拟系统中，$x_a(t)=e^{j\Omega_0 t}$，其傅里叶变换是在 $\Omega=\Omega_0$ 处的单位冲激函数，强度是 2π，即

$$X_a(j\Omega)=\mathrm{FT}[x_a(t)]=\int_{-\infty}^{\infty}e^{j\Omega_0 t}e^{-j\Omega t}dt=2\pi\delta(\Omega-\Omega_0)\qquad 式(2.34)$$

对于时域离散系统，$x(n)=e^{j\omega_0 n}$，$2\pi/\omega_0$ 为有理数，暂时假定其傅里叶变换的形式与(2.34)式一样，也是在 $\omega=\omega_0$ 处的单位冲激函数，强度为 2π，但由于 n 取整数，下式成立：

$$e^{j\omega_0 n}=e^{j(\omega_0+2\pi r)n}, r\ 取整数$$

因此，$e^{j\omega_0 n}$ 的 DTFT 为

$$X(e^{j\omega})=\mathrm{DTFT}[e^{j\omega_0 n}]=\sum_{r=-\infty}^{\infty}2\pi\delta(\omega-\omega_0-2\pi r)\qquad 式(2.35)$$

式(2.35)表示复指数序列的 DTFT 是在 $\omega_0+2\pi r$ 处的单位冲激函数，强度为 2π，如图 2.5 所示。但这种假定如果成立，则要求按照式(2.35)的逆变换必须存在，且唯一等于 $e^{j\omega_0 n}$，下面进行验证。按照逆变换定义，式(2.35)右边

$$\frac{1}{2\pi}\int_{-\pi}^{\pi}X(e^{j\omega})e^{j\omega n}d\omega=\frac{1}{2\pi}\int_{-\infty}^{\infty}\sum_{r=-\infty}^{\infty}2\pi\delta(\omega-\omega_0-2\pi r)e^{j\omega n}d\omega$$

观察图 2.5，在 $\pm\pi$ 区间，只包括一个单位冲激函数 $\delta(\omega-\omega_0)$，等式右边为 $e^{j\omega_0 n}$，因此，得到下式：

$$e^{j\omega_0 n}=\frac{1}{2\pi}\int_{-\pi}^{\pi}X(e^{j\omega})e^{j\omega nt}d\omega=\mathrm{IDTFT}[X(e^{j\omega_0})]$$

证明了式(2.35)确实是 $e^{j\omega_0 n}$ 的 DTFT 了，前面的暂时假定是正确的。

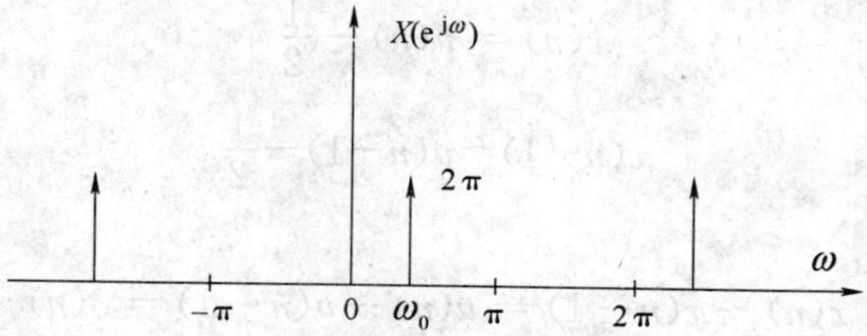

图 2.5　$e^{j\omega_0 n}$傅里叶变换

对于一般周期序列 $\tilde{x}(n)$，按式(2.32)展成 DFS，第 k 次谐波为 $(\tilde{X}(k)/N)e^{j\frac{2\pi}{N}kn}$，类似于复指数序列的 DTFT，其 DTFT 为 $[2\pi\tilde{X}(k)/N]\sum_{r=-\infty}^{\infty}\delta(\omega-\frac{2\pi}{N}k-2\pi r)$，因此 $\tilde{x}(n)$ 的 DTFT 如下式：

$$X(e^{j\omega})=\text{DTFT}[\tilde{x}(n)]=\sum_{k=0}^{N-1}\frac{2\pi\tilde{X}(k)}{N}\sum_{r=-\infty}^{\infty}\delta\left(\omega-\frac{2\pi}{N}k-2\pi r\right)$$

式中 $k=0,1,2,\cdots,N-1$，如果让 k 在 $\pm\infty$ 之间变化，上式可简化成

$$X(e^{j\omega})=\frac{2\pi}{N}\sum_{k=-\infty}^{\infty}\tilde{X}(k)\delta\left(\omega-\frac{2\pi}{N}k\right)\qquad 式(2.36)$$

式中

$$\tilde{X}(k)=\sum_{n=0}^{N-1}\tilde{x}(n)e^{-j\frac{2\pi}{N}kn}$$

式(2.36)就是周期性序列的傅里叶变换表示式。强调的是，上面公式中的 $\delta(\omega)$ 表示单位冲激函数，而 $\delta(n)$ 表示单位脉冲序列，由于括弧中的自变量不同不会引起混淆。表 2.2 中列出了一些基本序列的 DTFT。

表 2.2　序列的傅里叶变换

序　列	DTFT
$\delta(n)$	1
$a^n u(n)$，$\|a\|<1$	$(1-ae^{-j\omega})^{-1}$
$R_N(n)$	$e^{-j(N-1)\omega/2}\sin(\omega N/2)/\sin(\omega/2)$
$u(n)$	$(1-e^{-j\omega})^{-1}+\sum_{k=-\infty}^{\infty}\pi\delta(\omega-2\pi k)$
1	$2\pi\sum_{k=-\infty}^{\infty}\delta(\omega-2\pi k)$
$e^{j\omega_0 n}$，$2\pi/\omega_0$ 是有理数	$2\pi\sum_{r=-\infty}^{\infty}\delta(\omega-\omega_0-2\pi r)$
$\cos\omega_0 n$，$2\pi/\omega_0$ 是有理数	$\pi\sum_{r=-\infty}^{\infty}[\delta(\omega-\omega_0-2\pi r)+\delta(\omega+\omega_0-2\pi r)]$
$\sin\omega_0 n$，$2\pi/\omega_0$ 是有理数	$-j\pi\sum_{r=-\infty}^{\infty}[\delta(\omega-\omega_0-2\pi r)-\delta(\omega+\omega_0-2\pi r)]$

【例 2.7】　推导表 2.2 中 $u(n)$ 的 DTFT。

解 令 $$x(n)=u(n)-\frac{1}{2}$$ 式(2.37)

则 $$x(n-1)=u(n-1)-\frac{1}{2}$$

那么有

$$x(n)-x(n-1)=u(n)-u(n-1)=\delta(n)$$ 式(2.38)

对式(2.38)进行 DTFT 并考虑性质，得到：

$$X(e^{j\omega})=\frac{1}{1-e^{-j\omega}}$$

对式(2.37)进行 DTFT，得到：

$$X(e^{j\omega})=U(e^{j\omega})-\pi\sum_{k=-\infty}^{\infty}\delta(\omega-2\pi k)$$

所以，得 $$U(e^{j\omega})=\frac{1}{1-e^{-j\omega}}+\pi\sum_{k=-\infty}^{\infty}\delta(\omega-2\pi k)$$

【例 2.8】 推导表 2.2 中 $\cos\omega_0 n$，$2\pi/\omega_0$ 为有理数的 DTFT。

解 因为$\frac{2\pi}{\omega_0}$是有理数，所以 $\cos\omega_0 n$ 为周期序列，令$\tilde{x}(n)=\cos\omega_0 n$，将$\tilde{x}(n)$用欧拉公式展开：

$$\tilde{x}(n)=\frac{1}{2}[e^{j\omega_0 n}+e^{-j\omega_0 n}]$$

按照式(2.35)，其 DTFT 推导如下：

$$\begin{aligned}X(e^{j\omega})&=\text{DTFT}[\tilde{x}(n)]\\&=\frac{1}{2}\cdot 2\pi\sum_{r=-\infty}^{\infty}[\delta(\omega-\omega_0-2\pi r)+\delta(\omega+\omega_0-2\pi r)]\\&=\pi\sum_{r=-\infty}^{\infty}[\delta(\omega-\omega_0-2\pi r)+\delta(\omega+\omega_0-2\pi r)]\end{aligned}$$

上式表明，$\cos\omega_0 n$ 的 DTFT 是在 $\omega=\pm\omega_0$ 处的单位冲激函数，强度为 π，且以 2π 为周期进行延拓，如图 2.6 所示。

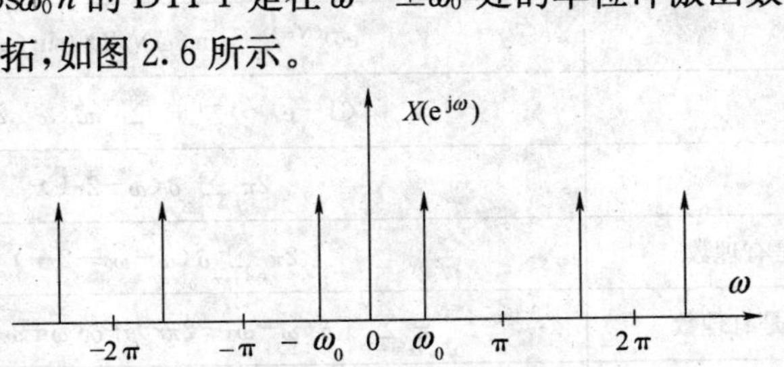

图 2.6 $\cos\omega_0 n$ 的 DTFT

【例 2.9】 求例 2.5 中周期序列的 DTFT。

解　将例 2.5 中得到的 $\widetilde{X}(k)$ 代入式(2.36)中，得到：

$$X(e^{j\omega}) = \frac{\pi}{4}\sum_{k=-\infty}^{\infty} e^{-j\frac{3}{8}\pi k}\frac{\sin(\pi k/2)}{\sin(\pi k/8)}\delta\left(\omega - \frac{\pi}{4}k\right)$$

其幅频特性如图 2.7 所示。

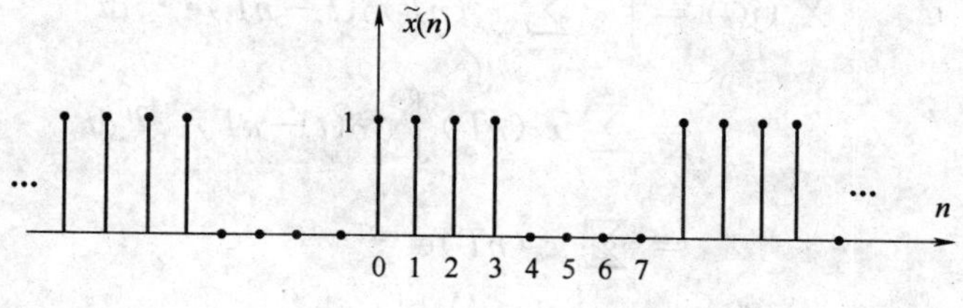

(a)原序列

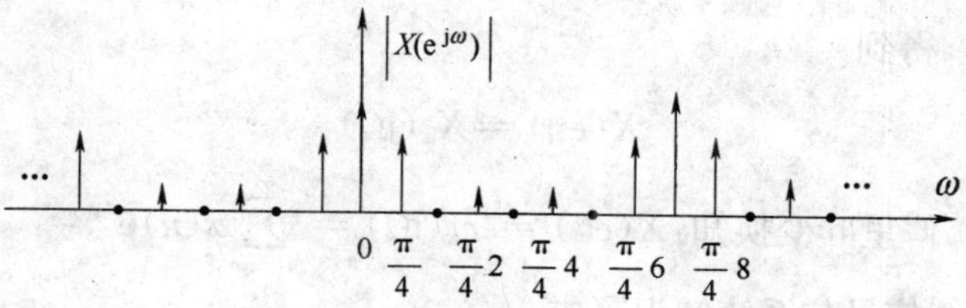

(b)幅度谱

图 2.7　例 2.9 所讨论的周期信号的谱

对比图 2.4，对于同一个周期信号，其 DFS 和 DTFT 模的形状是一样的，不同的是 DTFT 用单位冲激函数表示(用带箭头的竖线表示)。因此周期序列的频谱分布用其 DFS 或者 DTFT 表示都可以，但画图时应注意单位冲激函数的画法。

2.4 序列的傅里叶变换与模拟信号傅里叶变换之间的关系

我们知道，时域离散信号可由模拟信号采样得到，那么它们二者的傅立叶变换之间一定有关系，下面推导这一关系。

设模拟信号 $x_a(t)$，每隔 T 秒采样一次，从而得到相应的离散时间信号 $x(n)$，即

$$x(n) = x_a(nT) \qquad \text{式(2.39)}$$

另一方面，模拟信号 $x_a(t)$ 通过采样器得到的采样信号 $\hat{x}_a(t)$ 为：

$$\hat{x}_a(t) = \sum_{n=-\infty}^{\infty} x_a(nT)\delta(t - nT) \qquad \text{式(2.40)}$$

对采样信号$\hat{x}_a(t)$进行傅里叶变换有

$$\hat{X}_a(\mathrm{j}\Omega)=\mathrm{FT}[\hat{x}_a(t)]=\int_{-\infty}^{\infty}\hat{x}_a(t)\mathrm{e}^{-\mathrm{j}\Omega t}\mathrm{d}t \qquad \text{式(2.41)}$$

将式(2.39)和式(2.40)代入式(2.41)并化简得

$$\begin{aligned}\hat{X}_a(\mathrm{j}\Omega)&=\int_{-\infty}^{\infty}\sum_{n=-\infty}^{\infty}x_a(nT)\delta(t-nT)\mathrm{e}^{-\mathrm{j}\Omega t}\mathrm{d}t\\&=\sum_{n=-\infty}^{\infty}x_a(nT)\int_{-\infty}^{\infty}\delta(t-nT)\mathrm{e}^{-\mathrm{j}\Omega t}\mathrm{d}t\\&=\sum_{n=-\infty}^{\infty}x_a(nT)\mathrm{e}^{-\mathrm{j}n\Omega T}\\&=\sum_{n=-\infty}^{\infty}x(n)\mathrm{e}^{-\mathrm{j}n\Omega T}\end{aligned}$$

令$\omega=\Omega T$，得到

$$X(\mathrm{e}^{\mathrm{j}\omega})=\hat{X}_a(\mathrm{j}\Omega) \qquad \text{式(2.42)}$$

再由$x(n)$傅里叶变换知：$X(\mathrm{e}^{\mathrm{j}\omega})=\tilde{x}_a(\mathrm{j}\Omega)=\sum_{n=-\infty}^{\infty}x(n)\mathrm{e}^{-\mathrm{j}\omega n}$

或者由连续信号与系统知识写成：

$$X(\mathrm{e}^{\mathrm{j}\omega})=\hat{X}_a(\mathrm{j}\Omega)=\frac{1}{T}\sum_{k=-\infty}^{\infty}X_a(\mathrm{j}\Omega-\mathrm{j}k\Omega_s) \qquad \text{式(2.43)}$$

其中，$\Omega_s=2\pi f_s=\frac{2\pi}{T}$

那么，式(2.43)就是序列的傅里叶变换$X(\mathrm{e}^{\mathrm{j}\omega})$与模拟信号$x_a(t)$的傅里叶变换$X_a(\mathrm{j}\Omega)$之间的关系式。由此得到两点结论：其一，离散时间信号的频谱也是模拟信号的频谱的周期延拓，周期$\Omega_s=2\pi/T$；其二，计算模拟信号的FT可以用计算相应的离散时间信号的DTFT得到。

在一些文献中经常使用归一化频率$f'=f/f_s$或$\Omega'=\Omega/\Omega_s$，$\omega'=\omega/2\pi$，因为f'、Ω'和ω'都是无量纲量，刻度是一样的，将f、Ω、ω、f'、Ω'和ω'的定标值对应关系用图2.8表示。

图2.8表明，模拟折叠频率$f_s/2$对应数字频率π；如果采样定理满足，则要求模拟最高频率f_c不能超过$f_s/2$；如果不满足采样定理，则会在$\omega=\pi$附近，或者$f=0.5f_s$附近引起频谱混叠。以上几个频率之间的定标关系很重要，尤其在模拟信号数字处理技术中，经常需要知道它们的对应关系。例如，模拟信号最高频率为f_c，若选采样频率$f_s=2f_c$，那么数字频率π对应f_c；如果$f_s=4f_c$，f_c对应的数字频率则为$\pi/2$。

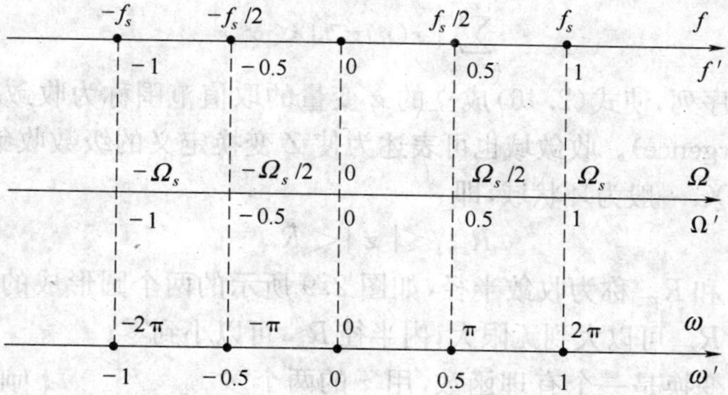

图 2.8　模拟频率与数字频率之间的定标关系

2.5　序列的 Z 变换

在连续信号和系统中，用傅里叶变换进行频域分析，拉普拉氏变换作为傅里叶变换的推广，对信号进行复频域分析，通过拉普拉氏变换把微分方程转化为复频域中的代数方程。与之作用相同的是在离散时间信号和系统中，用序列的傅里叶变换进行频域分析，Z 变换则是其推广，用它对序列进行复频域分析。Z 变换是研究离散时间信号和系统的重要工具，它把离散系统的差分方程转化为较简单的代数方程，使其求解大大简化，另外用 Z 域的零极点图，可以刻画线性时不变系统及其对不同信号的响应。

2.5.1　Z 变换的定义

序列 $x(n)$ 的 Z 变换（ZT，Z *Transforms*）定义为

$$X(z) = \mathrm{ZT}[x(n)] = \sum_{n=-\infty}^{\infty} x(n) z^{-n} \qquad \text{式(2.44)}$$

式中，z 是一个复变量，它所在的复平面称为 z 平面。注意在上述 Z 变换定义中，对 n 是在 $-\infty \sim \infty$ 之间求和，这种变换称为双边 Z 变换。还有一种变换对 n 是在 $0 \sim \infty$ 之间求和，这种变换称为单边 Z 变换，其定义如下

$$X(z) = \sum_{n=0}^{\infty} x(n) z^{-n} \qquad \text{式(2.45)}$$

对于因果序列（指 n 的取值为 $n \geqslant 0$ 的序列），用两种 Z 变换定义计算出的结果是一样的。如不加说明，所谓的 Z 变换均指双边 Z 变换。

根据级数求和理论，式(2.44)的 Z 变换存在是有条件的，条件是满足级数绝对可和，即

$$\sum_{n=-\infty}^{\infty} |x(n)z^{-n}| < \infty \qquad \text{式(2.46)}$$

而对任意序列，使式(2.46)成立的 z 变量的取值范围称为收敛域(ROC，Region of Convergence)。收敛域也可表述为使 Z 变换定义的级数收敛的所有 z 取值的集合。ROC 一般为环状域，即

$$R_{x-} < |z| < R_{x+}$$

式中，R_{x+} 和 R_{x-} 称为收敛半径，如图 2.9 所示的两个圆形成的环状域(斜线部分)，外半径 R_{x+} 可以大到无限大，内半径 R_{x-} 可以小到零。

常用的 Z 变换是一个有理函数，用 z 的两个多项式之比表示：

$$X(z) = \frac{P(z)}{Q(z)}$$

其中，使得分子 $P(z)=0$ 的根称为 $X(z)$ 的零点，使得分母 $Q(z)=0$ 的根称为 $X(z)$ 的极点。由于在极点处 Z 变换不存在，因此收敛域中没有极点，收敛域总是用极点限定其边界。

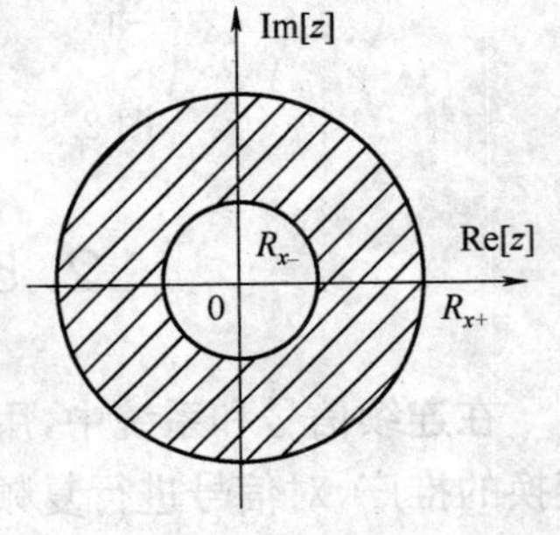

图 2.9 Z 变换的收敛域

【例 2.10】 求下列序列的 Z 变换及其收敛域。

$$x_1(n)=\{\underline{1},2,4,7,0,1\},\ x_2(n)=\delta(n),\ x_3(n)=u(n)$$

解 由 Z 变换定义式(2.44)，可得

$X_1(z) = \sum_{n=-\infty}^{\infty} x(n)z^{-n} = 1+2z^{-1}+4z^{-2}+7z^{-3}+z^{-5}$，ROC 是除 $z=0$ 之外的整个 z 平面；

$$X_2(z) = \sum_{n=-\infty}^{\infty} \delta(n)z^{-n} = 1，\text{ROC 是整个 } z \text{ 平面；}$$

$X_3(z) = \sum_{n=-\infty}^{\infty} x(n)z^{-n} = \sum_{n=0}^{\infty} z^{-n}$，$X(z)$ 存在的条件是 $|z^{-1}|<1$，因此 ROC 为 $|z|>1$。

【例 2.11】 已知序列 $x(n)=\left(\frac{1}{2}\right)^n u(n)$，求其 Z 变换。

解
$$X(z) = \sum_{n=-\infty}^{\infty} x(n)z^{-n} = \sum_{n=0}^{\infty} \left(\frac{1}{2}\right)^n z^{-n}$$

因此，当收敛域为 $\left|\frac{1}{2}z^{-1}\right|<1$，即 $|z|>\frac{1}{2}$，由等比级数有

$$X(z) = \frac{1}{1-\frac{1}{2}z^{-1}},\quad |z|>\frac{1}{2}$$

$X(z)$表达式表明，极点是$z=1/2$，单位圆上的Z变换存在，或者说收敛域包含单位圆，因此其傅里叶变换存在，能用下面提到的式(2.47)求DTFT。而上例的$x_3(n)$，其极点是$z=1$，收敛域不包含单位圆，单位圆上的Z变换不存在，因此其傅里叶变换不存在，不能用式(2.47)求DTFT，该序列的DTFT不存在，但如果引进奇异函数$\delta(\omega)$，其傅里叶变换则可以表示出来(见表2.2)，它同时说明一个序列的傅里叶变换不存在，但在一定收敛域内Z变换是存在的。

最后，我们对比一下DTFT定义和Z变换定义，很容易看出DTFT和ZT之间的内在关系是：

$$X(e^{j\omega})=X(z)\big|_{z=e^{j\omega}} \qquad \text{式(2.47)}$$

式中，$z=e^{j\omega}$表示在z平面上半径为1的圆，称该圆为单位圆。式(2.47)表明在单位圆上的Z变换就是DTFT。如果已知序列的Z变换，就可用式(2.47)很方便地求出序列的DTFT，条件是收敛域中包含单位圆。

必须注意的是，同一$X(z)$因收敛域不同，所对应的序列不同，因此预唯一确定一个序列，写Z变换表达式一定要同时指出收敛域。反过来，也就说明不同序列特性，对应不同的收敛域。

2.5.2　不同特性序列的收敛域

正如上面所述，讨论Z变换收敛域还有一个重要意义是只有指明Z变换的收敛域，才能单值地确定它所对应的原序列。实际上序列的特性决定了其Z变换收敛域，了解序列特性与收敛域的一般关系，对使用Z变换是很有帮助的。按照序列的不同特性，可将序列进行分类，进而依据不同种类序列来讨论其收敛域。

1. 有限长序列及其收敛域

这类序列是指在有限的区间内，序列$x(n)$才具有非零的有限值，在此区间外，序列值都为零，用公式表示为

$$x(n)=\begin{cases}x(n) & n_1\leqslant n\leqslant n_2\\ 0 & \text{其他}\end{cases}$$

这样的序列称为有限长序列，其Z变换为

$$X(z)=\sum_{n=n_1}^{n_2}x(n)z^{-n}$$

下面分析这种序列的收敛域。设$x(n)$为有界序列，由于$X(z)$是有限项级数之和，除0与∞两点是否收敛与n_1、n_2取值情况有关外，整个z平面均收敛。

当$n_1<0$，若使得$\sum\limits_{n=n_1}^{n_2}|x(n)z^{-n}|<\infty$成立，则收敛域不包括∞点；当$n_2>0$，若使

得$\sum\limits_{n=n_1}^{n_2}|x(n)z^{-n}|<\infty$成立，则收敛域不包括 $z=0$ 点；如果序列是因果序列，即 $n_1\geqslant 0, n_2>0$ 时，考虑使得$\sum\limits_{n=n_1}^{n_2}|x(n)z^{-n}|<\infty$成立，则容易得出收敛域包括 $z=\infty$ 点。具体归纳有限长序列的收敛域有三种情况：

$$n_1<0, n_2\leqslant 0 \text{ 时}, 0\leqslant|z|<\infty$$
$$n_1<0, n_2>0 \text{ 时}, 0<|z|<\infty$$
$$n_1\geqslant 0, n_2>0 \text{ 时}, 0<|z|\leqslant\infty$$

【例 2.12】 求 $x(n)=R_N(n)$的 Z 变换及其收敛域。

解 由 Z 变换定义式可得

$$X(z)=\sum_{n=-\infty}^{\infty}R_N(n)z^{-n}=\sum_{n=0}^{N-1}z^{-n}=\frac{1-z^{-N}}{1-z^{-1}}$$

这是一个因果的有限长序列，因此收敛域为 $0<|z|\leqslant\infty$。需要说明的是不要因为 $X(z)$的分母似乎有 $z=1$ 的极点而疑惑，因为 $X(z)$的分子多项式在 $z=1$ 时也有一个零点，零极点对消，所以 $X(z)$在单位圆上仍存在，所以本题收敛域仍然不违背以极点为界的结论。同时我们注意到，将 $z=e^{j\omega}$代入 $X(z)$即得 $R_N(n)$的 DTFT，其结果可和例 2.1 中的结果对照一下，显然是完全相同的。

2. 右序列及其收敛域

右序列是指在 $n\geqslant n_1$ 时，序列值不全为零，而在 $n<n_1$ 时，序列值全为零的序列，其收敛域为 $R_{x-}<|z|<\infty$。分析如下。

右序列的 Z 变换为

$$X(z)=\sum_{n=n_1}^{\infty}x(n)z^{-n}=\sum_{n=n_1}^{-1}x(n)z^{-n}+\sum_{n=0}^{\infty}x(n)z^{-n}$$

其中，第一项是有限长序列，设 $n_1\leqslant -1$，由上面讨论可知，其收敛域为 $0\leqslant|z|<\infty$。第二项为因果序列，其收敛域为 $R_{x-}<|z|\leqslant\infty$，$R_{x-}$ 是第二项最小的收敛半径。将两收敛域相与，其收敛域为 $R_{x-}<|z|<\infty$。

注意，因果序列是重要的一种右序列，即 $n_1\geqslant 0$ 的右序列，收敛域为 $R_{x-}<|z|\leqslant\infty$，故因果序列的收敛域可描述为圆外且包含无穷远。

【例 2.13】 求 $x(n)=a^n u(n)$的 Z 变换及其收敛域。

解

$$X(z)=\sum_{n=-\infty}^{\infty}a^n u(n)z^{-n}=\sum_{n=0}^{\infty}a^n z^{-n}=\frac{1}{1-az^{-1}}$$

在收敛域中必须满足$|az^{-1}|<1$，因此，收敛域为$|z|>|a|$。

3. 左序列及其收敛域

左序列是指在 $n\leqslant n_2$ 时，序列值不全为零，而在 $n>n_2$ 时，序列值全为零的序列。

当 $n_2<0$，$z=0$ 点收敛，$z=\infty$ 点不收敛，其收敛域是在某一圆（半径为 R_{x+}）的圆内，即收敛域为 $0\leqslant|z|<R_{x+}$。当 $n_2>0$，则收敛域为 $0<|z|<R_{x+}$。分析略，读者可仿照上面自行分析。

【例 2.14】 求 $x(n)=-a^nu(-n-1)$ 的 Z 变换及其收敛域。

解　这里 $x(n)$ 是一个左序列，当 $n>-1$ 时，$x(n)=0$，

$$X(z)=\sum_{n=-\infty}^{\infty}-a^nu(-n-1)z^{-n}=\sum_{n=-\infty}^{-1}-a^nz^{-n}$$

$$=\sum_{n=1}^{\infty}-a^{-n}z^{n}$$

若 $X(z)$ 存在，则要求 $|a^{-1}z|<1$，即收敛域为 $|z|<|a|$，故

$$X(z)=\frac{-a^{-1}z}{1-a^{-1}z}=\frac{1}{1-az^{-1}},\ |z|<a$$

4. 双边序列及其收敛域

这类序列是指 n 为任意值时，序列皆有值。它可以看作是一个左序列和一个右序列之和，其 Z 变换表示为

$$X(z)=\sum_{n=-\infty}^{\infty}x(n)z^{-n}=X_1(z)+X_2(z)$$

$$X_1(z)=\sum_{n=-\infty}^{n_1}x(n)z^{-n},0<|z|<R_{x+}$$

$$X_2(z)=\sum_{n=n_1+1}^{\infty}x(n)z^{-n},R_{x-}<|z|\leqslant\infty$$

假设上式中 $n_1>0$，$X(z)$ 的收敛域是 $X_1(z)$ 和 $X_2(z)$ 收敛域的公共收敛区域。如果 $R_{x+}>R_{x-}$，则其收敛域为 $R_{x-}<|z|<R_{x+}$，是一个环状域；如果 $R_{x+}<R_{x-}$，两个收敛域没有公共区域，则 $X(z)$ 没有收敛域，因此，$X(z)$ 不存在。

【例 2.15】 已知 $x(n)=a^{|n|}$，a 为实数，求 $x(n)$ 的 Z 变换及其收敛域。

解　由 Z 变换定义知：$X(z)=\sum_{n=-\infty}^{\infty}a^{|n|}z^{-n}$

$$=\sum_{n=-\infty}^{-1}a^{-n}z^{-n}+\sum_{n=0}^{\infty}a^nz^{-n}$$

$$=\sum_{n=1}^{\infty}a^nz^n+\sum_{n=0}^{\infty}a^nz^{-n}$$

上式，第一部分收敛域满足 $|az|<1$，即 $|z|<|a|^{-1}$；第二部分收敛域为 $|az^{-1}|<1$，即 $|z|>|a|$，故

当$|a|<1$，收敛域为两部分的公共区间，即$|a|<|z|<|a|^{-1}$，所以 Z 变换为：

$$X(z)=\frac{az}{1-az}+\frac{1}{1-az^{-1}}=$$

$$\frac{1-a^2}{(1-az)(1-az^{-1})},\quad |a|<|z|<|a|^{-1}$$

当$|a|\geqslant 1$，两部分无公共收敛域，因此$X(z)$不存在。

另外，我们注意到，例题 2.13 和例题 2.14 的序列虽然是不同的，即一个是左序列，一个是右序列，但是它们的 Z 变换是相同的，只是收敛域不同。反过来，这也充分说明了同一个 Z 变换函数，收敛域不同，对应的序列是不相同的。同时，上面几个例子中，都是按照收敛域的定义来求各自的收敛域的，其实，我们通过 2.5.1 节知道，收敛域中无极点，收敛域总是以极点为界的。因此，也可通过求出的 Z 变换，找出其极点，再根据序列的特性，较简单地确定其收敛域，这也是讨论 2.5 节的目的。例如在例题 2.13 中，其极点为$z=a$，根据$x(n)$是一个因果性右序列，其收敛域必为$|z|>a$；又例如在例题 2.14 中，其极点为$z=a$，但$x(n)$是一个左序列，收敛域一定在某个圆内，即$|z|<|a|$。应用后者，再举一例说明。

【例 2.16】 已知一个双边序列$x(n)$的 Z 换为$X(z)=\dfrac{1-\frac{1}{2}z^{-2}}{\left(1+\frac{1}{4}z^{-2}\right)\left(1+\frac{3}{4}z^{-1}\right)}$，求$X(z)$的收敛域。

解 利用$X(z)$的极点和序列$x(n)$的特性求出收敛域。

为了求$X(z)$的极点，对$X(z)$分母进行因式分解得

$$X(z)=\frac{1-\frac{1}{2}z^{-2}}{\left(1+\frac{1}{2}\mathrm{j}z^{-1}\right)\left(1-\frac{1}{2}\mathrm{j}z^{-1}\right)\left(1+\frac{3}{4}z^{-1}\right)}$$

令$X(z)$的分母为零，求得极点为：j/2，−j/2，−3/4。上述 3 个极点将z平面划分为$|z|<1/2$、$1/2<|z|<3/4$和$|z|>3/4$不同的 3 个区域。又因为$x(n)$是双边序列，而双边序列收敛域为$R_{x-}<|z|<R_{x+}$的环域，所以$X(z)$的收敛域为$1/2<|z|<3/4$。依据此方法读者可自行联系，当$x(n)$是左边序列或右边序列时，$X(z)$的收敛域分别是什么。

对于一些经常使用的序列，要熟悉其对应的 Z 变换表达式及收敛域，为便于读者查用，表 2.3 我们总结了一些常见序列的 Z 变换。每一行的序列与它一一对应的 Z 变换构成了一对变换对，也就是说由序列对应着它的 Z 变换，反之亦然。本表对学习 Z 变换也对稍后介绍的 Z 逆变换都十分有用。

表 2.3　常见序列 Z 变换

序　列	Z 变 换	收 敛 域
$\delta(n)$	1	整个 z 平面
$u(n)$	$\frac{1}{1-z^{-1}}$	$\|z\|>1$
$a^n u(n)$	$\frac{1}{1-az^{-1}}$	$\|z\|>\|a\|$
$R_N(n)$	$\frac{1-z^{-N}}{1-z^{-1}}$	$\|z\|>0$
$-a^n u(-n-1)$	$\frac{1}{1-az^{-1}}$	$\|z\|<\|a\|$
$nu(n)$	$\frac{z^{-1}}{(1-z^{-1})^2}$	$\|z\|>1$
$na^n u(n)$	$\frac{az^{-1}}{(1-az^{-1})^2}$	$\|z\|>\|a\|$
$e^{j\omega_0 n}u(n)$	$\frac{1}{1-e^{j\omega_0 n}z^{-1}}$	$\|x\|>1$
$\sin(\omega_0 n)u(n)$	$\frac{z^{-1}\sin\omega_0}{1-2z^{-1}\cos\omega_0+z^{-2}}$	$\|z\|>1$
$\cos(\omega_0 n)u(n)$	$\frac{1-z^{-1}\cos\omega_0}{1-2z^{-1}\cos\omega_0+z^{-2}}$	$\|z\|>1$
$e^{-an}\sin(\omega_0 n)u(n)$	$\frac{z^{-1}e^{-a}\sin\omega_0}{1-2z^{-1}e^{-a}\cos\omega_0+z^{-2}e^{-2a}}$	$\|z\|>e^{-a}$
$e^{-an}\cos(\omega_0 n)u(n)$	$\frac{1-z^{-1}e^{-a}\cos\omega_0}{1-2z^{-1}e^{-a}\cos\omega_0+z^{-2}e^{-2a}}$	$\|z\|>e^{-a}$
$\sin(\omega_0 n+\theta)u(n)$	$\frac{\sin\theta+z^{-1}\sin(\omega_0-\theta)}{1-2z^{-1}\cos\omega_0+z^{-2}}$	$\|z\|>1$
$(n+1)a^n u(n)$	$\frac{1}{(1-az^{-1})^2}$	$\|z\|>\|a\|$
$\frac{(n+1)(n+2)}{2!}a^n u(n)$	$\frac{1}{(1-az^{-1})^3}$	$\|z\|>\|a\|$
$\frac{(n+1)(n+2)\cdots(n+m)}{m!}a^n u(n)$	$\frac{1}{(1-az^{-1})^{m+1}}$	$\|z\|>\|a\|$
$\frac{n(n-1)}{2!}u(n)$	$\frac{z^{-2}}{(1-z^{-1})^3}$	$\|z\|>1$
$\frac{n(n-1)(n-2)}{2!}u(n)$	$\frac{z^{-2}}{(1-z^{-1})^4}$	$\|z\|>1$

2.5.3　逆 Z 变换

把由 Z 变换 $X(z)$ 求序列 $x(n)$ 的过程称为逆 Z 变换。其逆 Z 变换用公式表示为

$$x(n) = \text{IZT}[X(z)] = \frac{1}{2\pi j}\oint_c X(z)z^{n-1}\mathrm{d}z,$$

$$c \in (R_{x-}, R_{x+}) \quad 式(2.48)$$

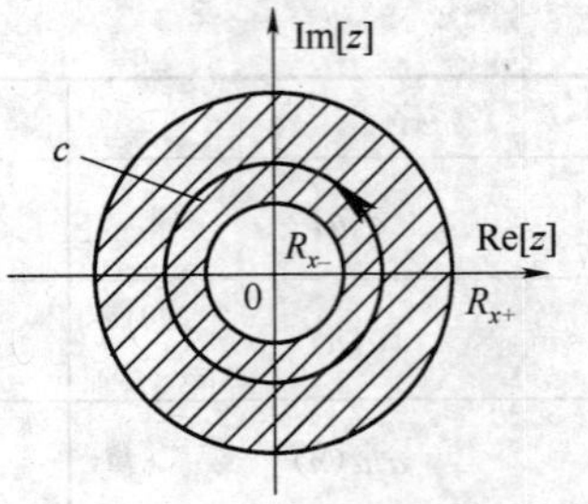

图 2.10 围线积分路径

上式表示在 z 平面上被积函数 $X(z)z^{n-1}$，沿收敛域中包含原点的任意闭合曲线 c 的逆时针方向进行的围线积分。图 2.10 示意了收敛域(R_{x-},R_{x+})中包含原点的任意一条的闭合曲线 c，箭头方向是积分路径的方向。直接用定义式计算围线积分是比较麻烦的，下面介绍 3 种求逆 Z 变换的方法。

1. 用留数定理求逆 Z 变换

令 z_k 表示 $X(z)z^{n-1}$在围线 c 内的极点，根据复变函数中的留数定理有

$$x(n) = \frac{1}{2\pi j}\oint_c X(z)z^{n-1}\mathrm{d}z = \sum_k \text{Res}[X(z)z^{n-1}, z_k] \quad 式(2.49)$$

为方便起见，设辅助函数 $F(z)$，令 $F(z)=X(z)z^{n-1}$，求逆 Z 变换定义式(2.49)变为

$$x(n) = \frac{1}{2\pi j}\oint_c X(z)z^{n-1}\mathrm{d}z = \sum_k \text{Res}[F(z), z_k] \quad 式(2.50)$$

式中，$\text{Res}[F(z),z_k]$表示被积函数 $F(z)$在极点 $z=z_k$ 的留数，逆 Z 变换则是围线 c 内所有的极点留数之和。

如果 z_k 是单阶极点，则根据留数定理

$$\text{Res}[X(z)z^{n-1}, z_k] = (z-z_k)\cdot F(z)\big|_{z=z_k} \quad 式(2.51)$$

如果 z_k 是 m 阶极点，则根据留数定理

$$\text{Res}[X(z)z^{n-1}, z_k] = \frac{1}{(m-1)!}\frac{\mathrm{d}^{m-1}}{\mathrm{d}z^{m-1}}[(z-z_k)^m\cdot F(z)]\big|_{z=z_k} \quad 式(2.52)$$

式(2.52)表明，对于 m 阶极点，需要求 $m-1$ 次导数，这是比较麻烦的。如果 c 内有多阶极点，而 c 外没有多阶极点，可以根据留数辅助定理改求 c 外的所有极点留数之和，使问题简单化，方法如下。

设若 $F(z)$在 z 平面上有 m 个极点，在 z 平面上，c 将这 m 个极点分成两部分：一部分是 c 内极点，设有 m_1个，用 z_{1k}表示；另一部分是 c 外极点，设有 m_2个，用 z_{2k}表示。根据留数辅助定理，下式成立：

$$\sum_{k=1}^{m_1}\text{Res}[F(z), z_{1k}] = -\sum_{k=1}^{m_2}\text{Res}[F(z), z_{2k}] \quad 式(2.53)$$

注意：式(2.53)成立的条件是 $F(z)$的分母阶次应比分子阶次高二阶以上。假设 $X(z)=P(z)/Q(z)$，$P(z)$与 $Q(z)$分别是 M 与 N 阶多项式。式(2.53)成立的条件是 $N-M-n+1\geqslant 2$，因此要求

$$N-M-n\geqslant 1 \qquad 式(2.54)$$

如果式(2.54)满足，可以按照式(2.53)，通过改求 c 圆外所有极点 m_2 留数之和的负数，来代替 c 内有多阶极点 m_1 求留数。

【例 2.17】 已知 $X(z)=\dfrac{1}{(1-az^{-1})}$，$|z|>a$，求其逆 Z 变换 $x(n)$。

解 由定义式知：$x(n)=\dfrac{1}{2\pi j}\oint_c (1-az^{-1})^{-1}z^{n-1}dz$

令：
$$F(z)=\frac{1}{1-az^{-1}}z^{n-1}=\frac{z^n}{z-a}$$

为了用留数定理求解，先找出 $F(z)$ 的极点。当 $n<0$ 时，有 $z=a$ 和 $z=0$ 两个极点，其 $z=0$ 是一个 n 阶极点；当 $n\geqslant 0$ 时，只有 $z=a$ 一个极点。因此，分 $n\geqslant 0$ 和 $n<0$ 两种情况计算 $x(n)$。

当 $n\geqslant 0$ 时，根据式(2.51)有

$$x(n)=\mathrm{Res}[F(z),a]=(z-a)\frac{z^n}{z-a}\bigg|_{z=a}=a^n$$

当 $n<0$ 时，有

$$x(n)=\mathrm{Res}[F(z),a]+\mathrm{Res}[F(z),0]$$

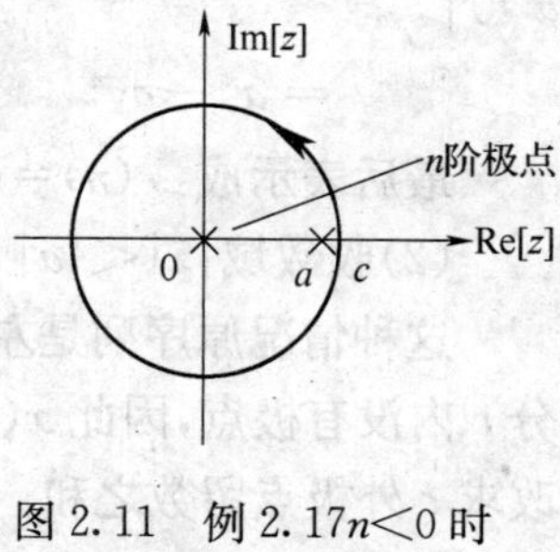

图 2.11　例 2.17 $n<0$ 时 $F(z)$ 的极点分布

显然，与 $n\geqslant 0$ 情况比，增加了一个 $z=0$ 的 n 阶极点，不易求留数。采用留数辅助定理求解 $z=0$ 时的留数。首先检查式(2.54)是否满足，此处 $n<0$，只要 $N-M\geqslant 0$，式(2.54)就满足。换句话说，只要 $X(z)$ 分母阶次不高于分子阶次，就可以用留数辅助定理求解。因此在一般情况下，计算 $n<0$ 时的极点留数，用式(2.53)求解是正确的。该例题中 $N=1$，$M=1$，$N-M=0$，满足式(2.54)，可改求 c 圆外极点留数，但对于 $F(z)$，该例中 c 圆外没有极点，如图 2.11 所示，故 $n<0$，$x(n)=0$。

最后得到该例题的原序列为

$$x(n)=a^n u(n)$$

事实上，该例题由于收敛域是 $|z|>a$，且可判定收敛域包括∞点，根据前面分析的序列特性对收敛域的影响知道，$x(n)$ 一定是因果的右序列，这样 $n<0$ 部分 $x(n)$ 一定为零，无需再求。

【例 2.18】 已知 $X(z)=\dfrac{1-a^2}{(1-az)(1-az^{-1})}$，$|a|<1$，求其逆 Z 变换 $x(n)$。

解 该例题没有给定收敛域，为求出唯一的原序列 $x(n)$，必须先确定收敛域。分析 $X(z)$，得到其极点分布如图 2.12 所示。

$X(z)$的两个极点 $z=a$ 和 $z=a^{-1}$把 z 平面分成了三个部分，这样收敛域有三种选法，它们是

(1)$|z|>|a^{-1}|$，对应的 $x(n)$是右序列；

(2)$|z|<|a|$，对应的 $x(n)$是左序列；

(3)$|a|<|z|<|a^{-1}|$，对应的 $x(n)$是双边序列。

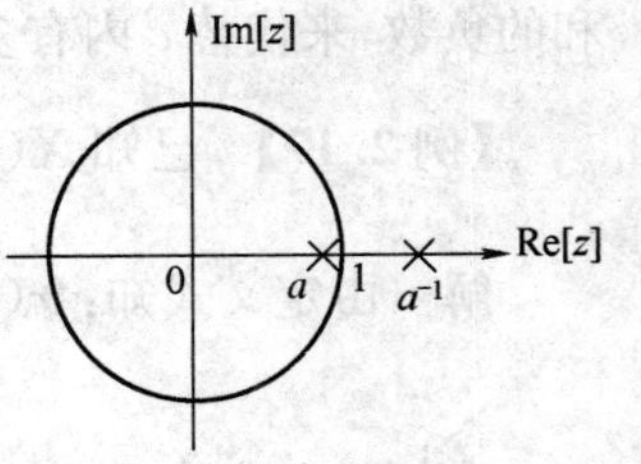

图 2.12 例 2.18$X(z)$的极点分布

下面按照收敛域的不同求其 $x(n)$。

(1)当收敛域为$|z|>|a^{-1}|$的情况下，由

$$F(z)=\frac{1-a^2}{(1-az)(1-az^{-1})}z^{n-1}$$

$$=\frac{1-a^2}{-a(z-a)(z-a^{-1})}z^n$$

这种情况原序列是因果的右序列，无须求 $n<0$ 时的 $x(n)$。当 $n\geqslant 0$ 时，围线积分 c 内有两个极点 $z=a$ 和 $z=a^{-1}$，因此

$$x(n)=\text{Res}[F(z),a]+\text{Res}[F(z),a^{-1}]$$

$$=\frac{(1-a^2)z^n}{-a(z-a)(z-a^{-1})}(z-a)\Big|_{z=a}+\frac{(1-a^2)z^n}{-a(z-a)(z-a^{-1})}(z-a^{-1})\Big|_{z=a^{-1}}$$

$$=a^n-a^{-n}$$

最后表示成：$x(n)=(a^n-a^{-n})u(n)$。

(2)收敛域$|z|<|a|$

这种情况原序列是左序列，无须计算 $n\geqslant 0$ 情况。实际上，当 $n\geqslant 0$ 时，围线积分 c 内没有极点，因此 $x(n)=0$。$n<0$ 时，c 内只有一个极点 $z=0$，且是 n 阶极点，改求 c 外极点留数之和。

当$n<0$

$$x(n)=-\text{Res}[F(z),a]-\text{Res}[F(z),a^{-1}]$$

$$=-\frac{(1-a^2)z^n}{-a(z-a)(z-a^{-1})}(z-a)\Big|_{z=a}-\frac{(1-a^2)z^n}{-a(z-a)(z-a^{-1})}(z-a^{-1})\Big|_{z=a^{-1}}$$

$$=-a^n-(-a^{-n})$$

$$=a^{-n}-a^n$$

最后将 $x(n)$表示成为

$$x(n)=(a^{-n}-a^n)u(-n-1)$$

(3)收敛域$|a|<|z|<|a^{-1}|$

这种情况对应的 $x(n)$是双边序列。根据被积函数 $F(z)$，按 $n\geqslant 0$ 和 $n<0$ 两情况分别求 $x(n)$。

$n \geqslant 0$ 时，c 内极点 $z=a$

$$x(n) = \mathrm{Res}[F(z), a] = a^n$$

$n<0$ 时，c 内极点有 $z=a$ 和 $z=0$ 两个，其中 $z=0$ 是 n 阶极点，改求 c 外极点留数，c 外极点只有 $z=a^{-1}$，因此

$$x(n) = -\mathrm{Res}[F(z), a^{-1}] = a^{-n}$$

最后将 $x(n)$ 表示为

$$x(n) = \begin{cases} a^n & n \geqslant 0 \\ a^{-n} & n<0 \end{cases}$$

即 $x(n)=a^{|n|}$

本题用后面介绍的部分分式法求解简单些，读者可自行练习。

2. 幂级数法(长除法)

将Z变换定义式展开，不难发现幂级数的系数就是序列 $x(n)$。因此可以用长除法将 $X(z)$ 写成幂级数形式。如果 $x(n)$ 是右序列，级数应是负幂级数；如果 $x(n)$ 是左序列，级数则是正幂级数。

注意，按理说，无论用什么方法只要将 $X(z)$ 展成幂级数即可，只是在实际应用中，通常 $X(z)$ 都用一个有理分式表示，所以使用长除法，我们也就把幂级数法称作长除法了。长除法的缺点是在复杂的情况下，很难得到 $x(n)$ 的封闭(公式)解的形式。

【例2.19】 已知 $X(z)=\dfrac{1}{1-az^{-1}}$，$|z|>|a|$，用长除法求其逆Z变换 $x(n)$。

解 由收敛域判定这是一个右序列，用长除法将其展成负幂级数：

$$\begin{array}{r|l} & 1+az^{-1}+a^2z^{-2}+\cdots \\ \hline 1-az^{-1} & 1 \\ & \underline{1-az^{-1}} \\ & \quad az^{-1} \\ & \quad \underline{az^{-1}-a^2z^{-2}} \\ & \qquad a^2z^{-2} \\ & \qquad \cdots \end{array}$$

$$X(z) = 1 + az^{-1} + a^2z^{-2} + a^3z^{-3} + \cdots = \sum_{n=0}^{\infty} a^n z^{-n}$$

因此

$$x(n) = a^n u(n)$$

【例2.20】 已知 $X(z)=\dfrac{1}{1-az^{-1}}$，$|z|<|a|$，求其逆Z变换 $x(n)$。

解 由收敛域判定，$x(n)$是左序列，用长除法将 $X(z)$展成正幂级数：

$$
\begin{array}{r|l}
 & -a^{-1}z-a^{-2}z^2-a^{-3}z^3-\cdots \\
\hline
-az^{-1}+1 & 1 \\
 & 1-a^{-1}z \\
\hline
 & \quad a^{-1}z \\
 & \quad a^{-1}z-a^{-2}z^2 \\
\hline
 & \qquad a^{-2}z^2 \\
 & \qquad \cdots
\end{array}
$$

$$X(z)=-\left[a^{-1}z+a^{-2}z^2+\cdots\right]=\sum_{n=-\infty}^{-1}a^n z^{-n}$$

因此

$$x(n)=-a^n u(-n-1)$$

3. 部分分式法

因为常用的 $x(n)$的 Z 变换 $X(z)$是一个有理函数，一般用 z 的两个多项式之比来表示，即

$$X(z)=\frac{P(z)}{Q(z)}$$

设分母多项式 $Q(z)$是 N 阶，分子多项式 $P(z)$是 M 阶，实际的系统一般 $N\geqslant M$，$\frac{X(z)}{z}$为有理真分式，部分分式法就是将$\frac{X(z)}{z}$展开成关于 z 的部分分式，然后乘以 z 得 $X(z)$，再利用一些简单的常用的部分分式之和，通过查表(参考表 2.3)求得各部分的逆变换，再相加即得到原序列 $x(n)$。特别地，对于大多数具有一阶极点的序列(即具有互不相等的极点)，常用部分分式法求逆 Z 变换，这里我们也仅介绍这种情况，具有二阶以上极点(重极点)的情况读者可参看其他书籍。

设 $X(z)$只有 N 个 1 阶极点，$\frac{X(z)}{z}$可展成下式

$$\frac{X(z)}{z}=\frac{A_0}{z}+\sum_{m=1}^{N}\frac{A_m}{z-z_m} \qquad \text{式(2.55)}$$

式中，A_0 和 A_m 为待定系数，可利用留数定理求得。观察上式，$X(z)/z$ 在 $z=0$ 的极点留数就是系数 A_0，在 $z=z_m$ 的极点留数就是系数 A_m。

$$A_0=\mathrm{Res}\left[\frac{X(z)}{z},0\right] \qquad \text{式(2.56)}$$

$$A_m=\mathrm{Res}\left[\frac{X(z)}{z},z_m\right] \qquad \text{式(2.57)}$$

求出系数 A_0 和 $A_m(m=1,2,\cdots,N)$后，代入式(2.55)，并用 z 乘以该式两边得

$$X(z) = A_0 + \sum_{m=1}^{N} \frac{A_m z}{z - z_m} \qquad 式(2.58)$$

查 2.3 表，易求得序列 $x(n)$。

【例 2.21】 已知 $X(z)=\dfrac{5z^{-1}}{1+z^{-1}-6z^{-2}}$，$2<|z|<3$，求逆 Z 变换。

解 部分分式展开

$$\frac{X(z)}{z}=\frac{5z^{-2}}{1+z^{-1}-6z^{-2}}=\frac{5}{z^2+z-6}=\frac{5}{(z-2)(z+3)}=\frac{A_1}{z-2}+\frac{A_2}{z+3}$$

$$A_1=\mathrm{Res}\left[\frac{X(z)}{z},2\right]=\frac{X(z)}{z}(z-2)\Big|_{z=2}=1$$

$$A_2=\mathrm{Res}\left[\frac{X(z)}{z},-3\right]=\frac{X(z)}{z}(z+3)\Big|_{z=-3}=-1$$

所以，
$$\frac{X(z)}{z}=\frac{1}{z-2}-\frac{1}{z+3}$$

$$X(z)=\frac{1}{1-2z^{-1}}-\frac{1}{1+3z^{-1}}$$

因为收敛域为 $2<|z|<3$（当几个 Z 变换组合时，收敛域至少是各自收敛域的交集），第一部分极点是 $z=2$，因此收敛域取 $|z|>2$；第二部分极点 $z=-3$，收敛域取 $|z|<3$，查表 2.3 得到：

$$x(n) = a^n u(n) + (-3)^n u(-n-1)$$

2.5.4 Z 变换的性质

利用 Z 变换性质可简化系统分析。

1. 线性性

设 $y(n)=ax_1(n)+bx_2(n)$，a,b 为常数，若 $X_1(z)=\mathrm{ZT}[x_1(n)]$，$R_{x1-}<|z|<R_{x1+}$，$X_2(z)=\mathrm{ZT}[x_2(n)]$，$R_{x2-}<|z|<R_{x2+}$ 则

$$Y(z) = \mathrm{ZT}[y(n)] = aX_1(z) + bX_2(z),R_{y-} < |z| < R_{y+} \qquad (2.58)$$

$$R_{y-} = \max[R_{x1-},R_{x2-}],R_{y+} = \min[R_{x1+},R_{x2+}]。$$

这里 $Y(z)$ 的收敛域 (R_{y-},R_{y+}) 是公共收敛域，如果没有公共收敛域，则 $Y(z)$ 不存在。线性性表明信号的线性组合的 Z 变换是各自 Z 变换的线性组合，它满足叠加原理。

2. 序列的移位

设 $X(z)=\mathrm{ZT}[x(n)]$，$R_{x-}<|z|<R_{x+}$，则

$$\mathrm{ZT}[x(n-n_0)] = z^{-n_0}X(z),R_{x-} < |z| < R_{x+} \qquad 式(2.59)$$

证明 由 Z 变换定义有

$$\mathrm{ZT}[x(n-n_0)] = \sum_{n=-\infty}^{\infty} x(n-n_0)z^{-n}$$

令 $m=n-n_0$ 代入上式右边得

$$\mathrm{ZT}[x(n-n_0)] = z^{-n_0}\sum_{m=-\infty}^{\infty} x(m)z^{-m} = z^{-n_0}X(z)$$

3. 乘以指数序列

设 $y(n)=a^n x(n)$，a 为常数，$X(z)=\mathrm{ZT}[x(n)]$，$R_{x-}<|z|<R_{x+}$，则

$$Y(z) = \mathrm{ZT}[a^n x(n)] = X(a^{-1}z),\ |a|R_{x-}<|z|<|a|R_{x+} \qquad 式(2.60)$$

证明 $$Y(z) = \sum_{n=-\infty}^{\infty} a^n x(n)z^{-n} = \sum_{n=-\infty}^{\infty} x(n)(a^{-1}z)^{-n} = X(a^{-1}z)$$

因为 $R_{x-}<|a^{-1}z|<R_{x+}$，得 $|a|R_{x-}<|z|<|a|R_{x+}$。

4. 序列乘以 *n*

设 $$X(z) = \mathrm{ZT}[x(n)],R_{x-}<|z|<R_{x+}$$

则 $$\mathrm{ZT}[nx(n)] = -z\frac{\mathrm{d}X(z)}{\mathrm{d}z},R_{x-}<|z|<R_{x+} \qquad 式(2.61)$$

证明

$$\frac{\mathrm{d}X(z)}{\mathrm{d}z} = \frac{\mathrm{d}}{\mathrm{d}z}\left[\sum_{n=-\infty}^{\infty} x(n)z^{-n}\right] = \sum_{n=-\infty}^{\infty} x(n)\frac{\mathrm{d}}{\mathrm{d}z}(z^{-n})$$

$$= -\sum_{n=-\infty}^{\infty} nx(n)z^{-n-1} = -z^{-1}\sum_{n=-\infty}^{\infty} nx(n)z^{-n}$$

$$= -z^{-1}\mathrm{ZT}[nx(n)]$$

因此 $$\mathrm{ZT}[nx(n)] = -z\frac{\mathrm{d}X(z)}{\mathrm{d}z}$$

5. 复序列取共轭

设 $$X(z) = \mathrm{ZT}[x(n)],R_{x-}<|z|<R_{x+}$$

则 $$X^*(z^*) = \mathrm{ZT}[x^*(n)],R_{x-}<|z|<R_{x+} \qquad 式(2.62)$$

证明 $$\mathrm{ZT}[x^*(n)] = \sum_{n=-\infty}^{\infty} x^*(n)z^{-n} = \sum_{n=-\infty}^{\infty}[x(n)(z^*)^{-n}]^*$$

$$= \left[\sum_{n=-\infty}^{\infty} x(n)(z^*)^{-n}\right]^* = X^*(z^*)$$

6. 初值定理

设 $x(n)$ 是因果序列，$X(z)=\mathrm{ZT}[x(n)]$，

则 $$x(0) = \lim_{z\to\infty} X(z) \qquad 式(2.63)$$

证明 $$X(z) = \sum_{n=0}^{\infty} x(n)z^{-n} = x(0)+x(1)z^{-1}+x(2)z^{-2}+\cdots$$

因此

$$\lim_{z\to\infty}X(z)=x(0)$$

7. 终值定理

若 $x(n)$是因果序列，其 Z 变换的极点，除可以有一个一阶极点在 $z=1$ 上，其他极点均在单位圆内，则

$$\lim_{n\to\infty}x(n)=\lim_{z\to 1}[(z-1)X(z)]\qquad 式(2.64)$$

证明　$$(z-1)X(z)=\sum_{n=-\infty}^{\infty}[x(n+1)-x(n)]z^{-n}$$

因为 $x(n)$是因果序列，即

$$x(n)=0,n<0$$

$$(z-1)X(z)=\lim_{n\to\infty}[\sum_{m=-1}^{n}[x(m+1)z^{-m}-\sum_{m=0}^{n}x(m)]z^{-m}$$

因为$(z-1)X(z)$在单位圆上无极点，上式两端对 $z=1$ 取极限得

$$\begin{aligned}\lim_{z\to 1}(z-1)X(z)&=\lim_{n\to\infty}[\sum_{m=-1}^{n}x(m+1)-\sum_{m=0}^{n}x(m)]\\&=\lim_{n\to\infty}[x(0)+x(1)+\cdots+x(n+1)-x(0)-\\&\quad x(1)-x(2)-\cdots-x(n)]\\&=\lim_{n\to\infty}x(n+1)=\lim_{n\to\infty}x(n)\end{aligned}$$

终值定理也可用 $X(z)$在 $z=1$ 点的留数表示，因为

$$\lim_{z\to 1}(z-1)X(z)=\mathrm{Res}[X(z),1]$$

因此

$$x(\infty)=\mathrm{Res}[X(z),1]$$

如果单位圆上，$X(z)$无极点，则 $x(\infty)=0$。

8. 序列卷积

设 $w(n)=x(n)*y(n),X(z)=\mathrm{ZT}[x(n)],R_{x-}<|z|<R_{x+},Y(z)=\mathrm{ZT}[y(n)],R_{y-}<|z|<R_{y+}$

则　$$W(z)=\mathrm{ZT}[w(n)]=X(z)\cdot Y(z),R_{w-}<|z|<R_{w+}\qquad 式(2.65)$$

$$R_{w+}=\min[R_{x+},R_{y+}],R_{w-}=\max[R_{x-},R_{y-}]$$

证明　$$\begin{aligned}W(z)&=\mathrm{ZT}[x(n)*y(n)]\\&=\sum_{n=-\infty}^{\infty}[\sum_{m=-\infty}^{\infty}x(m)y(n-m)]z^{-n}\\&=\sum_{m=-\infty}^{\infty}x(m)z^{-m}[\sum_{n-m=-\infty}^{\infty}y(n-m)z^{-(n-m)}]\\&=\sum_{m=-\infty}^{\infty}x(m)z^{-m}Y(z)\end{aligned}$$

$$= X(z) \cdot Y(z)$$

$W(z)$的收敛域就是 $X(z)$和 $Y(z)$的公共收敛域。

【例 2.22】 已知线性时不变系统的单位采样响应 $h(n)=a^n u(n)$，$|a|<1$，求系统输入 $x(n)=u(n)$的输出响应 $y(n)$。

解 因为 $y(n)=h(n)*x(n)$

求 $y(n)$可用两种方法，一种直接求解线性卷积，另一种是用 Z 变换法。

方法一

$$y(n) = \sum_{m=-\infty}^{\infty} h(m)x(n-m)$$

$$= \sum_{m=-\infty}^{\infty} a^m u(m)u(n-m)$$

$$= \sum_{m=0}^{n} a^m = \frac{1-a^{n+1}}{1-a} \qquad n \geqslant 0$$

方法二

$$y(n) = h(n) * x(n)$$

$$H(z) = \mathrm{ZT}[a^n u(n)] = \frac{1}{1-az^{-1}}, \mid z \mid > \mid a \mid$$

$$X(z) = \mathrm{ZT}[u(n)] = \frac{1}{1-z^{-1}}, \mid z \mid > 1$$

$$Y(z) = H(z) \cdot X(z) = \frac{1}{(1-z^{-1})(1-az^{-1})}, \mid z \mid > 1$$

所以 $y(n) = \dfrac{1}{2\pi \mathrm{j}}\oint_c \dfrac{1}{(1-z^{-1})(1-az^{-1})} z^{n-1}\mathrm{d}z = \dfrac{1}{2\pi \mathrm{j}}\oint_c \dfrac{z^{n+1}}{(z-1)(z-a)}\mathrm{d}z$

由收敛域判定： $y(n) = 0, n < 0$

$$n \geqslant 0, y(n) = \mathrm{Res}[Y(z)z^{n-1}, 1] + \mathrm{Res}[Y(z)z^{n-1}, a]$$

$$= \frac{1}{1-a} + \frac{a^{n+1}}{a-1} = \frac{1-a^{n+1}}{1-a}$$

最后将 $y(n)$表示为

$$y(n) = \frac{1-a^{n+1}}{1-a} u(n)$$

9. 复卷积定理

如果 $\mathrm{ZT}[x(n)] = X(z), R_{x-} < |z| < R_{x+}$

$\mathrm{ZT}[y(n)] = Y(z), R_{y-} < |z| < R_{y+}$

$$w(n)=x(n)y(n)$$

则

$$W(z)=\frac{1}{2\pi \mathrm{j}}\oint_c X(v)Y\left(\frac{z}{v}\right)\frac{\mathrm{d}v}{v} \qquad 式(2.66)$$

$W(z)$的收敛域为

$$R_{x-}R_{y-}<|z|<R_{x+}R_{y+} \qquad 式(2.67)$$

式(2.66)中v平面上，被积函数的收敛域为

$$\max\left(R_{x-},\frac{|z|}{R_{y+}}\right)<|v|<\min\left(R_{x+},\frac{|z|}{R_{y-}}\right) \qquad 式(2.68)$$

10. 帕斯维尔(Parseval)定理

设
$$X(z)=\mathrm{ZT}[x(n)],R_{x-}<|z|<R_{x+}$$
$$Y(z)=\mathrm{ZT}[y(n)],R_{y-}<|z|<R_{y+}$$
$$R_{x-}R_{y-}<1,R_{x+}R_{y+}>1$$

那么

$$\sum_{n=-\infty}^{\infty}x(n)y^*(n)=\frac{1}{2\pi \mathrm{j}}\oint_c X(v)Y^*\left(\frac{1}{v^*}\right)v^{-1}\mathrm{d}v \qquad 式(2.69)$$

v平面上，c所在的收敛域为

$$\max\left(R_{x-},\frac{1}{R_{y+}}\right)<|v|<\min\left(R_{x+},\frac{1}{R_{y-}}\right)$$

利用复卷积定理可以证明重要的帕斯维尔定理，略。

2.5.5　利用Z变换求解差分方程

利用Z变换求解差分方程，将使差分方程变成代数方程，使求解过程变得简单。当离散时间系统初始状态为零时，可利用Z变换求输出序列的稳态解或称零状态解；单边Z变换可用于求解非零初始条件的差分方程的全解(零状态解＋零输入解)，逐一介绍如下。

为叙述方便，再重写式(1.30)系统的N阶线性常系数差分方程，即

$$\sum_{k=0}^{N}a_k y(n-k)=\sum_{i=0}^{M}b_i x(n-i),a_0=1 \qquad 式(2.70)$$

1. 求稳态解

如果输入序列$x(n)$是在$n=0$以前∞时加上的，n时刻的$y(n)$是稳态解，对式(2.70)求Z变换，得到

$$\sum_{k=0}^{N}a_k Y(z)z^{-k}=\sum_{i=0}^{M}b_i X(z)z^{-i}$$

化简得

$$Y(z)=\frac{\sum_{i=0}^{M}b_iz^{-i}}{\sum_{k=0}^{N}a_kz^{-k}}X(z)$$

令
$$H(z)=\frac{\sum_{i=0}^{M}b_iz^{-i}}{\sum_{k=0}^{N}a_kz^{-k}} \qquad 式(2.71)$$

则有
$$Y(z)=H(z)X(z) \qquad 式(2.72)$$

对 $Y(z)$ 求逆 Z 变换，得到 $y(n)$ 的稳态解，即

$$y(n)=\text{IZT}[Y(z)]$$

注意：这里的 $H(z)$ 是由系统本身特性决定的，所以称为系统函数，2.6.1 节将详细介绍。

2. 求暂态解

对于 N 阶差分方程，求暂态解必须已知 N 个初始条件。设 $x(n)$ 是因果序列，即 $x(n)=0,n<0$，已知初始条件 $y(-1),y(-2),\cdots,y(-N)$。对式(2.70)进行 Z 变换时，注意这里要用单边 Z 变换。该方程式的右边由于 $x(n)$ 是因果序列，单边 Z 变换与双边 Z 变换是相同的。下面先求移位序列的单边 Z 变换。

设
$$Y(z)=\sum_{n=0}^{\infty}y(n)z^{-n}$$

$$\begin{aligned}\text{ZT}[y(n-m)u(n)]&=\sum_{n=0}^{\infty}y(n-m)z^{-n}\\&=z^{-m}\sum_{n=0}^{\infty}y(n-m)z^{-(n-m)}\\&=z^{-m}\sum_{k=-m}^{\infty}y(k)z^{-k}\\&=z^{-m}\left[\sum_{k=0}^{\infty}y(k)z^{-k}+\sum_{k=-m}^{-1}y(k)z^{-k}\right]\\&=z^{-m}\left[Y(z)+\sum_{k=-m}^{-1}y(k)z^{-k}\right]\end{aligned} \qquad 式(2.73)$$

按照式(2.73)对式(2.70)进行单边 Z 变换，有

$$\sum_{k=0}^{N}a_kz^{-k}\left[Y(z)+\sum_{l=-k}^{-1}y(l)z^{-l}\right]=\sum_{i=0}^{M}b_iX(z)z^{-i}$$

化简得

$$Y(z) = \frac{\sum_{i=0}^{M} b_i z^{-i}}{\sum_{k=0}^{N} a_k z^{-k}} X(z) - \sum_{l=-k}^{-1} y(l) z^{-l} \qquad \text{式(2.74)}$$

式(2.74)右边第一部分与系统初始状态无关，称为零状态解；而第二部分与输入信号无关，称为零输入解。求零状态解时可用双边 Z 变换求解也可用单边 Z 变换求解，求零输入解却必须考虑初始条件，用单边 Z 变换求解。

【例 2.23】 已知差分方程 $y(n)=by(n-1)+x(n)$，式中 $x(n)=a^n u(n)$，$y(-1)=1$，求 $y(n)$。

解　$x(n)$的 Z 变换为 $X(z)=\frac{1}{1-az^{-1}}$，$|z|>|a|$

将已知差分方程进行单边 Z 变换：

$$Y(z) = b[z^{-1}Y(z) + y(-1)] + X(z)$$

代入 $y(-1)$的值得

$$Y(z) = \frac{b + X(z)}{1 - bz^{-1}}$$

再将 $X(z)$代入并化简得

$Y(z) = \frac{b}{1-bz^{-1}} + \frac{1}{(1-az^{-1})(1-bz^{-1})}$，$|z|>\max(|a|,|b|)$，做部分分式展开，求逆 Z 变换，得到

$$y(n) = b^{n+1} + \frac{1}{a-b}(a^{n+1} - b^{n+1}), n \geqslant 0$$

式中，第一项为零输入解，第二项为零状态解。

2.6　线性时不变系统的 Z 域分析

如同连续系统用拉普拉斯变换分析一样，离散时间系统用 Z 变换进行分析，这一节我们讨论用 Z 变换方法进行分析，也将涉及频域分析。

2.6.1　传输函数与系统函数

在 1.2.3 节，我们已经给出系统在零初始状态下，输入的单位采样序列 $\delta(n)$的响应，记为 $h(n)$。

对 $h(n)$进行傅里叶变换得到：

$$H(e^{j\omega}) = \sum_{n=-\infty}^{\infty} h(n) e^{-j\omega n} \qquad \text{式(2.75)}$$

一般称 $H(e^{j\omega})$ 为系统的传输函数，它表征系统的频率特性。

而对 $h(n)$ 进行 Z 变换，得到 $H(z)$，$H(z)$ 称为系统的系统函数，它表征了系统的复频域特性。系统函数 $H(z)$ 定义为输出序列的 Z 变换 $Y(z)$ 与输入序列的 Z 变换 $X(z)$ 之比，它也可通过差分方程的求解得到。

对式(1.30)的差分方程，进行 Z 变换，得到系统函数的一般表示式为

$$H(z)=\frac{Y(z)}{X(z)}=\frac{\sum_{i=0}^{M}b_iz^{-i}}{\sum_{k=0}^{N}a_kz^{-k}} \qquad \text{式(2.76)}$$

显然，$H(z)$ 代表系统的 z 域特征，$h(n)$ 是系统对应的时域特征。换句话说 $h(n)$ 和 $H(z)$ 是一个系统在两个域中的等价描述。

如果 $H(z)$ 的收敛域包含单位圆 $|z|=1$，则 $H(e^{j\omega})$ 与 $H(z)$ 之间的关系如下：

$$H(e^{j\omega})=H(z)\big|_{z=e^{j\omega}} \qquad \text{式(2.77)}$$

因此，单位采样响应在单位圆上的 Z 变换即是系统的传输函数。由于 $H(z)$ 的分析域是一个复频域，傅里叶变换仅是 Z 变换的特例，从名称上给以区别。但为了简单，也可以都称为传输函数，其差别用括弧中的 $e^{j\omega}$ 或 z 表示。

综上所述，对线性时不变系统，时域、频域和复频域的输入输出关系如图 2.13 所示。

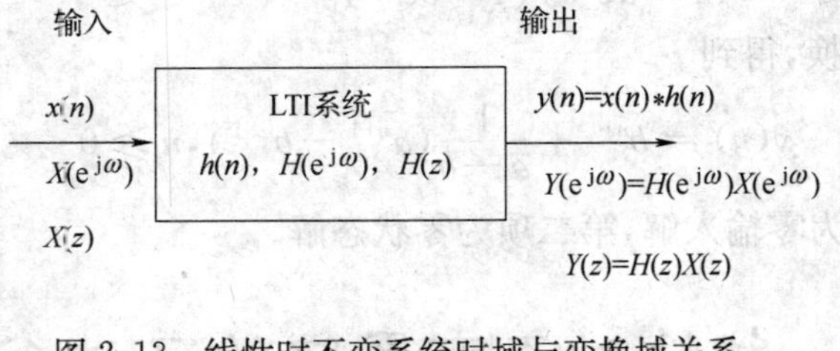

图 2.13　线性时不变系统时域与变换域关系

2.6.2　z 域分析系统的因果性和稳定性

因果性：由 1.2.4 节可知，因果系统的条件是单位冲激响应 $h(n)$ 一定满足当 $n<0$ 时，$h(n)=0$，所以 $h(n)$ 为因果序列，再由 2.5.2 节知，系统函数 $H(z)$ 的收敛域在某个圆外，一定包含∞点，即∞点不是极点，极点都分布在某个圆内。一句话，系统是因果系统的条件是系统函数 $H(z)$ 的收敛域为

$$R<|z|\leqslant\infty,\text{半径 } R>0 \qquad \text{式(2.78)}$$

稳定性：由 1.2.4 节可知，系统稳定的充要条件是 $\sum_{n=-\infty}^{\infty}|h(n)|<\infty$，对照 Z 变换定义，可得 $H(z)$ 的收敛域包含单位圆，即如果 $H(z)$ 的收敛域包含单位圆，则系

统是稳定的。

因果稳定性：结合上面的讨论，如果 $H(z)$ 的收敛域为

$$R<|z|\leqslant\infty \text{且} 0<R<1 \tag{式(2.79)}$$

则系统是因果且稳定的。可见系统因果稳定时，$H(z)$ 的极点都在单位圆内。因此无论是系统的因果性还是稳定性都可由系统函数 $H(z)$ 的极点分布确定，判断系统是否是因果的和稳定的就是看 $H(z)$ 的极点是否在单位圆内。实际系统一般都要求是因果稳定的。

【例 2.24】 已知 $H(z)=\dfrac{1-a^2}{(1-az^{-1})(1-az)}$，$0<|a|<1$，分析其因果性和稳定性。

解　$H(z)$ 的极点为 $z=a$，$z=a^{-1}$，如图 2.12 所示。

(1) 收敛域 $a^{-1}<|z|\leqslant\infty$，对应的系统是因果系统，但由于收敛域不包含单位圆，因此是不稳定系统。单位冲激响应 $h(n)=(a^n-a^{-n})u(n)$（参考例题 2.18），这是一个因果序列，但不收敛。

(2) 收敛域 $0\leqslant|z|<a$，对应的系统是非因果且不稳定系统。其单位冲激响应 $h(n)=(a^{-n}-a^n)u(-n-1)$（参考例题 2.18），这是一个非因果且不收敛的序列。

(3) 收敛域 $a<|z|<a^{-1}$，对应的系统是一个非因果系统，但由于收敛域包含单位圆，因此是稳定系统。其单位冲激响应 $h(n)=a^{|n|}$，这是一个收敛的双边序列，如图 2.14(a) 所示。

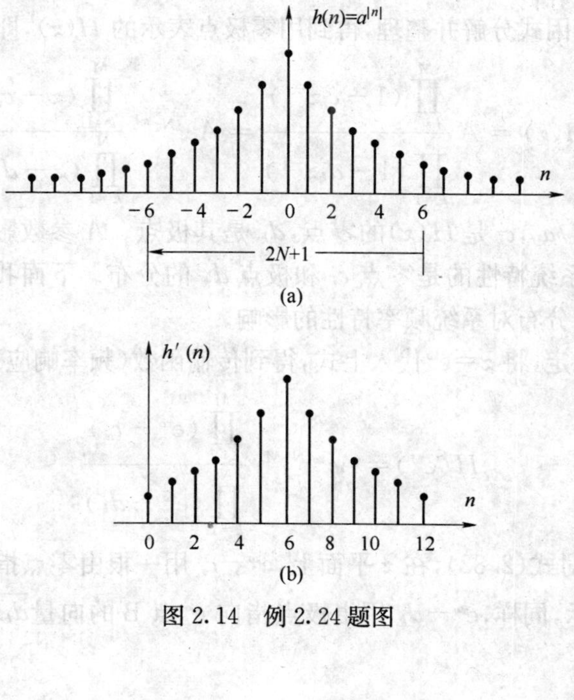

图 2.14　例 2.24 题图

下面分析如同例题 2.24 这样系统的可实现性。

$H(z)$的三种收敛域中，前二种系统不稳定，不能选用；但最后一种收敛域，系统稳定但非因果，还是不能具体实现。因此严格讲，这样的系统是无法具体实现的。但是我们利用数字系统或者说计算机的存贮性质，可以近似实现第三种情况。方法是将图 2.14(a)中的 $h(n)$从$-N$到 N 截取一段，再向右移，形成如图 2.14(b)所示的 $h'(n)$序列，将 $h'(n)$作为具体实现的系统单位冲激响应。N 愈大，$h'(n)$表示的系统愈接近 $h(n)$系统。具体实现时，预先将 $h'(n)$存贮起来，备运算时使用。这种非因果但稳定系统的近似实现性，是数字信号处理技术比模拟信息处理技术优越的地方。

2.6.3 系统的频率特性分析

由 2.6.1 节知单位采样序列响应 $h(n)$的傅里叶变换 $H(e^{j\omega})$定义了系统的频率特性，$H(e^{j\omega})$称为系统的频率响应，$H(e^{j\omega})$是复函数，可写作

$$H(e^{j\omega}) = |H(e^{j\omega})| e^{\arg[H(e^{j\omega})]} \qquad \text{式(2.80)}$$

其中，$|H(e^{j\omega})|$称幅频特性，$\arg[H(e^{j\omega})]$称相频特性。频率特性用于研究离散线性时不变对正弦序列的稳定响应，其物理意义是输入是频率 ω 的复正弦序列时，输出为同频率复正弦序列。由于 $H(z)$在单位圆上的 Z 变换即是系统的频率响应 $H(e^{j\omega})$，因此利用 $H(z)$分析 $H(e^{j\omega})$，确切地说利用系统函数 $H(z)$在 z 平面的零极点分布来分析。简要介绍如下。

将式(2.76)因式分解并整理，得到用零极点表示的 $H(z)$，即

$$H(z) = A\frac{\prod_{i=1}^{M}(1-c_i z^{-1})}{\prod_{k=1}^{N}(1-d_k z^{-1})} = A\,z^{N-M}\frac{\prod_{i=1}^{M}(z-c_i)}{\prod_{k=1}^{N}(z-d_k)} \qquad \text{式(2.81)}$$

式中，$A=b_0/a_0$，c_i 是 $H(z)$的零点，d_k 是其极点。A 参数影响传输函数的幅度大小，而影响系统特性的是零点 c_i 和极点 d_k 的分布。下面我们采用几何方法研究系统零极点分布对系统频率特性的影响。

假设系统稳定，将 $z=e^{j\omega}$代入上式，得到传输函数(频率响应)，即

$$H(e^{j\omega}) = Ae^{j\omega(N-M)}\frac{\prod_{i=1}^{M}(e^{j\omega}-c_i)}{\prod_{k=1}^{N}(e^{j\omega}-d_k)} \qquad \text{式(2.82)}$$

设 $N\geqslant M$，对式(2.82)，在 z 平面上，$e^{j\omega}-c_i$ 用一根由零点指向单位圆上 $e^{j\omega}$点 B 的向量$\overrightarrow{c_iB}$表示，同样，$e^{j\omega}-d_k$ 用由极点指向 $e^{j\omega}$点 B 的向量$\overrightarrow{d_kB}$表示，如图 2.15

所示，即

$$\overrightarrow{c_iB} = e^{j\omega} - c_i$$

$$\overrightarrow{d_kB} = e^{j\omega} - d_k$$

$\overrightarrow{c_iB}$和$\overrightarrow{d_kB}$分别称为零点矢量和极点矢量，将它们用极坐标表示

$$\overrightarrow{c_iB} = c_iBe^{j\alpha_i}$$

$$\overrightarrow{d_kB} = d_kBe^{j\beta_k}$$

将$\overrightarrow{c_iB}$和$\overrightarrow{d_kB}$表示式代入式(2.82)，得到

$$H(e^{j\omega}) = Ae^{j\omega(N-M)}\frac{\prod_{i=1}^{M}\overrightarrow{c_iB}}{\prod_{k=1}^{N}\overrightarrow{d_kB}} = |H(e^{j\omega})|e^{j\arg[H(e^{j\omega})]}$$

$$|H(e^{j\omega})| = A\frac{\prod_{i=1}^{M}c_iB}{\prod_{k=1}^{N}d_kB} \qquad \text{式(2.83)}$$

$$\arg[H(e^{j\omega})] = \sum_{i=1}^{M}\alpha_i - \sum_{k=1}^{N}\beta_k + \omega(N-M) \qquad \text{式(2.84)}$$

系统的传输特性或者说频率特性由式(2.83)和式(2.84)确定。当频率 ω 从 0 变化到 2π 时，这些向量的终点 B 沿单位圆逆时针旋转一周，按照式(2.83)和式(2.84)，分别估算出系统的幅度特性和相位特性。

例如一个系统有 1 个零点($M=1$)和 2 个极点($N=2$)，系统函数为

$$H(z) = A\frac{\overrightarrow{c_iB}}{\prod_{k=1}^{2}\overrightarrow{d_kB}}e^{j(\omega-\alpha_i-\sum_{k=1}^{2}\beta_k)}$$

频率特性如图 2.15 所示。

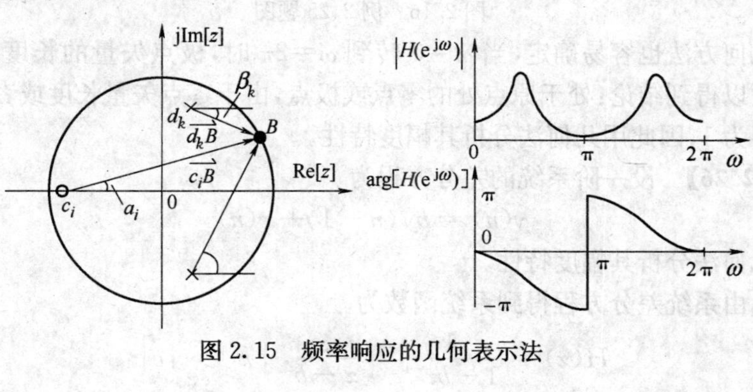

图 2.15　频率响应的几何表示法

按照式(2.81)，知道零极点的分布后，可以很容易地确定零极点位置对系统特性的影响。当 B 点转到极点附近时，极点矢量长度最短，因而幅度特性可能出现峰值，且极点愈靠近单位圆，极点矢量长度愈短，峰值愈高愈尖锐。如果极点在单位圆上，则幅度特性为∞，系统不稳定。对于零点，情况相反，当 B 点转到零点附近，零点矢量长度变短，幅度特性将出现谷值，零点愈靠近单位圆，谷值愈接近零。当零点处在单位圆上时，谷值为零。总结以上结论：极点位置主要影响频率响应的峰值位置及尖锐程度，零点位置主要影响频率响应的谷点位置及形状。

这种通过零极点位置分布分析系统频率响应的几何方法为我们提供了一个直观的概念，对于分析和设计系统是十分有用的。

【例 2.25】 已知 $H(z)=z^{-1}$，分析其频率特性。

解 由 $H(z)=z^{-1}$，可知极点为 $z=0$，幅度特性 $|H(e^{j\omega})|=1$，相位特性 $\varphi(\omega)=-\omega$，频率响应如图 2.16 所示。

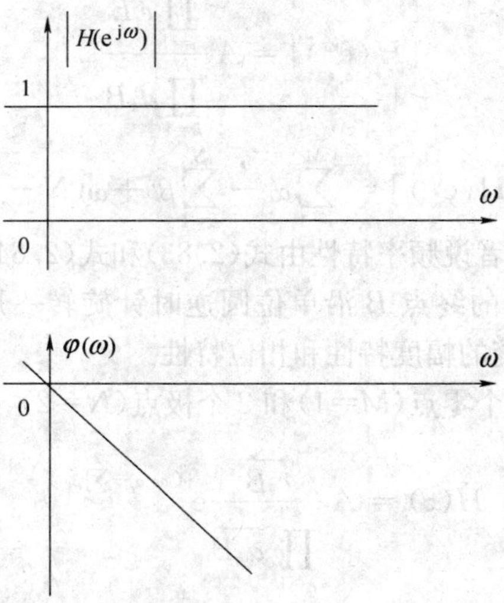

图 2.16 例 2.25 题图

用几何方法也容易确定，当 $\omega=0$ 转到 $\omega=2\pi$ 时，极点矢量的长度始终为 1。由该例可以得到结论：处于原点处的零点或极点，由于零点矢量长度或者极点矢量长度始终为 1，因此用几何法分析其幅度特性。

【例 2.26】 设一阶系统的差分方程为

$$y(n)=by(n-1)+x(n)$$

用几何法分析其幅度特性。

解 由系统差分方程得到系统函数为

$$H(z)=\frac{1}{1-bz^{-1}}=\frac{z}{z-b},\ |z|>|b|$$

对因果稳定的系统 $0<b<1$。系统极点 $z=b$，零点 $z=0$，当点从 $\omega=0$ 逆时针旋转时，在 $\omega=0$ 点，由于极点矢量长度最短，形成波峰；在 $\omega=\pi$ 点形成波谷；$z=0$ 处零点不影响频率响应。极零点分布及幅度特性如图 2.17 所示。

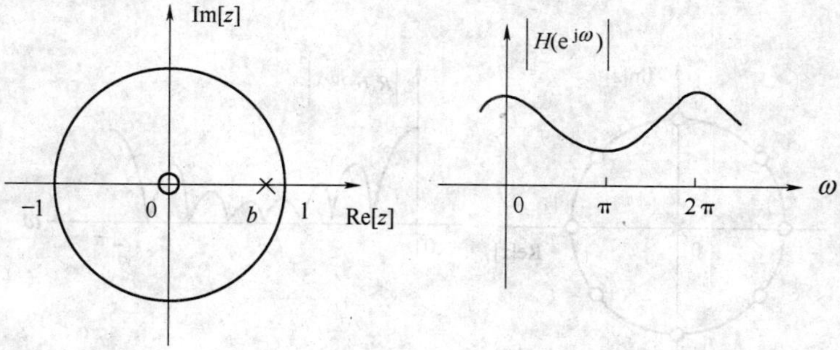

图 2.17　例 2.26 题图

【例 2.27】　已知 $H(z)=1-z^{-N}$，试定性画出系统的幅频特性。

解　由题知：$H(z)=1-z^{-N}=\dfrac{z^N-1}{z^N}$

求 $H(z)$ 的极点：令 $z^N=0$，所以 $z=0$，是一个 N 阶极点，它不影响系统的频率响应。

求 $H(z)$ 的零点：令 $z^N-1=0$，得 $z^N=\mathrm{e}^{\mathrm{j}2\pi k}$

$$\text{所以}\ z=\mathrm{e}^{\mathrm{j}\frac{2\pi}{N}k},k=0,1,2,\cdots,N-1$$

显然，这 N 个零点等间隔分布在单位圆上。设 $N=8$，极零点分布如图 2.18 所示。当 ω 从 0 变化到 2π 时，每遇到一个零点，幅度为零，在两个零点的中间幅度最大，形成峰值。幅度谷值点频率为：$\omega_k=(2\pi/N)k$，$k=0,1,2,\cdots,N-1$。一般将具有如图 2.18 所示的幅度特性的滤波器称为梳状滤波器。

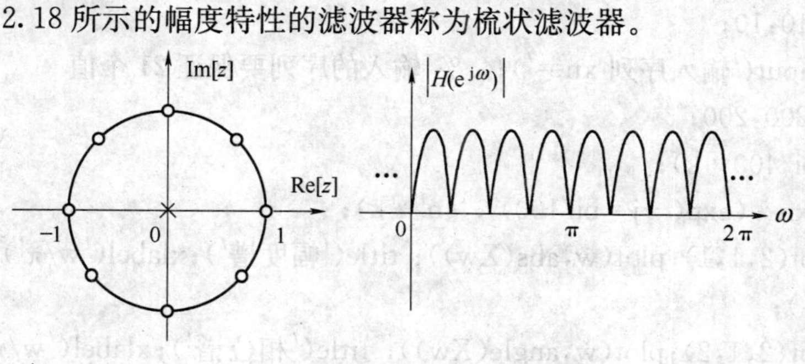

图 2.18　例 2.27 题图

【例 2.28】　利用几何法分析矩形序列的幅频特性。

解　$R_N(z)=\sum\limits_{n=-\infty}^{\infty}R_N(n)z^{-n}=\sum\limits_{n=0}^{N-1}z^{-n}=\dfrac{1-z^{-N}}{1-z^{-1}}=\dfrac{z^N-1}{z^{N-1}(z-1)}$

零点：$z=e^{j\frac{2\pi}{N}k}$，$k=0,1,2,\cdots,N-1$；

极点：$z=0$（$N-1$ 阶零点），$z=1$。

设 $N=8$，$z=1$ 处的极零点相互抵消，这样极零点分布及其幅频特性如图 2.19 所示。

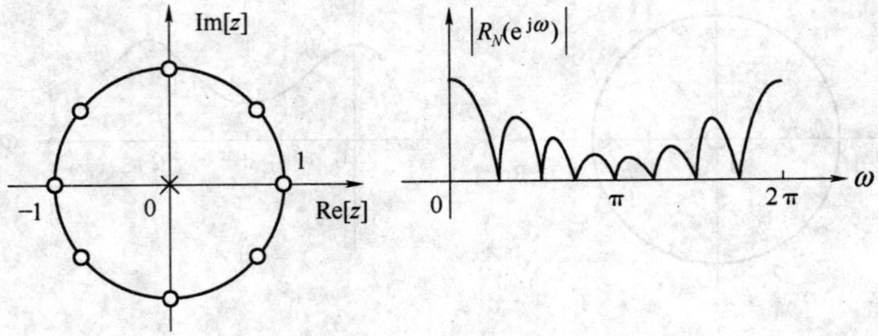

图 2.19 例 2.28 题图

2.7 本章相关的 Matlab 释义与程序实现

2.7.1 序列的 DTFT 实现

chaptertwo1 程序：

```
%chaptertwo1.m，序列 DTFT 的 Matlab 实现
% 注：矩形序列 xn=R_N(n),xn=[ones(1,N)  zeros(1,17)]
% 注：阶跃序列 xn=ones(1,21)
% 注：任意序列按已知输入
n=-10:10;
xn=input('输入序列 xn=');  % 输入的序列要保证 21 个值
k=-200:200;
w=(pi/400*k);
Xw=xn*(exp(-j*pi/100)).^(n'*k);
subplot(2,1,1);plot(w,abs(Xw)); title('幅度谱');xlabel('w/π'); ylabel('
| X(ejw)|');
subplot(2,1,2);plot(w,angle(Xw)); title('相位谱');xlabel('w/π');ylabel
('arg[ X(ejw)]');
```

输入序列是 $R_4(n)$，运行及其结果：

```
≫ chaptertwo1
```

输入矩形序列 xn=[ones(1,4)zeros(1,17)]

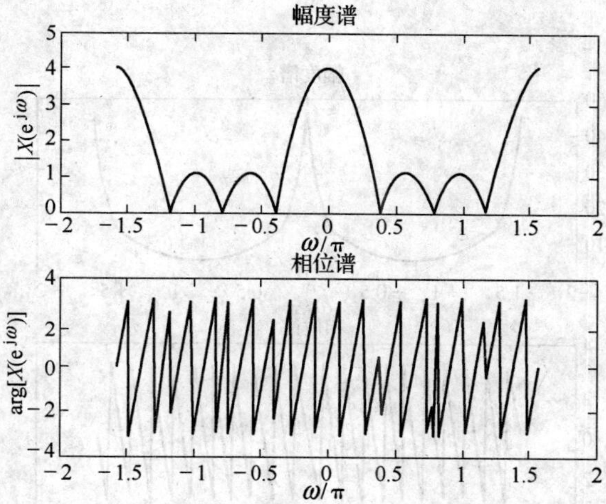

输入序列是阶跃序列,运行及其结果:

≫chaptertwo1

输入序列 xn=ones(1,21)

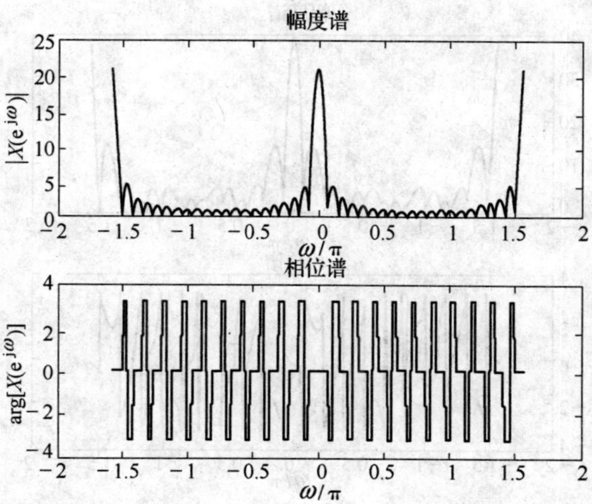

输入序列是任意序列,运行及结果:

≫chaptertwo1

输入序列 xn=(0.8).^n

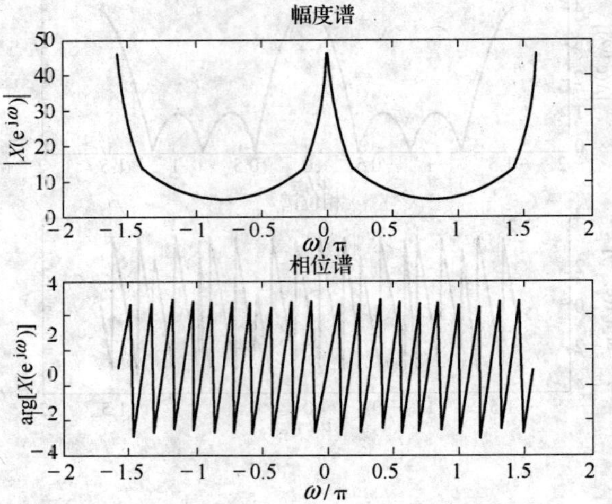

≫chaptertwo1

输入序列 xn=[1,2,3,3,4,2,1,1,0,1,1,2,3,3,4,2,1,1,0,1,2]

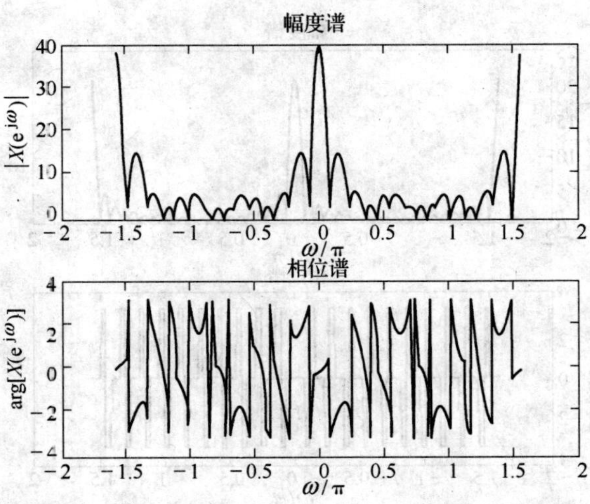

2.7.2　Z 变换的系统分析实现

差分方程 $y(n)=\sum_{i=0}^{M}b_i x(n-i)-\sum_{k=1}^{N}a_k y(n-k)$，则系统函数为

$$H(z)=\frac{Y(z)}{X(z)}=\frac{\sum_{i=0}^{M}b_i z^{-i}}{1+\sum_{k=1}^{N}a_k z^{-k}}$$

令 $z=e^{j\omega}$ 代入得传输函数

$$H(e^{j\omega})=\frac{\sum_{i=0}^{M}b_i e^{-j\omega i}}{1+\sum_{k=1}^{N}a_k e^{-j\omega k}}$$

1. Z 变换求解系统的单位冲激响应 $h(n)$

已知 $H(z)$，利用 Matlab 提供的 impz(b,a,N) 函数，b 表示分子系数（行向量），a 分母系数，求解系统的单位冲激响应 $h(n)$。

chaptertwo2 程序：

```
% chaptertwo2.m，已知 H(z)求解系统的单位冲激响应 h(n)
% 利用 Matlab 提供的 impz(b,a,N)函数，b 表示分子系数(行向量)，a 分母系数
% H(z)=()/()
clear,close all
a=input('请输入差分方程输出序列的系数 a=[a0,a1,a2,…,an]');
b=input('请输入差分方程输入序列的系数 b=[b0,b1,b2,…,bn]');
N=input('输入预计算的点数 N=');
[h,n]=impz(b,a,N);
stem(n,h,'.'); title('系统单位冲激响应');xlabel('n'); ylabel('h(n)');
```

运行及其结果：

```
≫chaptertwo2
请输入差分方程输出序列的系数 a=[a0,a1,a2,…,an][1,-3.0544,3.8291,-2.2925,0.55075]
请输入差分方程输入序列的系数
```

b=[b0,b1,b2,…,bn][0.001836,0.007344,0,011016,0,007374,0.001836]

输入预计算的点数 N=40

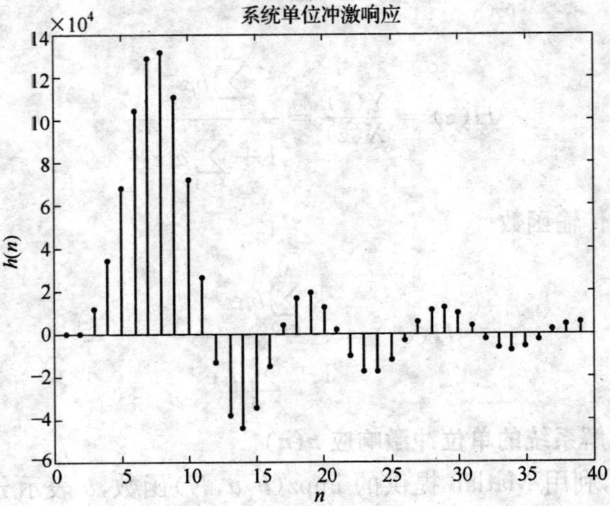

2. 传输函数实现

由前面讨论知,传输函数为 $H(e^{j\omega})=\dfrac{\sum\limits_{i=0}^{M}b_i e^{-j\omega i}}{1+\sum\limits_{k=0}^{N}a_k e^{-j\omega k}}=\dfrac{\sum\limits_{i=0}^{M}b_i e^{-j\omega i}}{\sum\limits_{k=0}^{N}a_k e^{-j\omega k}}$, $a_0=1$,它是系统的频率响应,表明系统的频率特性。这里,首先,不妨编写名为 freqresp 的 function 函数,通过它的调用,实现通用程序。其次,利用 Matlab 内部函数求解,分别说明如下。

function 函数方法分析:$H(e^{j\omega})$的分子、分母多项式系数向量分别为 $b=\{b_i\}$, $i=0,1,\cdots,M$, $a=\{a_k\}$, $k=0,1,\cdots,N$,其中,$a_0=1$;而频点数组 $\omega=\{\omega_l\}$, $l=0,1,\cdots,L$,则分子 den、分母 num 分别为:den=bexp{$-ji^T\omega$},num=aexp{$-jk^T\omega$}。给定系数 a、b,则求频率响应的 matlab 由函数 freqresp 实现,它可以在区间的 0~$L+1$ 个均匀频率点上计算系统的频率响应。

freqnep 函数程序:

%求 $H(e^{j\omega})$

function [H,w]=freqresp(b,a,L)

```
i=0:length(b)-1;
k=0:length(a)-1;
l=0:L;
w=pi*l/L;                    %设一些频率值 w
%因为 b 是行向量,k'乃至 exp(-j*k'*w)是列向量,
%两者的向量的点乘就包含了逐项相乘后的累加运算。
num=b*exp(-j*k'*w);
den=a*exp(-j*i'*w);
H=num./den;
```

使用举例,chaptertwo3 程序:

```
% chaptertwo3.m,传输函数计算
clear,close all
a=input('请输入差分方程输出序列的系数 a=[]');
b=input('请输入差分方程输入序列的系数 b=[]');
L=input('输入预计算的频率 w 的点数 L=');
[H,w]=freqresp(b,a,L);   %调用上面函数
subplot(2,1,1);plot(w/pi, abs(H));grid on;axis([0,1,0,1]);
xlabel('w/π');ylabel('| magnitude/X(ejw)|');title('幅值响应 magnitude response');
subplot(2,1,2);plot(w/pi,angle(H)/pi);grid on;axis([0,1,-1,1])
xlabel('w/π');ylabel('phase/arg[ X(ejw)]');title('相位响应 phase response');
```

举例说明调用方法。一个 3 阶低通滤波器由下列差分方程描述

$$y(n)=0.0181x(n)+0.0543x(n-1)+0.0543x(n-2)+0.0181x(n-3)$$
$$+1.76y(n-1)-1.1829y(n-2)+0.2781y(n-3)$$

绘制该滤波器的幅频特性和相频特性(幅值响应和相位响应)。

运行及其结果:

```
≫chaptertwo3
请输入差分方程输出序列的系数 a=[][1.000,-1.7600,1.1829,-0.2781]
请输入差分方程输入序列的系数 b=[][0.018,0.0543,0.0543,0.0181]
输入预计算的频率 w 的点数 L=200
```

另外,matlab 还提供了内部函数 freqz()来求系统的传输函数(频率响应),

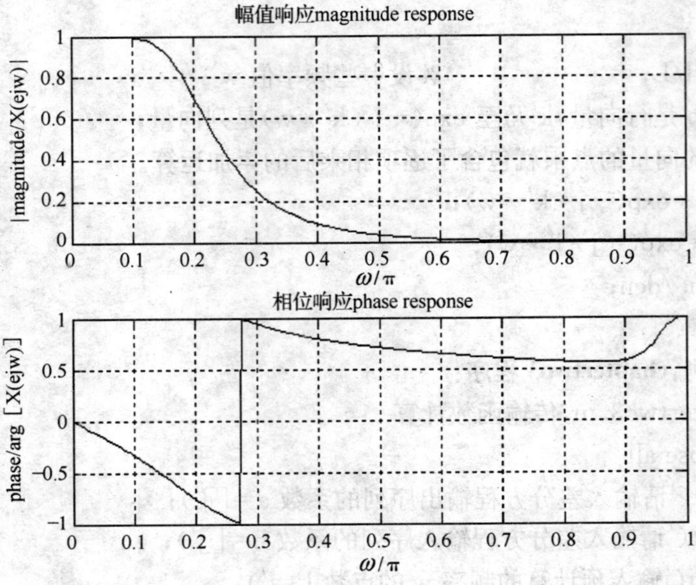

zplane(b,a)求系统的零极点。freqz()调用：(1)$[H,w]$=freqz(B,A,N)；B,A 为 $H(z)$分母和分子多项式的系数，N 点的 w 和 H；

(2)H=freqz(B,a,w)；a,b 为 $H(z)$分母和分子多项式的系数，H 是 w 上的 H；

chaptertwo4 程序：

```
% chaptertwo4.m,求系统零极点和传输函数,并画图
clear,close all
A=input('请输入差分方程输出序列的系数 a=[]');
B=input('请输入差分方程输入序列的系数 b=[]');
[H,w]=freqz(B,A);
subplot(1,3,1);zplane(B,A);title('零极点图');
subplot(1,3,2);plot(w/pi,abs(H));title('幅频特性');
xlabel('\omega/\pi'),ylabel('|H(e^j^\omega)|')
axis([0,1,0,2.5])
subplot(1,3,3); plot(w/pi,angle(H));title('相位特性');
xlabel('\omega/\pi'); ylabel('arg[H(e^j^\omega)]');
```

例如画【例 2.27】系统 $H(z)=1-z^{-N}$ 的零极点图及其频率特性（$N=8$）。

```
≫chaptertwo4
请输入差分方程输出序列的系数 a=[][1 0 0 0 0 0 0 0 0]
请输入差分方程输入序列的系数 b=[][1 0 0 0 0 0 0 0 −1]
```

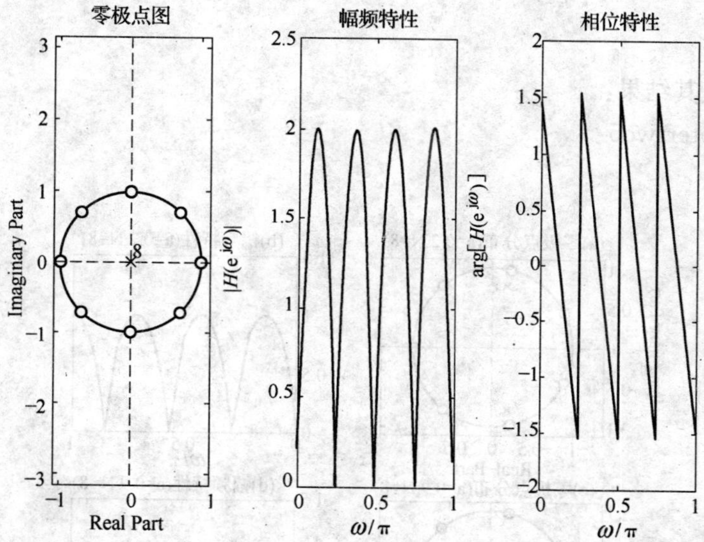

再例，已知 $H(z)=\dfrac{1-z^{-1}}{1-az^{-1}}$，绘制其零极点图和幅频特性。

chaptertwo5 程序：

```
% chaptertwo5.m,画系统零极点和幅频特性图
a=0.2;
B=[1,0,0,0,0,0,0,−1];
A=[1,0,0,0,0,0,0,−a];
subplot(2,2,1);zplane(B,A);title('(a)零极点分布(a=0.2,N=8)')
[Hk,w]=freqz(B,A,1024);
subplot(2,2,2);plot(w/pi,abs(Hk)/max(abs(Hk)));
xlabel('\omega/\pi');axis([0,1,0,1.5]); title('(b)幅频特性(a=0.2,N=
8)')
%………………………………………………………………
a=0.9;
B=[1,0,0,0,0,0,0,−1];
```

```
A=[1,0,0,0,0,0,0,-a];
subplot(2,2,3);zplane(B,A);title('(c)零极点分布(a=0.9,N=8)')
[Hk,w]=freqz(B,A,1024);
subplot(2,2,4);plot(w/pi,abs(Hk)/max(abs(Hk)));
xlabel('\omega/\pi');axis([0,1,0,1.5]); title('(d)幅频特性(a=0.9,N=
8)')
```

运行及其结果：

≫chaptertwo5

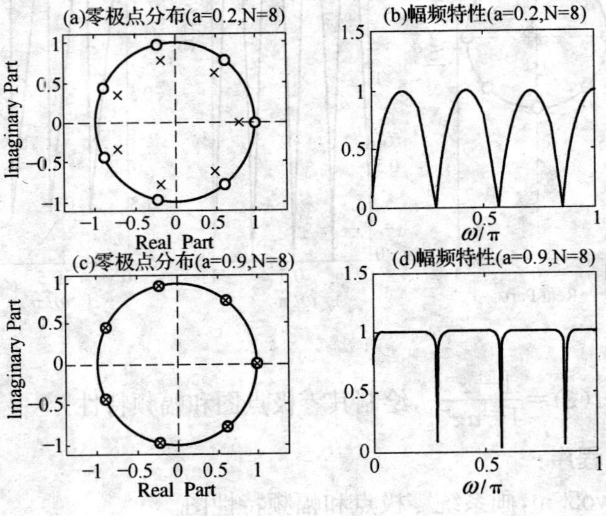

综合上述讨论，读者自行练习 chaptertwo6，观察结果，还原系统函数，并与前面相关程序比较，这里运行及其结果略。

```
% chaptertwo6.m，练习画离散系统单位冲激响应和频率响应
b=[1,2,1];
a=[1,-0.5,-0.005,0.3];
figure(1);zplane(b,a);
num=[0,1,2,1];
den=[1,-0.5,-0.005,0.3];
h=impz(num,den);
figure(2);stem(h)
```

```
xlabel('k')
title('冲激响应')
[H,w]=freqz(num,den);
figure(3);plot(w/pi,abs(H))
xlabel('频率\omega')
title('幅值响应')
figure(4);plot(w/pi,angle(H))
xlabel('频率\omega')
title('相位响应')
```

2.7.3　系统稳定性判定实现

根据系统函数极点的位置，可判定系统的稳定性。编写子函数 stab，使用时通过调用它，给出系统稳定判定结论。用到的 Matlab 内部函数 roots()是求多项式的根。

stab 程序：

```
% stab.m，判定系统的稳定性
%调用方法 stab(A)，A 由 H(z)分母多项式的系数构成的行向量
function stab(A)
disp('系统极点为：')
P=roots(A)
disp('系统极点模的最大值为：')
M=max(abs(P))
if M<1
disp('系统稳定')
else,disp('系统不稳定'),
end
```

判断程序 chaptertwo2 中的系统稳定性。

```
≫A=[1,-3.0544,3.8291,-2.2925,0.55075];
≫stab(A)
系统极点为：
P =
    0.7498 + 0.5348i
    0.7498 - 0.5348i
```

```
    0.7774 - 0.2121i
    0.7774 - 0.2121i
系统极点模的最大值为：
M =
    0.9210
系统稳定
```

再判断程序 chaptertwo5 中的系统稳定性。

```
>>A=[1,0,0,0,0,0,0,-0.2];
>>stab(A)
系统极点为：
P =
  -0.7159 + 0.3448i
  -0.7159 - 0.3448i
  -0.1768 + 0.7747i
  -0.1768 - 0.7747i
   0.7946
   0.4954 + 0.6212i
   0.4954 - 0.6212i
系统极点模的最大值为：
M =
    0.7946
系统稳定。
```

2.7.4 周期序列的 DFS 实现

DFS 变换对

正变换：$\tilde{X}(k)=\mathrm{DFS}[\tilde{x}(n)]=\sum_{n=0}^{N-1}\tilde{x}(n)\mathrm{e}^{-\mathrm{j}\frac{2\pi}{N}kn}=\sum_{n=0}^{N-1}\tilde{x}(n)W_N{}^{kn}$

反变换：$\tilde{x}(n)=\mathrm{IDFS}[\tilde{X}(k)]=\frac{1}{N}\sum_{k=0}^{N-1}\tilde{X}(k)\mathrm{e}^{\mathrm{j}\frac{2\pi}{N}kn}=\frac{1}{N}\sum_{k=0}^{N-1}\tilde{X}(k)W_N{}^{-kn}$

编写两个 function 函数，分别实现 DFS 变换对的正变换 DFS 和反变换 IDFS，函数名分别为 dfs.m 和 idfs.m。

dfs 程序：

```
%dfs.m,周期序列的离散傅里叶级数 DFS
```

```
function [Xkfs]=dfs(xn,N)     %N是序列的周期,xn是周期序列
n=0:N-1;
k=0:N-1;
Wn=exp(-j*2*pi/N);
kn=k'*n;
Xkfs=xn*(Wn.^kn);
```

idfs 程序:

```
%idfs.m,由离散傅里叶级数DFS求原序列
function [xn]=idfs(Xkfs,N)     %N是序列的周期
n=0:N-1;
k=0:N-1;
Wn=exp(-j*2*pi/N);
kn=k'*n;
xn = Xkfs *(Wn.^(-kn))/N;
```

调用这两个函数,求【例2.6】信号的DFS,同时验证其正确性,即再回求原序列。

chaptertwo7 程序:

```
% chaptertwo7.m, 求DFS和IDFS,并画图
clear,close all
xn=input('输入周期序列一个周期内的值 xn=');
N=input('输入周期 N=');
[Xkfs]=dfs(xn,N)
[xn]=idfs(Xkfs,N)
k=0:N-1;
subplot(1,2,1);stem(k,abs(Xkfs),'·');ylabel('|Xkfs|');
subplot(1,2,2);stem(k,xn,'·');ylabel(' x(n)');
```

运行及其结果:

```
>>chaptertwo7
输入周期序列一个周期内的值 xn=[1,1,0,0]
输入周期 N=4
Xkfs =
2.0000   1.0000 - 1.0000i        0 - 0.0000i   1.0000 + 1.0000i
```

xn =

1.0000 − 0.0000i   1.0000 + 0.0000i   −0.0000 + 0.0000i   0.0000 + 0.0000i

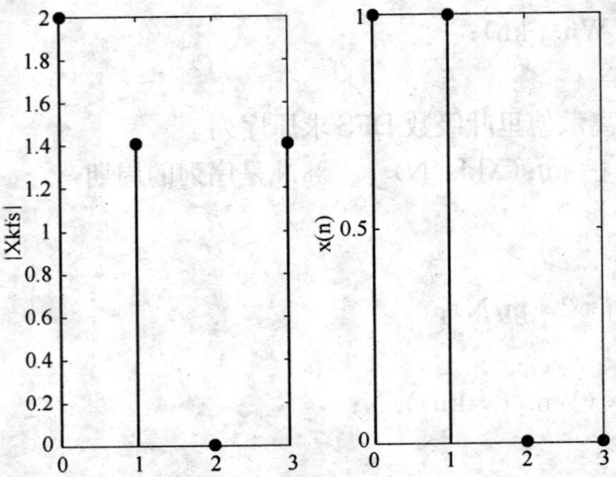

再调用这两个函数，求【例 2.5】信号的 DFS，同时验证其正确性。注：程序中产生 $R_L(n)$，其变换长度（周期）为 N 的序列为 xn=[ones(1,L),zeros(1,N−L)]。

```
≫chaptertwo7
输入周期序列一个周期内的值 xn=[ones(1,4),zeros(1,8−4)]
输入周期 N=8
Xkfs =
  Columns 1 through 5
  4.0000   1.0000 − 2.4142i   −0.0000 − 0.0000i   1.0000 − 0.4142i   0 − 0.0000i
  Columns 6 through 8
  1.0000 + 0.4142i   0.0000 − 0.0000i   1.0000 + 2.4142i
xn =
  Columns 1 through 5
  1.0000 − 0.0000i   1.0000 − 0.0000i   1.0000 + 0.0000i   1.0000 + 0.0000i   −0.0000 + 0.0000i
  Columns 6 through 8
```

−0.0000 + 0.0000i　0.0000 + 0.0000i　0.0000 + 0.0000i

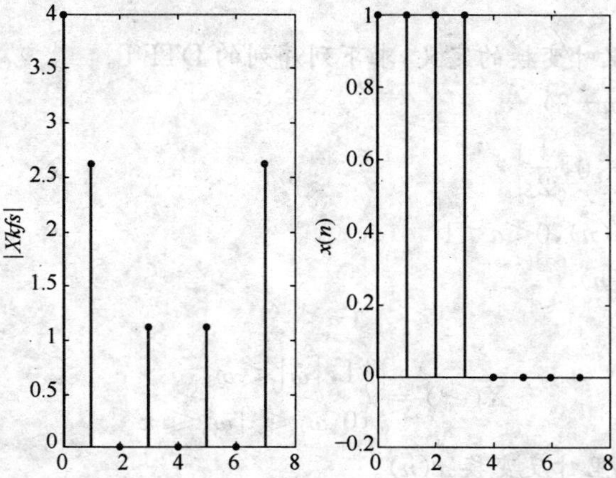

该上述矩形序列周期 N=60

运行及其图(数值解略)：

≫chaptertwo7

输入周期序列一个周期内的值 xn=[ones(1,4),zeros(1,60−4)]

输入周期 N=60

对 Xkfs 对照【例 2.5】和【例 2.1】，比较结果有何异同。

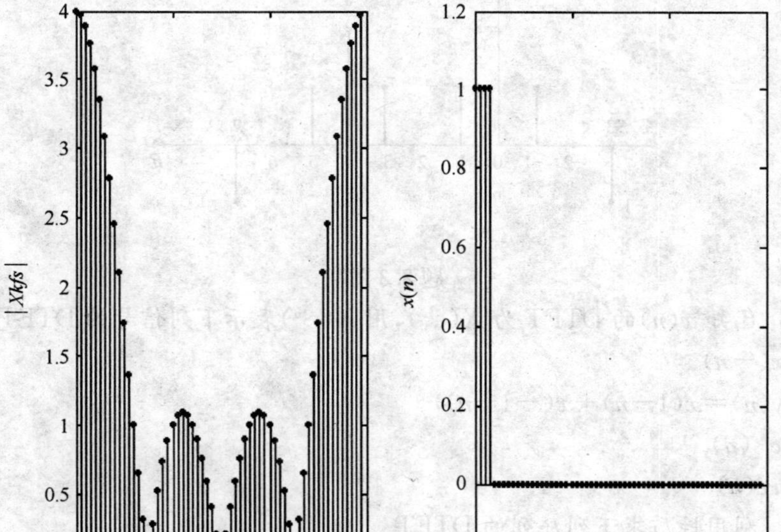

习　题

2.1　根据傅里叶变换的定义，求下列序列的DTFT。

(1) $x(n)=\delta(n-3)$

(2) $x(n)=\left\{\frac{1}{2},\underset{-}{0},\frac{1}{2}\right\}$

(3) $x(n)=a^{n}u(n),0<a<1$

(4) $x(n)=R_{5}(n)$

2.2　已知

$$X(e^{j\omega})=\begin{cases}1,|\omega|<\omega_0\\0,\omega_0\leqslant|\omega|\leqslant\pi\end{cases}$$

求 $X(e^{j\omega})$ 的傅里叶反变换 $x(n)$。

2.3　设 $X(e^{j\omega})$ 是题2.3图所示的 $x(n)$ 信号的DTFT，不直接求出 $X(e^{j\omega})$，试完成下列计算：

(1) $X(e^{j0})$　　　　(2) $\int_{-\pi}^{\pi}X(e^{j\omega})d\omega$

(3) $X(e^{j\pi})$　　　　(4) $\int_{-\pi}^{\pi}|X(e^{j\omega})|^{2}d\omega$

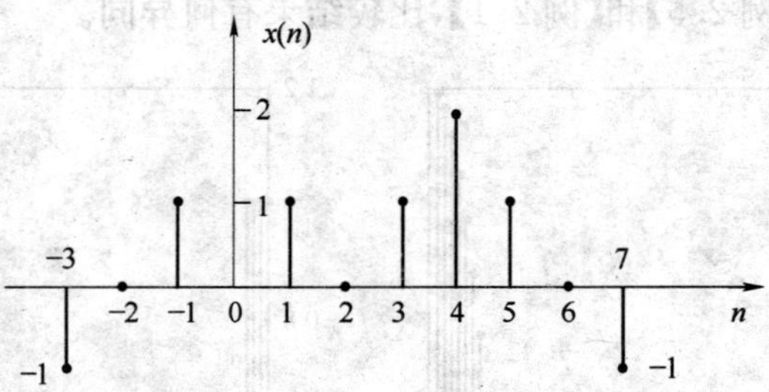

题2.3图

2.4　已知 $x(n)$ 的DTFT为 $X(e^{j\omega})$，用 $X(e^{j\omega})$ 表示下列信号的DTFT。

(1) $x(-n)$

(2) $y(n)=x(1-n)+x(-1-n)$

(3) $x^{*}(n)$

(4) $nx(n)$

2.5　利用性质求下列序列的DTFT。

(1) $y(n)=\delta(n)+3\delta(n-3)-2\delta(n-4)$

(2) $x(n)=u(n+3)-u(n-4)$

2.6　求 $X(e^{j\omega})=\cos^2\omega$ 的傅里叶反变换。

2.7　设 $x(n)\begin{cases}1,n=0,1\\0,其他\end{cases}$，将 $x(n)$ 以 4 为周期进行周期延拓，形成周期序列 $\tilde{x}(n)$，画出 $x(n)$ 和 $\tilde{x}(n)$ 的波形，求出 $\tilde{x}(n)$ 的离散傅里叶级数 $\tilde{X}(k)$ 和傅里叶变换。

2.8　设系统的单位采样响应 $h(n)=a^n u(n)$，$0<a<1$，输入序列为 $x(n)=\delta(n)+2\delta(n-2)$，完成下面各题：

(1)求出系统输出序列 $y(n)$；

(2)分别求出 $x(n)$、$h(n)$ 和 $y(n)$ 的傅里叶变换。

2.9　已知 $x_a(t)=2\cos(2\pi f_0 t)$，式中 $f_0=100$ Hz，以采样频率 $f_s=400$ Hz 对 $x_a(t)$ 进行采样，得到采样信号 $\hat{x}_a(t)$ 和时域离散信号 $x(n)$，试完成下面各题：

(1)写出 $x_a(t)$ 的傅里叶变换表示式 $X_a(j\Omega)$；

(2)写出 $\hat{x}_a(t)$ 和 $x(n)$ 的表达式；

(3)分别求出 $\hat{x}_a(t)$ 的傅里叶变换和序列 $x(n)$ 的傅里叶变换。

2.10　应用 Z 变换的定义，计算下列序列的 Z 变换及其收敛域。

(1)$x(n)=\{\underline{1},2,3,5,0,1\}$

(2)$x(n)=\{1,2,\underline{3},5,0,1\}$

(3)$x(n)=\delta(n)$

(4)$x(n)=\delta(n-2)$

2.11　假如 $x(n)$ 的 Z 变换 $X(z)$ 表示式是

$X(z)=\dfrac{1-\frac{1}{4}z^{-2}}{(1+\frac{1}{4}z^{-2})(1+\frac{5}{4}z^{-1}+\frac{3}{8}z^{-2})}$，问 $X(z)$ 可能有多少种不同的收敛域，并计算不同收敛域下的 $x(n)$。

2.12　求下列序列的 Z 变换，并求出零极点和收敛域。

(1)$x(n)=a^{|n|}\ (|a|<1)$　　(2)$x(n)=\left(\frac{1}{3}\right)^n u(n)$

(3)$x(n)=-\left(\frac{1}{2}\right)^n u(-n-1)$　　(4)$x(n)=\frac{1}{n}\ (n\geqslant 1)$

2.13　序列 $x(n)$ 是周期为 6 的周期序列，试求其傅立叶级数的系数。

2.14　分别用留数法、长除法和部分分式法求下列 $X(z)$ 的逆变换。

(1)$X(z)=\dfrac{1-\frac{1}{2}z^{-1}}{1-\frac{1}{4}z^{-2}}$，$|z|>\frac{1}{2}$

(2)$X(z)=\dfrac{1-2z^{-1}}{1-\dfrac{1}{4}z^{-1}}$，$|z|<\dfrac{1}{4}$

(3)$X(z)=\dfrac{z-a}{1-az}$，$|z|>\left|\dfrac{1}{a}\right|$

2.15 已知 $X(z)=\dfrac{-3z^{-1}}{2-5z^{-1}+2z^{-2}}$，分别求：

(1)收敛域 $0.5<|z|<2$ 对应的原序列 $x(n)$；

(2)收敛域 $|z|>2$ 对应的原序列 $x(n)$。

2.16 用 Z 变换求下列卷积。

(1)$y(n)=\{\underline{-1},2,0,3\}*\{2,0,\underline{3}\}$

(2)$y(n)=2^n u(n)*3^n u(n)$

2.17 利用序列 $x(n)$ 的 Z 变换求其频谱 $X(\mathrm{e}^{\mathrm{j}\omega})$。

(1)$\delta(n-n_0)$　　(2)$\mathrm{e}^{-an}u(n)$

(3)$\mathrm{e}^{-(a+\mathrm{j}\omega_0)n}u(n)$　　(4)$\mathrm{e}^{-an}u(n)\cos(\omega_0 n)$

2.18 已知一个线性时不变因果系统的差分方程为

$$y(n)=y(n-1)+y(n-2)+x(n-1)$$

(1)求这个系统的系统函数，画出其零极点图并指出其收敛域；

(2)求此系统的单位冲激响应；

(3)此系统是一个不稳定系统，请找一个满足上述差分方程的稳定的(非因果)系统的单位冲激响应。

2.19 研究一个输入为 $x(n)$ 和输出为 $y(n)$ 的线性时不变系统，已知它满足 $y(n-1)-\dfrac{10}{3}y(n)+y(n+1)=x(n)$，并已知系统是稳定的，试求其单位采样响应。

2.20 设 $F(z)$ 是因果序列 $f(n)$ 的 Z 变换，求下列各情况下的 $f(0)$ 和 $f(\infty)$。

(1)$F(z)=(2z-1)/(z-1)$

(2)$F(z)=(\mathrm{e}^{-aT}-1)z/[z^2-(1+\mathrm{e}^{-aT})z+\mathrm{e}^{-aT}]$　(a、T 均为正数)

2.21 一个线性时不变系统的系统函数(传输函数)为

$H(z)=\dfrac{1}{1-\dfrac{1}{2}z^{-1}}+\dfrac{2}{1-3z^{-1}}$，试指出它的收敛域，并确定满足下列条件的 $h(n)$。

(1)系统是稳定的；

(2)系统是因果的；

(3)系统是非因果的。

2.22　求下列因果系统的系统函数和差分方程，并讨论其稳定性。

(1)$h(n)=u(n)-\left(\frac{1}{3}\right)^n u(n)$

(2)$h(n)=\frac{1}{2}\delta(n)$

2.23　求下列因果系统的系统函数和单位采样响应，并讨论其稳定性。

(1)$y(n)+4y(n-1)+4y(n-2)=2x(n)+3x(n-1)$

(2)$y(n)=x(n)+x(n-1)+x(n-2)$

2.24　如果一个线性时不变系统的输入序列为 $x(n)=0.5^n u(n)+2^n u(-n-1)$，输出序列为 $y(n)=6\times0.5^n u(n)-6\times0.75^n u(n)$，求系统函数 $H(z)$，并判断该系统的稳定性和因果性。

2.25　已知因果系统 $y(n)-0.9y(n-1)=x(n)$，试确定

(1)系统函数 $H(z)$，并画零极点图；

(2)画出 $|H(e^{j\omega})|$ 和 $\arg[H(e^{j\omega})]$ 的图形。

2.26　已知 LTI 系统的差分方程为

$$y(n)+0.75y(n-1)+0.125y(n-2)=x(n)-0.5x(n-1)$$

通过编写程序求其 Z 变换，画零极点图，并判断系统的稳定性。

第 3 章　离散傅里叶变换(DFT)

在数字信号处理中,对离散时间信号做频域分析是十分方便和有效的,它可以采用计算机,也可以采用特定的数字硬件(如 DSP 芯片)来实现。不过,为了对数字信号进行频域分析,将 $x(n)$转化为等效的频域表示时,$X(e^{j\omega})$是频率 ω 的连续函数,因此,是不便于计算机处理的。

本章利用 $X(e^{j\omega})$的采样后得到的离散谱表示信号 $x(n)$,这样的频域表示就导出了离散傅里叶变换(DFT,Discrete Fourier Transform)。DFT 的实质是有限长序列傅里叶变换的有限点离散采样,它开辟了频域离散化的道路,使数字信号处理可以在频域采用数字运算的方法进行,这样就大大增加了数字信号处理的灵活性。更重要的是 DFT 有多种快速算法,统称为快速傅里叶变换(FFT,Fast Fourier Transform),从而使信号的实时处理和设备的简化得以实现。因此,离散时间系统的研究与应用在许多方面取代了传统的连续时间系统,它是实现离散时间信号分析的一种高效的计算工具。

3.1　离散傅里叶变换(DFT)

3.1.1　DFT 的定义

DFT 是有限长序列的傅里叶变换,同时它本身也是一个序列。

设 $x(n)$是一个长度为 M 的有限长序列,则定义 $x(n)$的 N 点离散傅里叶变换为

$$X(k)=\mathrm{DFT}[x(n)]=\sum_{n=0}^{N-1}x(n)W_N^{nk},k=0,1,\cdots,N-1 \qquad \text{式(3.1)}$$

$X(k)$的离散傅里叶逆变换(IDFT,Inverse Discrete Fourier Transform)为

$$x(n)=\mathrm{IDFT}[X(k)]=\frac{1}{N}\sum_{k=0}^{N-1}X(k)W_N^{-nk},n=0,1,\cdots,N-1 \quad \text{式(3.2)}$$

式中,N 称为 DFT 变换区间长度,且 $N\geqslant M$,$W_N=e^{-j\frac{2\pi}{N}}$。通常把式(3.1)和式(3.2)称为离散傅里叶变换的变换对,也就是说序列 $x(n)$和序列 $X(k)$二者是离散傅里叶变换对。DFT 使有限长时域序列 $x(n)$与有限长频域序列建立了一一对应关系,已知一个序列,就能唯一确定另一个序列。这里不妨证明 IDFT$[X(k)]$的唯一性。

把(3.1)式代入(3.2)式,有

$$\begin{aligned}\text{IDFT}[X(k)] &= \frac{1}{N}\sum_{k=0}^{N-1}\Big[\sum_{m=0}^{N-1}x(m)W_N^{mk}\Big]W_N^{-nk}\\ &= \sum_{m=0}^{N-1}x(m)\,\frac{1}{N}\sum_{k=0}^{N-1}W_N^{k(m-n)}\end{aligned}$$

由于

$$\frac{1}{N}\sum_{k=0}^{N-1}W_N^{k(m-n)} = \begin{cases}1 & m = n+MN, M\text{为整数}\\ 0 & m \neq n+MN, M\text{为整数}\end{cases}$$

所以,在变换区间上满足下式:

$$\text{IDFT}[X(k)] = x(n), 0\leqslant n\leqslant N-1$$

由此可见,式(3.2)定义的离散傅里叶逆变换是唯一的。

【例3.1】 已知$x(n)=R_4(n)$,求$x(n)$的8点和16点DFT。

解　当变换区间$N=8$时,有

$$\begin{aligned}X(k) &= \sum_{n=0}^{7}x(n)W_8^{nk} = \sum_{n=0}^{3}\text{e}^{-\text{j}\frac{2\pi}{8}nk} = \frac{1-\text{e}^{-\text{j}\pi k}}{1-\text{e}^{-\text{j}\frac{\pi}{4}k}}\\ &= \text{e}^{-\text{j}\frac{3\pi}{8}\pi k}\,\frac{\sin\left(\frac{\pi}{2}k\right)}{\sin\left(\frac{\pi}{8}k\right)},\quad k = 0,1,\cdots,7\end{aligned}$$

当变换区间$N=16$时,则

$$\begin{aligned}X(k) &= \sum_{n=0}^{15}x(n)W_{16}^{kn} = \sum_{n=0}^{3}\text{e}^{-\text{j}\frac{2\pi}{16}kn} = \frac{1-\text{e}^{-\text{j}\frac{\pi}{2}k}}{1-\text{e}^{-\text{j}\frac{\pi}{8}k}}\\ &= \text{e}^{-\text{j}\frac{3\pi}{16}\pi k}\,\frac{\sin\left(\frac{\pi}{4}k\right)}{\sin\left(\frac{\pi}{16}k\right)},\quad k = 0,1,\cdots,15\end{aligned}$$

由此例可见,$x(n)$的离散傅里叶变换结果与变换区间长度N的取值有关。对DFT与Z变换的关系及DFT的物理意义进行讨论后,上述问题就会得到解释。

【例3.2】 已知$x(n)=\delta(n)+2\delta(n-1)+2\delta(n-2)+\delta(n-3)$,求$x(n)$的4点DFT,即DFT$[x(n)]_4$。

解　由题知$N=4$;$x(0)=1$;$x(1)=x(2)=2$;$x(3)=1$

因为DFT定义,所以

$$\begin{aligned}X(k) &= \text{DFT}[x(n)]_4 = \sum_{n=0}^{3}x(n)\text{e}^{-\text{j}\frac{2\pi}{4}nk}\\ &= x(0)+x(1)\text{e}^{-\text{j}\frac{\pi}{2}k}+x(2)\text{e}^{-\text{j}\pi k}+x(3)\text{e}^{-\text{j}\frac{3\pi}{2}k}\\ &= 1+2\text{e}^{-\text{j}\frac{\pi}{2}k}+2\text{e}^{-\text{j}\pi k}+\text{e}^{-\text{j}\frac{3\pi}{2}k}\qquad k = 0,1,2,3\end{aligned}$$

将 $k=0,1,2,3$ 分别代入上式并计算得

$$X(0)=6;X(1)=-1-\mathrm{j};X(2)=0;X(3)=-1+\mathrm{j}$$

故

$$X(k)=\{\underline{6},-1-\mathrm{j},0,-1+\mathrm{j}\}$$

3.1.2 DFT 与 DTFT、Z 变换的关系

设 $x(n)$ 是一个长度为 N 的有限长序列，其 Z 变换和 DTFT 分别为：

$$X(z)=\mathrm{ZT}[x(n)]=\sum_{n=0}^{N-1}x(n)z^{-n}$$

$$X(\mathrm{e}^{\mathrm{j}\omega})=\mathrm{DTFT}[x(n)]=\sum_{n=-\infty}^{\infty}x(n)\mathrm{e}^{-\mathrm{j}\omega n}$$

将 $X(k)$ 与 $X(z)$ 比较，可得关系式

$$X(k)=X(z)\Big|_{z=\mathrm{e}^{\mathrm{j}\frac{2\pi}{N}k}},0\leqslant k\leqslant N-1 \qquad \text{式(3.3)}$$

再将 $X(k)$ 与 $X(\mathrm{e}^{\mathrm{j}\omega})$ 比较，可得

$$X(k)=X(\mathrm{e}^{\mathrm{j}\omega})\Big|_{\omega=\frac{2\pi}{N}k},0\leqslant k\leqslant N-1 \qquad \text{式(3.4)}$$

式(3.3)表明序列 $x(n)$ 的 N 点 DFT 是 $x(n)$ 的 Z 变换在单位圆上的 N 点等间隔采样。式(3.4)则说明 $X(k)$ 为 $x(n)$ 的傅里叶变换 $X(\mathrm{e}^{\mathrm{j}\omega})$ 在区间 $[0,2\pi]$ 上的 N 点等间隔采样，更确切地说，$X(k)$ 等于频率点 $\omega=\frac{2\pi}{N}k$，$k=0,1,2,\cdots,N-1$ 处 $X(\mathrm{e}^{\mathrm{j}\omega})$ 的值。这就是 DFT 的物理意义，即对序列频谱的离散化。由此显而易见，DFT 的变换区间长度 N 不同，表示对 $X(\mathrm{e}^{\mathrm{j}\omega})$ 在 $[0,2\pi]$ 区间上的采样间隔和采样点数不同，所以 DFT 的变换结果不同。例 3.1 中，$x(n)=R_4(n)$，DFT 变换区间长度 N 分别取 8、16 时，$X(k)$ 的幅度曲线如图 3.1 所示，同时，可见，当 N 足够大时 $|X(k)|$ 的包络可逼近 $|X(\mathrm{e}^{\mathrm{j}\omega})|$ 曲线，这一点对利用 DFT 进行谱分析很重

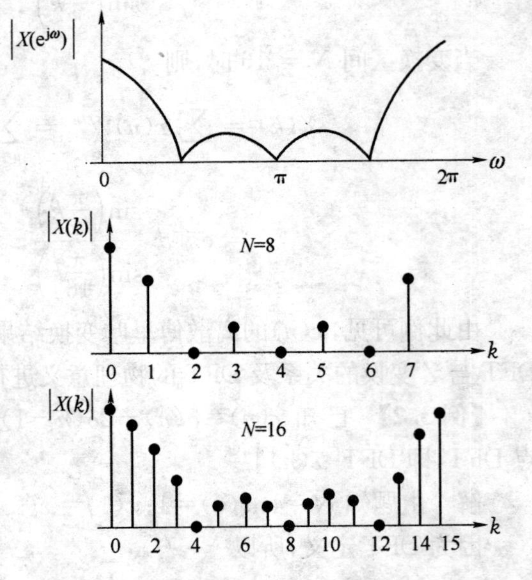

图 3.1 $X(k)$ 和 $X(\mathrm{e}^{\mathrm{j}\omega})$ 的关系

要。

3.1.3 DFT 隐含的周期性

前面定义的 DFT 变换对中，$x(n)$与 $X(k)$均为有限长序列，但由于 W_N^{nk} 的周期性，使式(3.1)和式(3.2)中的 $X(k)$和 $x(n)$隐含周期性，且周期均为 N。对任意整数 m，总有 $W_N^k=W_N^{(k+mN)}$，k、m、N 均为整数，所以(3.1)式中，$X(k)$满足：

$$X(k+mN)=\sum_{n=0}^{N-1}x(n)W_N^{(k+mN)n}=\sum_{n=0}^{N-1}x(n)W_N^{kn}=X(k)$$

同理可证明式(3.2)中，

$$x(n+mN)=x(n)$$

实际上，任何周期为 N 的周期序列 $\tilde{x}(n)$都可以看作长度为 N 的有限长序列 $x(n)$的周期延拓序列，而 $x(n)$则是 $\tilde{x}(n)$的一个周期，即

$$\tilde{x}(n)=\sum_{m=-\infty}^{\infty}x(n+mN) \qquad 式(3.5)$$

$$x(n)=\tilde{x}(n)\cdot R_N(n) \qquad 式(3.6)$$

上述关系如图 3.2 所示。一般定义周期序列 $\tilde{x}(n)$中从 $n=0$ 到 $N-1$ 的第一个周期为 $\tilde{x}(n)$的主值区间，而主值区间上的序列称为 $\tilde{x}(n)$的主值序列。因此，$x(n)$与 $\tilde{x}(n)$的上述关系可叙述为：$\tilde{x}(n)$是 $x(n)$的周期延拓序列，$x(n)$是 $\tilde{x}(n)$的主值序列。

为了以后叙述方便，将(3.5)式用如下形式表示：

$$\tilde{x}(n)=x((n))_N \qquad 式(3.7)$$

式中 $x((n))_N$ 表示 $x(n)$以 N 为周期的周期延拓序列，$((n))_N$ 是余数运算，通常也可记为 $n \bmod N$，表示以 N 为模对 n 求余数，即 n 对 N 求余。如果

$n=MN+n_1$，$0\leqslant n_1\leqslant N-1$，$M$ 为整数

则$((n))_N=(n_1)$。

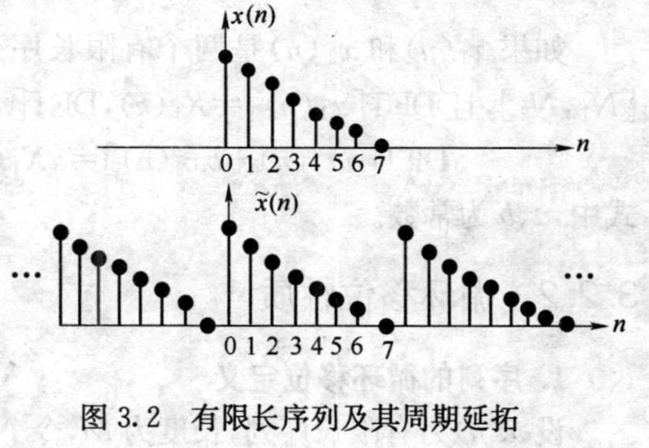

图 3.2 有限长序列及其周期延拓

例如，设 $\tilde{x}(n)$是 $x(n)$以周期 $N=8$ 的周期延拓序列，即 $\tilde{x}(n)=x((n))_8$，则有

$$\tilde{x}(8)=x((8))_8=x(0)$$

$$\tilde{x}(9)=x((9))_8=x(1)$$

所得结果符合图 3.2 所示的周期延拓规律。

如果 $x(n)$ 的长度为 N，且 $\tilde{x}(n)=x((n))_N$，则可写出 $\tilde{x}(n)$ 的离散傅里叶级数表示式

$$\tilde{X}(k)=\sum_{n=0}^{N-1}\tilde{x}(n)W_N^{kn}=\sum_{n=0}^{N-1}x((n))_N W_N^{kn}=\sum_{n=0}^{N-1}x(n)W_N^{kn} \qquad 式(3.8)$$

$$\tilde{x}(n)=\frac{1}{N}\sum_{n=0}^{N-1}\tilde{X}(k)W_N^{-kn}=\frac{1}{N}\sum_{n=0}^{N-1}X(k)W_N^{-kn} \qquad 式(3.9)$$

将式(3.8)和式(3.9)与 DFT 定义式(3.1)和式(3.2)比较可知，有限长序列 $x(n)$ 的离散傅里叶变换 $X(k)$，正好是 $x(n)$ 的周期延拓序列 $x((n))_N$ 的离散傅里叶级数系数 $\tilde{X}(k)$ 的主值序列，即

$$X(k)=\tilde{X}(k)R_N(k) \qquad 式(3.10)$$

后面要讨论的频域采样理论将会加深对这一关系的理解。

3.2 DFT 的基本性质

本节讨论 DFT 的性质，一方面要区分它与 DTFT 和 Z 变换性质的区别和联系，另一方面，很好地理解这些性质有助于把 DFT 应用于解决实际问题。

为方便起见，本节讨论涉及的有限长序列的 DFT 都指 N 点的 DFT。

3.2.1 线性性质

如果 $x_1(n)$ 和 $x_2(n)$ 是两个有限长序列，长度分别为 N_1 和 N_2，取 $N\geqslant\max[N_1,N_2]$，且 $\mathrm{DFT}[x_1(n)]=X_1(k)$，$\mathrm{DFT}[x_2(n)]=X_2(k)$，则

$$\mathrm{DFT}[ax_1(n)+bx_2(n)]=aX_1(k)+bX_2(k),0\leqslant k\leqslant N-1 \qquad (3.11)$$

式中，a、b 为常数。

3.2.2 循环移位性质

1. 序列的循环移位定义

设 $x(n)$ 为有限长序列，长度为 M，令 $N\geqslant M$，序列 $x(n)$ 移动 m 位的循环移位定义为

$$y(n)=x((n+m))_N R_N(n) \qquad 式(3.12)$$

可以这样理解序列的循环移位定义式(3.12)。

第一步，将 $x(n)$ 以 N 为周期进行周期延拓，得到 $\tilde{x}(n)=x((n))_N$；

第二步，再将 $\tilde{x}(n)$ 移 m 位得到 $\tilde{x}(n+m)=x((n+m))_N$；

第三步，取 $\tilde{x}(n+m)$ 的主值序列，则得到 $x((n+m))_N R_N(n)$，即得到有限长序列 $x(n)$ 的循环移位序列 $y(n)$。

显然循环移位是一种特殊移位，当 $x(n)$ 所对应的某些序列值，沿某一方向移出主值区间($0\leqslant n\leqslant N-1$)时，这些值又从另一方向进入该区间，这就是循环移位的实质，循环移位也因此得名。图 3.3 可验证之。

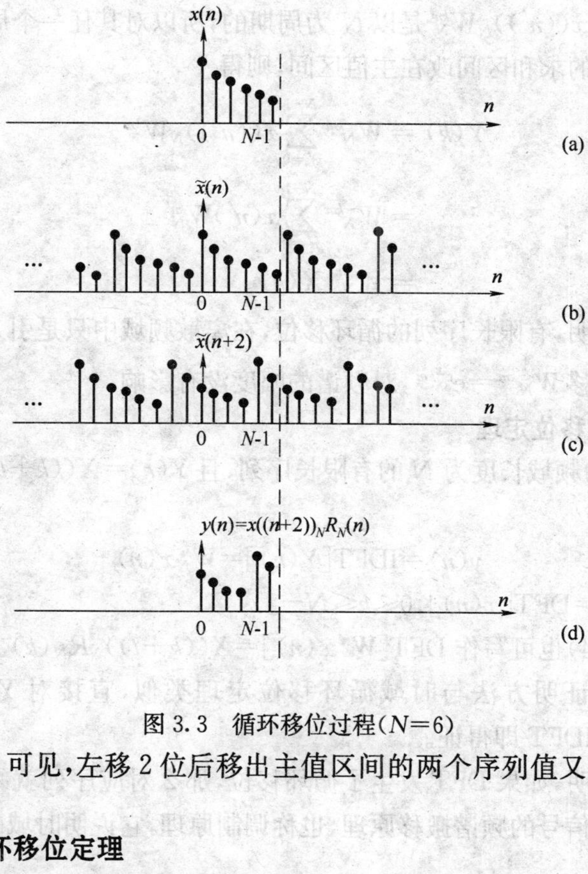

图 3.3　循环移位过程($N=6$)

观察图 3.3 可见，左移 2 位后移出主值区间的两个序列值又一次从另一端进入主值区间。

2. 时域循环移位定理

设 $x(n)$ 是长度为 N 的有限长序列，且 $X(k)=\mathrm{DFT}[x(n)]$，$y(n)$ 为 $x(n)$ 的循环移位后的序列，则 $y(n)$ 的 N 点 DFT

$$Y(k)=\mathrm{DFT}[y(n)]=\mathrm{DFT}[x((n+m))_N R_N(n)]=W_N^{-km}X(k) \quad 式(3.13)$$

其中，$0\leqslant k\leqslant N-1$

证明

$$Y(k)=\mathrm{DFT}[y(n)]=\sum_{n=0}^{N-1}x((n+m))_N R_N(n)W_N^{kn}$$

$$= \sum_{n=0}^{N-1} x((n+m))_N W_N^{kn}$$

令 $n+m=n'$，则有

$$Y(k) = \sum_{n'=+m}^{N-1+m} x((n'))_N W_N^{k(n'-m)}$$

$$= W_N^{-km} \sum_{n'=+m}^{N-1+m} x((n'))_N W_N^{kn'}$$

因为上式中 $x((n'))_N W_N^{kn'}$ 是以 N 为周期的，所以对其任一个周期上求和的结果相同。将上式的求和区间改在主值区间，则得

$$Y(k) = W_N^{-km} \sum_{n'=0}^{N-1} x((n'))_N W_N^{kn'}$$

$$= W_N^{-km} \sum_{n'=0}^{N-1} x(n') W_N^{kn'}$$

$$= W_N^{-km} X(k)$$

这个定理表明，有限长序列的循环移位，在离散频域中只是引入了一个和频率成正比的线性相移 $W_N^{-km}=e^{j\frac{2\pi}{N}km}$，对频谱的幅度没有影响。

3. 频域循环移位定理

如果 $Y(k)$ 为频域长度为 N 的有限长序列，且 $Y(k)=X((k+l))_N R_N(k)$

则

$$y(n)=\text{IDFT}[Y(k)]=W_N^{nl}x(n) \qquad \text{式(3.14)}$$

其中，$X(k)=\text{DFT}[x(n)]$，$0\leqslant k\leqslant N-1$

当然式(3.14)也可写作 $\text{DFT}[W^{nl}x(n)]=X((k+l))_N R_N(k)$。

式(3.14)的证明方法与时域循环移位定理类似，直接对 $Y(k)=X((k+l))_N R_N(k)$ 进行 IDFT 即得证。

这个定理表明，如果 DFT 发生了循环移位，那么对应序列就乘以一个复指数 W_N^{nl}，这就是调制信号的频谱搬移原理，也称调制原理，它说明时域的调制等效于频域的循环移位。

式(3.13)和式(3.14)说明了时域与频域的对偶关系。

3.2.3 循环卷积定理

1. 循环卷积定义

设 $x_1(n)$ 和 $x_2(n)$ 分别是长度分别为 N_1 和 N_2 的限长序列，取 $N\geqslant\max[N_1, N_2]$，则 $x_1(n)$ 和 $x_2(n)$ 的 N 点循环卷积定义为

$$y(n)=x_1(n)\circledast x_2(n)=\sum_{m=0}^{N-1}x_1(m)x_2((n-m))_N R_N(n) \quad 式(3.15)$$

2. 循环卷积的计算

理论上,可通过循环卷积定义的解析式和稍后介绍的循环卷积定理计算循环卷积。下面分别通过两个例子说明如何用图解法和列表法计算循环卷积。

方法一,图形法。

采用图形法计算 N 点循环卷积时,可根据定义式(3.15)对某一个具体的 n 值,归纳出循环卷积的运算步骤。

第一步,补零和换元。将 $x_1(n)$和 $x_2(n)$通过补 $N-1$ 个零点变成长度为 N 的序列,再换元得到 $x_1(m)$和 $x_2(m)$;

第二步,周期延拓。将 $x_2(m)$以 N 为周期进行周期延拓,形成 $x_2((m))_N$;

第三步,翻褶。再将 $x_2((m))_N$ 翻褶形成 $x_2((-m))_N$;

第四步,循环移位取主值。将 $x_2((-m))_N$ 循环移位 n 位得 $x_2((n-m))_N$,取主值序列则得到 $x_2((n-m))_N R_N(m)$;

第五步,相乘相加。分别将 $x_1(m)$与 $x_2((n-m))_N R_N(m)$对应相乘,并对 m 在 $0\sim(N-1)$区间上求和,便得到 $x_1(n)$与 $x_2(n)$的循环卷积 $y(n)$。

对所有的 $n=0,1,2,\cdots,N-1$,依据上法求出对应的 $y(n)$,即得出全部的 $y(n)$。

【例 3.3】 已知 $x_1(n)$与 $x_2(n)$两个序列如图 3.4 所示,求它们的 8 点循环卷积,即 $x(n)=x_1(n)\circledast x_2(n)$。

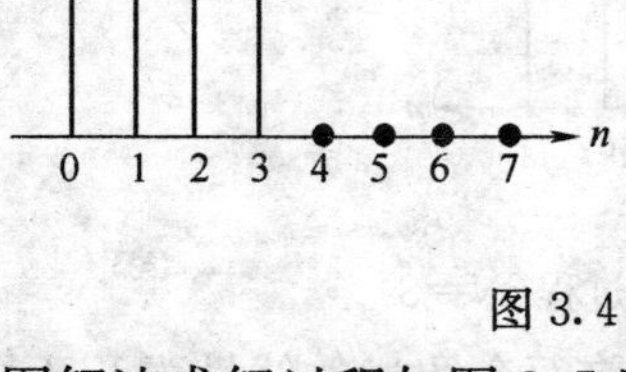

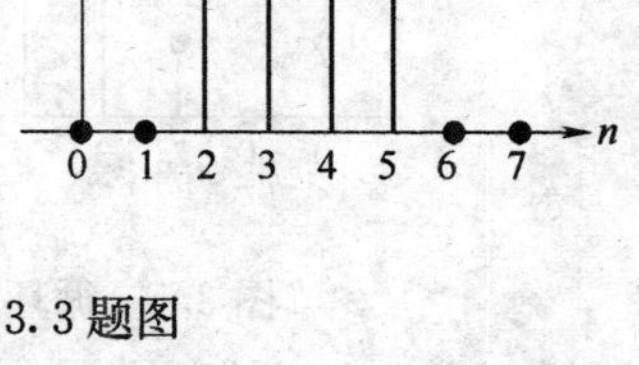

图 3.4　例 3.3 题图

解　用图解法求解过程如图 3.5 所示。

第一步,补零和换元,如图 3.5(a);

第二步,将 $x_2(m)$以 $N=8$ 为周期进行周期延拓,形成 $x_2((m))_N$,如图 3.5(b);

第三步,翻褶形成 $x_2((-m))_N$,如图 3.5(c);

第四步,循环移位取主值形成 $x_2((n-m))_N R_N(m)$,如图 3.5(d);

第五步,分别将 $x_1(m)$与 $x_2((n-m))_N R_N(m)$对应相乘,并对 m 在 $0\sim(N-1)$区间上求和,便得到 $x_1(n)$与 $x_2(n)$的循环卷积 $x(n)$如图 3.5(e)。

显然,在循环卷积过程中,要求对 $x_2(m)$循环翻褶,循环移位,特别是两个长度

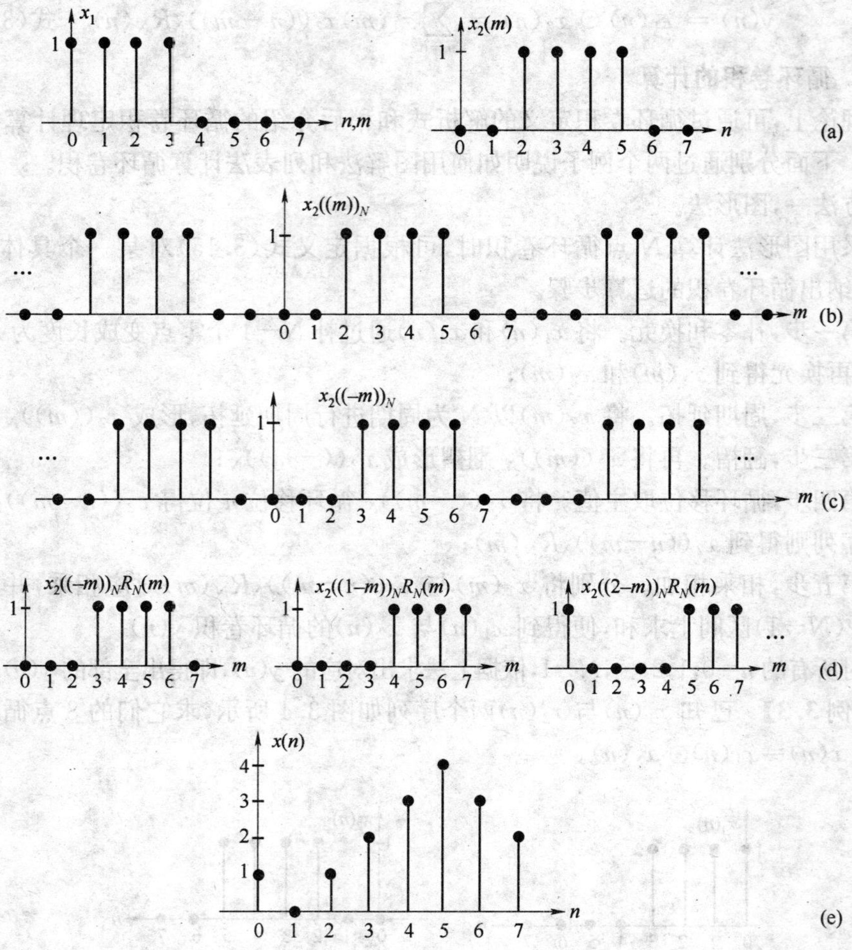

图 3.5 循环卷积过程(N=8)

为 N 的序列的循环卷积长度仍为 N。这与前面介绍过的线性卷积不同,故称之为循环卷积,也称作圆周卷积。

方法二,列表法。

通过下面例子,说明如何利用列表法计算循环卷积。

【例 3.4】 两个序列 $x(n)=\{1,2,-1,3\}$,$h(n)=\{1,-1,1\}$,计算 $x(n)$与$h(n)$的 4 点循环卷积。

解 用列表法计算循环卷积

设 $x(n)$与 $h(n)$的 4 点为 $y(n)=x(n)⊛h(n)=\sum\limits_{m=0}^{3}x(m)h((n-m))_4R_4(n)$,

列表如表 3.1 所示。

表 3.1 计算循环卷积

m	…	−4	−3	−2	−1	0	1	2	3	4	5	6	7…
$x(m)$						1	2	−1	3				
$h((m))$	…	1	−1	1	0	1	−1	1	0	1	−1	1	0…
$h((-m))_4R_4(n)$						0	1	−1	1				
$h((1-m))_4R_4(n)$						1	0	1	−1				
$h((2-m))_4R_4(n)$						−1	1	0	1				
$h((3-m))_4R_4(n)$						1	−1	1	0				

故 $0\leqslant m\leqslant 3$ 范围，$x(m)$分别与 $h((-m))$、$h((1-m))$、$h((2-m))$、$h((3-m))$对应相乘后相加便分别得到 $y(0)=6$；$y(1)=-3$；$y(2)=4$；$y(3)=-2$。

3. 时域循环卷积定理

有限长序列 $x_1(n)$和 $x_2(n)$，长度分别为 N_1 和 N_2，$N\geqslant\max[N_1,N_2]$。$x_1(n)$和 $x_2(n)$的 N 点循环卷积序列为

$$y(n)=x_1(n)\circledast x_2(n)$$

则 $y(n)$的 DFT 为

$$Y(k)=X_1(k)X_2(k) \qquad \text{式(3.16)}$$

其中，$X_1(k)=\text{DFT}[x_1(n)]$，$X_2(k)=\text{DFT}[x_2(n)]$，这就是时域循环卷积定理。

证明 对 $y(n)$进行 DFT，并将(3.15)式代入，则有

$$\begin{aligned}Y(k) &= \text{DFT}[y(n)]\\ &= \sum_{n=0}^{N-1}\left[\sum_{m=0}^{N-1}x_1(m)x_2((n-m))_NR_N(n)\right]W_N^{nk}\\ &= \sum_{m=0}^{N-1}x_1(m)\sum_{n=0}^{N-1}x_2((n-m))_NW_N^{nk}\end{aligned}$$

令 $n-m=n'$，则有

$$\begin{aligned}Y(k) &= \sum_{m=0}^{N-1}x_1(m)\sum_{n'=-m}^{N-1-m}x_2((n'))_NW_N^{k(n'+m)}\\ &= \sum_{m=0}^{N-1}x_1(m)W_N^{km}\sum_{n'=-m}^{N-1-m}x_2((n'))_NW_N^{kn'}\end{aligned}$$

因为上式中 $x_2((n'))_NW_N^{kn'}$ 是以 N 为周期的，所以对其任一个周期上求和的结果不变。因此

$$\begin{aligned}Y(k) &= \sum_{m=0}^{N-1} x_1(m) W_N^{km} \sum_{n'=0}^{N-1} x_2((n'))_N W_N^{kn'} \\ &= X_1(k) X_2(k), 0 \leqslant k \leqslant N-1\end{aligned}$$

对 $y(n) = x_1(n) ⊛ x_2(n)$

$$= \sum_{m=0}^{N-1} x_1(m) x_2((n-m))_N R_N(n)$$

由于

$$Y(k)=\mathrm{DFT}[x(n)]=X_1(k)X_2(k)=X_2(k)X_1(k)$$

所以

$$y(n)=\mathrm{IDFT}[X(k)]=x_1(n)⊛ x_2(n)=x_2(n)⊛ x_1(n)$$

即循环卷积亦满足交换律。

4. 频域循环卷积定理

如果 $x(n)=x_1(n)x_2(n)$，则

$$\begin{aligned}X(k) &= \mathrm{DFT}[x(n)] = \frac{1}{N} X_1(k) ⊛ X_2(k) \\ &= \frac{1}{N} \sum_{l=0}^{N-1} x_1(l) x_2((k-l))_N R_N(k)\end{aligned} \qquad 式(3.17)$$

或

$$\begin{aligned}X(k) &= \frac{1}{N} X_2(k) ⊛ X_1(k) \\ &= \frac{1}{N} \sum_{m=0}^{N-1} x_2(m) x_1((k-m))_N R_N(k)\end{aligned} \qquad 式(3.18)$$

式中

$$\left.\begin{aligned}X_1(k) &= \mathrm{DFT}[x_1(n)] \\ X_2(k) &= \mathrm{DFT}[x_2(n)]\end{aligned}\right\}, 0 \leqslant k \leqslant N-1$$

证明略。

通过下面的例子，说明如何利用 DFT 和 IDFT 计算循环卷积。

【例 3.5】 设序列 $x_1(n)=\{\underline{2},1,2,1\}$ 和 $x_2(n)=\{\underline{1},2,3,4\}$，试求两个序列的循环卷积 $y(n)=x_1(n)⊛ x_2(n)$。

解 首先计算两个序列的 DFT，然后求逆变换 IDFT。

$x_1(n)$ 的 4 点 DFT 为

$$\begin{aligned}X_1(k) &= \mathrm{DFT}[x_1(n)] = \sum_{n=0}^{3} x_1(n) \mathrm{e}^{-\mathrm{j}2\pi nk/4} R_4(k) \\ &= (1 + \mathrm{e}^{-\mathrm{j}\pi k/2} + 2\mathrm{e}^{-\mathrm{j}\pi k} + \mathrm{e}^{-\mathrm{j}3\pi k/2}) R_4(k)\end{aligned}$$

因此，可得 $X_1(0)=6, X_1(1)=0, X_1(2)=2, X_1(3)=0$

同理，$x_2(n)$的4点DFT为

$$X_2(k)=1+2e^{-j\pi k/2}+3e^{-j\pi k}+4e^{-j3\pi k/2}$$

因此，可得 $X_2(0)=10, X_2(1)=-2+j2, X_2(2)=-2, X_2(3)=2-j2$

由时域卷积定理知 $Y(k)=X_1(k)X_2(k)$，因此有

$$Y(0)=X_1(0)X_2(0)=60, Y(1)=X_1(1)X_2(1)=0,$$

$$Y(2)=X_1(2)X_2(2)=-4, Y(3)=X_1(3)X_2(3)=0,$$

故，两个序列的循环卷积

$$\begin{aligned} y(n)&=\mathrm{IDFT}[Y(k)]=\frac{1}{4}\sum_{k=0}^{3}Y(k)e^{j2\pi nk/4}R_4(n) \\ &=\frac{1}{4}(60-4e^{j\pi n})R_4(n) \end{aligned}$$

即，$y(0)=14, y(1)=16, y(2)=14, y(3)=16$，所以 $y(n)=\{14,16,14,16\}$。

3.2.4 DFT的共轭对称性

其实在2.1.2节中讨论的DTFT的对称性是指关于坐标原点的纵轴为对称性。而以下讨论的DFT对称性，由于DFT中涉及的序列 $x(n)$及其离散傅里叶变换 $X(k)$均为有限长序列，且定义区间为0到 $N-1$，所以这里的对称性是指关于 $N/2$ 点的对称性。

1. 复共轭序列的DFT

设 $x^*(n)$是长度为 M 的有限长序列 $x(n)$的复共轭序列，取 $N\geqslant M$，且 $X(k)=\mathrm{DFT}[x(n)]$，则

$$\mathrm{DFT}[x^*(n)]=X^*((-k))_N R_N(k)=X^*((N-k))_N R_N(k)$$

简记为

$$\mathrm{DFT}[x^*(n)]=X^*(N-k)R_N(k) \qquad \text{式(3.19)}$$

且，$X(N)=X(0)$。

证明　根据DFT的定义并化简得

$$\begin{aligned} \mathrm{DFT}[x^*(n)] &= \sum_{n=0}^{N-1}x^*(n)W_N^{nk}R_N(k) \\ &=\Big[\sum_{n=0}^{N-1}x(n)W_N^{-nk}\Big]^*R_N(k) \\ &=\Big[\sum_{n=0}^{N-1}x(n)W_N^{Nn}W_N^{-nk}\Big]^*R_N(k) \\ &=\Big[\sum_{n=0}^{N-1}x(n)W_N^{(N-k)n}\Big]^*R_N(k) \\ &=X^*(N-k)R_N(k) \end{aligned}$$

又由 $X(k)$ 的隐含周期性，有

$$X(N)=X(0)$$

用同样的方法可以证明

$$\mathrm{DFT}[x^*(N-n)]=X^*(k)R_N(k) \qquad 式(3.20)$$

2. 圆周共轭对称序列和圆周共轭反对称序列

为了区别于傅里叶变换中所定义的共轭对称(或共轭反对称)序列，下面用 $x_{ep}(n)$ 和 $x_{op}(n)$ 分别表示圆周共轭对称序列和圆周共轭反对称序列，则二者满足如下定义式：

$$x_{ep}(n)=x_{ep}^*(N-n),0\leqslant n\leqslant N-1 \qquad 式(3.21)$$

$$x_{op}(n)=-x_{op}^*(N-n),0\leqslant n\leqslant N-1 \qquad 式(3.22)$$

当 N 为偶数时，将上式中的 n 换成 $N/2-n$，可得到：

$$x_{ep}\left(\frac{N}{2}-n\right)=x_{ep}^*\left(\frac{N}{2}+n\right),0\leqslant n\leqslant \frac{N}{2}-1$$

$$x_{op}\left(\frac{N}{2}-n\right)=-x_{op}^*\left(\frac{N}{2}+n\right),0\leqslant n\leqslant \frac{N}{2}-1$$

上式更清楚地说明了圆周共轭对称序列是关于 $n=N/2$ 点对称的，如图 3.6 所示。图中·表示对应点为序列取共轭后的值。

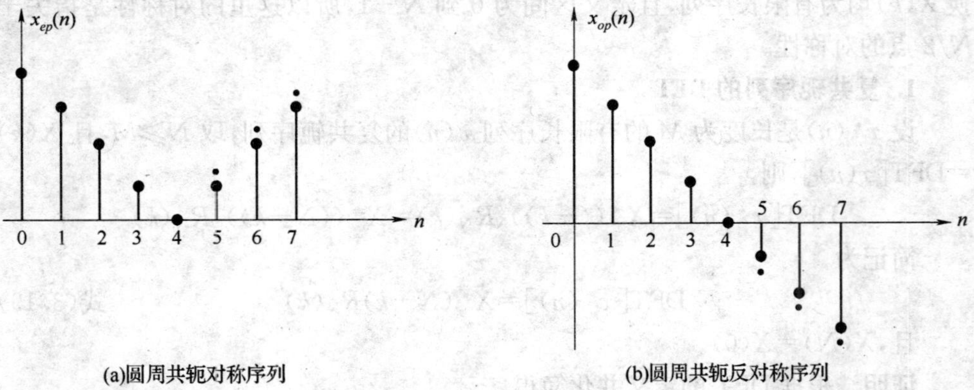

图 3.6 有限长序列对称性示意图

如同任何实函数都可以分解成偶对称分量和奇对称分量一样，任何有限长序列 $x(n)$ 都可以表示成其圆周共轭对称分量和圆周共轭反对称分量之和，即

$$x(n)=x_{ep}(n)+x_{op}(n),0\leqslant n\leqslant N-1 \qquad 式(3.23)$$

将上式中的 n 换成 $N-n$，并取复共轭，再将(3.21)式和(3.22)式代入，得到：

$$x^*(N-n)=x_{ep}^*(N-n)+x_{op}^*(N-n)=x_{ep}(n)-x_{op}(n) \qquad 式(3.24)$$

(3.23)式分别加减(3.24)式，可得

$$x_{ep}(n)=\frac{1}{2}[x(n)+x^*(N-n)] \qquad 式(3.25)$$

$$x_{op}(n)=\frac{1}{2}[x(n)-x^*(N-n)] \qquad 式(3.26)$$

3. DFT 的共轭对称性

(1)如果

$$x(n)=x_r(n)+\mathrm{j}x_i(n) \qquad 式(3.27)$$

其中，

$$x_r(n)=\mathrm{Re}[x(n)]=\frac{1}{2}[x(n)+x^*(n)]$$

$$\mathrm{j}x_i(n)=\mathrm{jIm}[x(n)]=\frac{1}{2}[x(n)-x^*(n)]$$

那么，由式(3.19)和式(3.25)可得

$$\mathrm{DFT}[x_r(n)]=\frac{1}{2}\mathrm{DFT}[x(n)+x^*(n)]$$

$$=\frac{1}{2}[X(k)+X^*(N-k)]$$

$$=X_{ep}(k)$$

由式(3.19)和式(3.26)可得

$$\mathrm{DFT}[\mathrm{j}x_i(n)]=\frac{1}{2}\mathrm{DFT}[x(n)-x^*(n)]$$

$$=\frac{1}{2}[X(k)-X^*(N-k)]$$

$$=X_{op}(k)$$

由 DFT 的线性性质即可得

$$X(k)=\mathrm{DFT}[x(n)]=X_{ep}(k)+X_{op}(k) \qquad 式(3.28)$$

其中

$X_{ep}(k)=\mathrm{DFT}[x_r(n)]$，$X(k)$的共轭对称分量

$X_{op}(k)=\mathrm{DFT}[\mathrm{j}x_i(n)]$，$X(k)$的共轭反对称分量

(2)如果

$$x(n)=x_{ep}(n)+x_{op}(n),0\leqslant n\leqslant N-1 \qquad 式(3.29)$$

其中

$x_{ep}(n)=\frac{1}{2}[x(n)+x^*(N-n)]$，$x(n)$的共轭对称分量

$x_{op}(n)=\frac{1}{2}[x(n)-x^*(N-n)]$，$x(n)$的共轭反对称分量

那么，由式(3.20)可得

$$\mathrm{DFT}[x_{ep}(n)]=\frac{1}{2}\mathrm{DFT}[x(n)+x^*(N-n)]$$

$$=\frac{1}{2}[X(k)+X^*(k)]$$

$$=\mathrm{Re}[X(k)]$$

$$\mathrm{DFT}[x_{op}(n)]=\frac{1}{2}\mathrm{DFT}[x(n)-x^*(N-n)]$$

$$=\frac{1}{2}[X(k)-X^*(k)]$$

$$=\mathrm{jIm}[X(k)]$$

因此

$$X(k)=\mathrm{DFT}[x(n)]=X_{\mathrm{R}}(k)+\mathrm{j}X_{\mathrm{I}}(k) \qquad 式(3.30)$$

其中

$$X_{\mathrm{R}}(k)=\mathrm{Re}[X(k)]=\mathrm{DFT}[x_{ep}(n)]$$

$$\mathrm{j}X_{\mathrm{I}}(k)=\mathrm{jIm}[X(k)]=\mathrm{DFT}[x_{op}(n)]$$

综上所述，可总结出 DFT 的共轭对称性质：如果序列 $x(n)$ 的 DFT 为 $X(k)$，则 $x(n)$ 的实部和虚部（包括 j）的 DFT 分别为 $X(k)$ 的共轭对称分量和共轭反对称分量；而 $x(n)$ 的共轭对称分量和共轭反对称分量的 DFT 分别为 $X(k)$ 的实部和虚部乘以 j。

另外，请读者根据上述共轭对称性证明有限长实序列 DFT 的共轭对称性（见习题）。

设 $x(n)$ 是长度为 N 的实序列，且 $X(k)=\mathrm{DFT}[x(n)]$，则

(1) $X(k)$ 共轭对称，即

$$X(k)=X^*(N-k),0\leqslant k\leqslant N-1 \qquad 式(3.31)$$

(2) 如果 $x(n)=x(N-n)$，则 $X(k)$ 实偶对称，即

$$X(k)=X(N-k) \qquad 式(3.32)$$

(3) 如果 $x(n)=-x(N-n)$，则 $X(k)$ 纯虚奇对称，即

$$X(k)=-X(N-k) \qquad 式(3.33)$$

实际中经常需要对实序列进行 DFT，利用上述对称性质，可减少 DFT 运算量，提高运算效率。例如，计算实序列的 N 点 DFT 时，当 N=偶数时，只需计算前面 $N/2+1$ 点，而 N=奇数时，只需计算前面 $(N+1)/2$ 点，其他点按照式(3.31)即可求得。例如，$X(N-1)=X^*(1)$，$X(N-2)=X^*(2)$，…。这样可减少近一半运算量。

利用 DFT 的共轭对称性，通过计算一个 N 点 DFT，可以得到两个不同实序列的 N 点 DFT，设 $x_1(n)$ 和 $x_2(n)$ 为两个实序列，构造新序列 $x(n)$ 如下：

$$x(n)=x_1(n)+\mathrm{j}x_2(n)$$

对 $x(n)$ 进行 DFT，得到：

$$X(k)=\mathrm{DFT}[x(n)]=X_{ep}(k)+X_{op}(k)$$

由 DFT 的共轭对称性知道：

$$X_{ep}(k)=\mathrm{DFT}[x_1(n)]=\frac{1}{2}[X(k)+X^*(N-k)]$$

$$X_{op}(k)=\mathrm{DFT}[\mathrm{j}x_2(n)]=\frac{1}{2}[X(k)-X^*(N-k)]$$

所以

$$X_1(k)=\mathrm{DFT}[x_1(n)]=\frac{1}{2}[X(k)+X^*(N-k)]$$

$$X_2(k)=\mathrm{DFT}[\mathrm{j}x_2(n)]=\frac{1}{2}[X(k)-X^*(N-k)]$$

【例3.6】 利用DFT的共轭对称性，通过计算一个 $N=4$ 点 DFT，求出 $x_1(n)=\{\underline{1},2,2,1\}$ 和 $x_2(n)=\{\underline{1},2,3\}$ 两个序列的4点DFT。

解 构造新序列 $x(n)=x_1(n)+\mathrm{j}x_2(n)$，则 $x(n)=\{1+\mathrm{j},2+2\mathrm{j},2+3\mathrm{j},1\}$

再由 DFT 的定义得

$$X(k)=\mathrm{DFT}[x(n)]=\sum_{n=0}^{3}x(n)W^{nk}=\sum_{n=0}^{3}x(n)\mathrm{e}^{-\mathrm{j}\frac{2\pi}{4}nk},k=0,1,2,3$$

将 $x(n)$ 各点值代入并化简得

$$X(k)=\{6+6\mathrm{j},1-3\mathrm{j},2\mathrm{j},-3-\mathrm{j}\}$$

由 DFT 的共轭对称性知：$X_1(k)=\mathrm{DFT}[x_1(n)]=X_{ep}(k)=\frac{1}{2}[X(k)+X^*(N-k)]$

因此可得：

$$X_1(0)=\frac{1}{2}[X(k)+X^*(N-k)]=\frac{X(0)+X^*(4)}{2}$$

$$=\frac{X(0)+X^*(0)}{2}=\frac{6+6\mathrm{j}+6-6\mathrm{j}}{2}=6$$

同理得 $X_1(1)=-1-\mathrm{j},X_1(2)=0,X_1(3)=-1+\mathrm{j}$

而 DFT 的共轭对称性 $X_2(k)=\mathrm{DFT}[\mathrm{j}x_2(n)]=X_{op}(k)=\frac{1}{2}[X(k)-X^*(N-k)]$

因此可得 $X_2(0)=6,X_2(1)=-2-2\mathrm{j},X_2(2)=2,X_2(3)=-2+2\mathrm{j}$

3.2.5 DFT 形式下的帕斯维尔定理

帕斯维尔定理可用于信号能量的计算，其定理为

$$\sum_{n=0}^{N-1}|x(n)|^2=\frac{1}{N}\sum_{k=0}^{N-1}|X(k)|^2 \qquad \text{式(3.34)}$$

式中，$\frac{|X(k)|^2}{N}$ 称为有限长序列的能谱。类似地，对周期信号 $\frac{|\widetilde{X}(k)|^2}{N}$ 称作有限长

序列的功率能谱。它用频率分量$|X(k)|^2$表示有限长序列的能谱$x(n)$中的能量。

到此可总结出 DFT 的性质，如表 3.2 所示。

表 3.2 DFT 性质

序号	名称	时域	DFT
1	线性性	$ax_1(n)+bx_2(n)$	$aX_1(k)+bX_2(k)$
2	循环位移性	$y(n)=x((n+m))_N R_N(n)$	$Y(k)=W_N^{-mk}X(k)$
		$y(n)=W_N^{nl}x(n)$	$Y(k)=X((k+l))_N R_N(k)$
3	循环卷积定理	$x_1(n) \circledast x_2(n)$	$Y(k)=X_1(k)X_2(k)$
		$x_1(n)x_2(n)$	$\frac{1}{N}\sum_{m=0}^{N-1}x_1(m)x_2((k-m))_N R_N(k)$
4	共轭序列	$x^*(n)$	$X^*(N-k)$
		$x^*(N-k)$	$X^*(k)$
5	圆周共轭对称性	$x_{ep}(n)$	$\mathrm{Re}[X(k)]$
		$x_{op}(n)$	$\mathrm{jIm}[X(k)]$
		$\mathrm{Re}[x(n)]$	$X_{ep}(k)$
		$\mathrm{jIm}[x(n)]$	$X_{op}(k)$
6	实序列对称性	$x(n)=\mathrm{Re}[x(n)]$	$X_{ep}(k)$
7	纯虚序列	$x(n)=\mathrm{jIm}[x(n)]$	$X_{op}(k)$

3.3 频域采样

时域采样定理告诉我们，在一定条件下，可以由时域离散采样信号恢复原来的连续信号。那么能不能也由频域离散采样恢复原来的信号（或原频率函数）？其条件是什么？内插公式又是什么形式？下面讨论上述问题。

3.3.1 频域采样定理

通过前面的介绍，我们知道 DFT 有明确的物理意义，即 DFT 是$X(e^{j\omega})$在$[0,2\pi]$的N点采样。那么采样点N到底多少点合适呢？

设任意一个非周期绝对可和的序列$x(n)$的 DTFT 为

$$X(e^{j\omega})=\sum_{n=-\infty}^{\infty}x(n)e^{-j\omega n}$$

对它在$[0,2\pi]$上做N点采样得到

$$X(k)=X(e^{j\omega})\Big|_{\omega=\frac{2\pi}{N}k}=\sum_{n=-\infty}^{\infty}x(n)e^{-j\frac{2\pi}{N}nk},0\leqslant k\leqslant N-1 \quad 式(3.35)$$

将 $X(k)$ 看作长度为 N 的有限长序列 $x_N(n)$ 的 DFT,即

$$x_N(n)=\text{IDFT}[X(k)],0\leqslant k\leqslant N-1$$

下面推导序列 $x_N(n)$ 与原序列 $x(n)$ 之间的关系,并导出频域采样定理。

由 DFT 与 DFS 的关系可知,$X(k)$ 是 $x_N(n)$ 以 N 为周期的周期延拓序列 $\tilde{x}(n)$ 的离散傅里叶级数系数 $\tilde{X}(k)$ 的主值序列,即

$$\tilde{X}(k)=X((k))_N=\text{DFS}[\tilde{x}(n)]$$

$$X(k)=\tilde{X}(k)R_N(k)$$

$$\begin{aligned}\tilde{x}(n)&=x_N((n))_N=\text{IDFS}[\tilde{X}(k)]\\&=\frac{1}{N}\sum_{k=0}^{N-1}X(k)W_N^{-nk}\\&=\frac{1}{N}\sum_{k=0}^{N-1}\tilde{X}(k)W_N^{-nk}\end{aligned}$$

将式(3.35)代入上式得

$$\begin{aligned}\tilde{x}(n)&=\frac{1}{N}\sum_{k=0}^{N-1}\Big[\sum_{m=-\infty}^{\infty}x(m)W_N^{km}\Big]W_N^{-nk}\\&=\sum_{m=-\infty}^{\infty}x(m)\frac{1}{N}\sum_{k=0}^{N-1}W_N^{k(m-n)}\end{aligned}$$

式中

$$\frac{1}{N}\sum_{k=0}^{N-1}W_N^{k(m-n)}=\begin{cases}1 & m=n+rN,r\text{ 为整数}\\0 & \text{其他 }m\end{cases}$$

$$\tilde{x}(n)=\sum_{r=-\infty}^{\infty}x(n+rN)\qquad\text{式(3.36)}$$

所以

$$x_N(n)=\tilde{x}(n)R_N(n)=\sum_{r=-\infty}^{\infty}x(n+rN)R_N(n)\qquad\text{式(3.37)}$$

式(3.37)说明,$X(e^{j\omega})$ 在 $[0,2\pi]$ 的 N 点等间隔采样 $X(k)$ 的 IDFT 为原序列 $x(n)$ 以 N 为周期的周期延拓序列的主值序列,还说明频域采样会造成时域的周期延拓,这也映衬了时域与频域的对偶关系。

如果序列 $x(n)$ 的长度为 M,则只有当频域采样点数 $N\geqslant M$ 时,才有

$$x_N(n)=\text{IDFT}[X(k)]=x(n)\qquad\text{式(3.38)}$$

即可由频域采样 $X(k)$ 恢复原序列 $x(n)$,否则产生时域混叠现象。这就是所谓的频域采样定理。

因此只要满足频域采样定理,频域采样 $X(k)$ 就能恢复原序列 $x(n)$,那么也一

定能由 $X(k)$ 恢复 $X(z)$ 和 $X(\mathrm{e}^{\mathrm{j}\omega})$。如何由 $X(k)$ 恢复 $X(z)$ 和 $X(\mathrm{e}^{\mathrm{j}\omega})$ 呢？下面首先推导用 $X(k)$ 表示 $X(z)$ 的内插公式和内插函数。

3.3.2 内插公式和内插函数

设序列 $x(n)$ 的长度为 M，在频域 $0\sim2\pi$ 之间等间隔采样 N 点，且 $N\geqslant M$，则有

$$X(z)=\sum_{n=0}^{N-1}x(n)z^{-n}$$

因为，满足频率采样定理，所以有

$$x(n)=\mathrm{IDFT}[X(k)]=\frac{1}{N}\sum_{k=0}^{N-1}X(k)W_N^{-kn} \qquad \text{式(3.39)}$$

将式(3.39)代入 $X(z)$ 中并化简

$$\begin{aligned}X(z)&=\sum_{n=0}^{N-1}\left[\frac{1}{N}\sum_{k=0}^{N-1}X(k)W_N^{-kn}\right]z^{-n}\\&=\frac{1}{N}\sum_{k=0}^{N-1}X(k)\sum_{n=0}^{N-1}W_N^{-kn}z^{-n}\\&=\frac{1}{N}\sum_{k=0}^{N-1}X(k)\frac{1-W_N^{-kN}z^{-N}}{1-W_N^{-k}z^{-1}}\end{aligned}$$

式中，$W_N^{-kN}=1$，因此

$$X(z)=\frac{1}{N}\sum_{k=0}^{N-1}X(k)\frac{1-z^{-N}}{1-W_N^{-k}z^{-1}} \qquad \text{式(3.40)}$$

令

$$\varphi_k(z)=\frac{1}{N}\frac{1-z^{-N}}{1-W_N^{-k}z^{-1}} \qquad \text{式(3.41)}$$

则

$$X(z)=\sum_{k=0}^{N-1}X(k)\varphi_k(z) \qquad \text{式(3.42)}$$

式(3.42)称为用 $X(k)$ 表示 $X(z)$ 的内插公式，$\varphi_k(z)$ 称为内插函数。

再推导由 $X(k)$ 恢复 $X(\mathrm{e}^{\mathrm{j}\omega})$。我们利用单位圆上的 Z 变换就是 $X(\mathrm{e}^{\mathrm{j}\omega})$，所以将 $z=\mathrm{e}^{\mathrm{j}\omega}$ 代入式(3.41)和式(3.42)得

$$X(\mathrm{e}^{\mathrm{j}\omega})=\sum_{k=0}^{N-1}X(k)\varphi_k(\mathrm{e}^{\mathrm{j}\omega})$$

$$\varphi_k(\mathrm{e}^{\mathrm{j}\omega})=\frac{1}{N}\frac{1-\mathrm{e}^{-\mathrm{j}\omega N}}{1-\mathrm{e}^{-\mathrm{j}(\omega-2\pi k/N)}}$$

进一步化简，由 $\varphi_k(\mathrm{e}^{\mathrm{j}\omega})$ 仅在采样点 $e^{j\frac{2\pi}{N}k}$ 处不为零可得

$$X(\mathrm{e}^{\mathrm{j}\omega})=\sum_{k=0}^{N-1}X(k)\varphi\left(\omega-\frac{2\pi}{N}k\right) \qquad \text{式(3.43)}$$

$$\varphi(\omega)=\frac{1}{N}\frac{\sin(\omega N/2)}{\sin(\omega/2)}e^{-j\omega\left(\frac{N-1}{2}\right)} \qquad 式(3.44)$$

式(3.43)和式(3.44)称 $X(e^{j\omega})$的内插公式和内插函数。其实在数字滤波器的结构与设计中,频率采样理论及有关公式可提供一种有用的滤波器结构和滤波器设计途径。

3.3.3 采样周期、记录长度及其频率分辨率

我们知道,序列常常可通过对连续信号经过时域采样而获得,为了避免混叠,时域采样应遵循时域采样定理。而对序列采用 DFT 分析时,为了避免栅栏效应和频谱泄漏则应遵循频域采样定理。为此有必要对与时域采样和频率采样有关的参数进行选择。

1. 涉及的概念

频率分辨率:通过频域窗口观察到的频率宽度,就是频率的采样间隔,称频率分辩率用符号 F 表示。它表明信号中两个靠的很近的谱峰区分开的能力。

截断时间:是指连续信号持续时间,也是信号的记录长度,用符号 T_p 表示。

2. 涉及的参数及其关系

与两种采样有关的参数有:信号的最高频率 f_c、采样频率 f_s,采样间隔也称采样周期为 T、频域采样点数 N、频率采样间隔也称频率分辨率 F 以及信号记录长度 T_p。它们的关系为 $F=f_s/N=1/NT=1/T_p$。采样频率 f_s 决定频率分析范围,根据频率的分辨率确定频率采样两点之间的间隔 F,F 越小频谱越密,计算量越大。为了减少运算量,实际中往往采用 DFT 的快速算法,频域采样点数 N 要根据快速算法要求来选择,如使用基 2FFT,一般取 $N=2^M$,M 为正整数。

3. 参数选择的一般原则

(1)采样频率 f_s 应满足奈奎斯特采样定理(即时域采样定理)

设 $f_s\geqslant 2f_C$,则 $T\leqslant\frac{1}{2f_C}$,实际选择时一般取 $f_s\geqslant(3f_C\sim 5f_C)$。

(2)根据所需频率分辨率 F 确定信号的记录长度 T_P

$$T_p\geqslant\frac{1}{F}=NT=\frac{N}{f_s}$$

(3)如果频率分辨率 F 和信号的最高频率f_C 给定,则必须满足

$$N\geqslant\frac{2f_C}{F}$$

(4)在保持频率分辨率 F 不变的情况下,若需增加所分析信号的最高频率 f_C,或保持信号最高频率f_C不变,要提高频率分辨率 F(即减小 F),则需增加采样点数 N。

3.4 DFT 的应用举例

3.4.1 用 DFT 计算线性卷积

在分析离散时间线性时不变系统时，一个最重要的运算就是卷积和，为区分循环卷积又称卷积和为线性卷积。一般应用中的 FIR 滤波器通常就是用线性卷积实现的，另一方面 DFT 也是在频域中实现线性系统运算的一种有效方法。那么如何用 DFT 计算两个序列的线性卷积呢？因为 DFT 只能直接用来计算循环卷积，因此，应导出线性卷积和循环卷积之间的关系以及循环卷积与线性卷积相等的条件。

如果 $x(n)$和 $h(n)$是长度分别为 N 和 M 的有限长序列，其线性卷积

$$y_l(n)=x(n)*h(n)=\sum_{m=0}^{N-1}x(m)h(n-m) \qquad \text{式(3.45)}$$

它们的 L 点循环卷积为

$$y_c(n)=x(n)\circledast h(n)=\sum_{m=0}^{L-1}x(m)h((n-m))_L R_L(n) \qquad \text{式(3.46)}$$

其中，$L\geqslant\max(N,M)$，又 $h((n))_L=\sum_{r=-\infty}^{\infty}h(n+rL)$，所以

$$\begin{aligned}y_c(n)&=\sum_{m=0}^{N-1}x(m)\sum_{r=-\infty}^{\infty}h(n-m+rL)R_L(n)\\&=\sum_{r=-\infty}^{\infty}\sum_{m=0}^{N-1}x(m)h(n+rL-m)R_L(n)\end{aligned}$$

对照式(3.45)可以看出，上式中

$$\sum_{m=0}^{N-1}x(m)h(n+rL-m)=y_l(n+rL)$$

即

$$y_c(n)=\sum_{r=-\infty}^{\infty}y_l(n+rL)R_L(n) \qquad \text{式(3.47)}$$

式(3.47)说明循环卷积 $y_c(n)$是线性卷积 $y_l(n)$以 L 为周期的周期延拓序列的主值序列。但必须保证 $y_l(n)$以 L 为周期时不发生混叠。我们知道 $y_l(n)$序列的长度为 $N+M-1$，因此只有当循环卷积长度 $L\geqslant N+M-1$ 时，$y_l(n)$以 L 为周期进行周期延拓才无混叠现象。此时，取其主值序列显然满足 $y_c(n)=y_l(n)$。由此证明了循环卷积等于线性卷积的条件是 $L\geqslant N+M-1$。

也就是说通过补零使 $x(n)$和 $h(n)$都为 $L\geqslant N+M-1$ 长的序列，那么可知循环卷积与线性卷积相等。因此通过循环卷积的计算可求得线性卷积。

循环卷积的计算既可在时域直接计算，也可以按照图 3.7 所示的计算框图在频域计算。由于 DFT 有快速算法 FFT(快速傅立叶变换)，当 N 很大时，在频域计

算的速度比时域快得多,因而常用 DFT 计算循环卷积,故常称其为快速卷积。

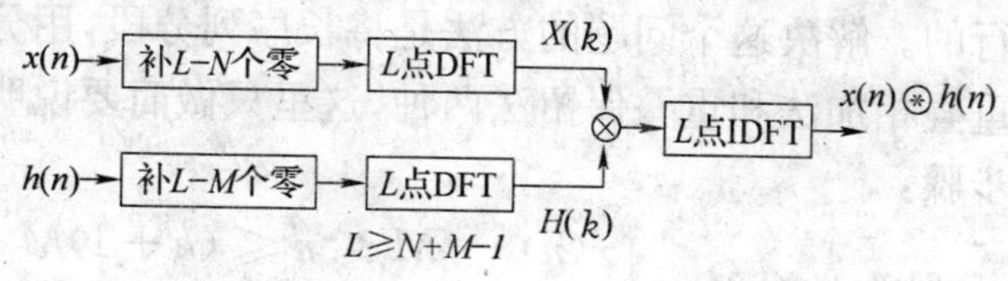

图 3.7　DFT 计算循环卷积

图 3.7 的具体步骤是

(1)对序列 $x(n)$和 $h(n)$补零,使其长度 N 大于等于 $N+M-1$;

(2)求 $x(n)$和 $h(n)$的 L 点 DFT,得到 $X(k)$和 $H(k)$;

(3)将 $X(k)$和 $H(k)$相乘,得 $Y(k)=X(k)H(k)$;

(4)求 $y(n)=\mathrm{IDFT}[Y(k)]$。

图 3.8 中画出了 $h(n)$、$x(n)$、$h(n)*x(n)$和 L 分别取 6、8、10 时,$h(n)⊛x(n)$的波形。由于 $h(n)$长度 $N=4$,$x(n)$长度 $M=5$,$N+M-1=8$,所以只有 $L\geqslant 8$ 时,$h(n)⊛x(n)$波形才与 $h(n)*x(n)$相同,从图上就看出了这一点。

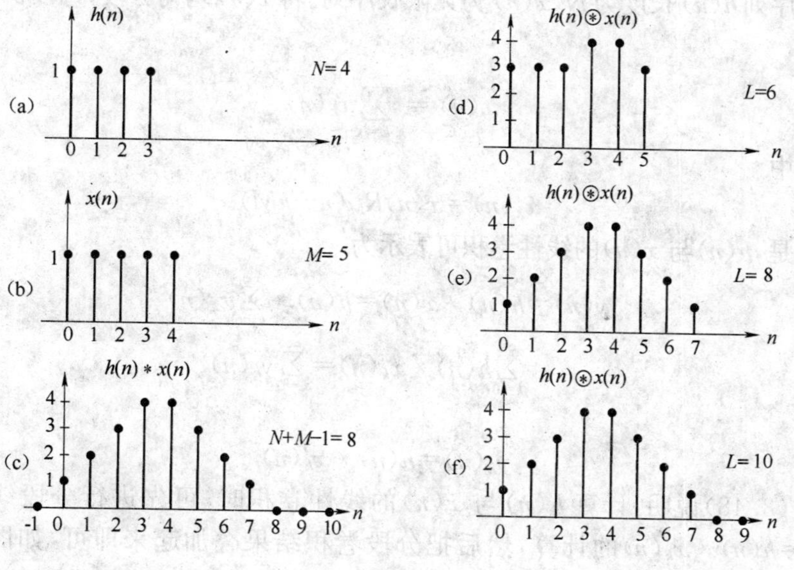

图 3.8　线性卷积与循环卷积比较

实际上,经常遇到两个序列的长度相差很大的情况,例如 $M\gg N$。如选取 $L=N+M-1$ 及以上为运算区间,并用上述快速卷积法计算线性卷积,则要求对短序列补充很多零点,长序列必须全部输入后才能进行快速计算。因此要求存贮容量大,运算时间长,并使处理延时很大,很难实时处理。况且在某些应用场合,序列长度不定或者认为是无限长，如语音信号和地震信号等。在要求实时处理时，直接套用上述方法是不行的。解决这个问题的方法是将长序列分段，用分段卷积计算，这种分段处理法有重叠相加法和重叠保留法两种，这里只做简要说明。

重叠相加法步骤：

(1) 将 $x(n)$ 分段为 $x_k(n)=\begin{cases}x(n) & kM\leqslant n\leqslant (k+1)M-1\\ 0 & \text{其他}\end{cases}$

式中，k，M 分别表示段和段的长度，$x(n)=\sum\limits_{k=0}^{\infty}x_k(n)$

(2) $y_k(n)=x_k(n)*h(n)$

式中，$y_k(n)$ 是 $L=N+M-1$ 的卷积，$x_k(n)$ 补 $L-M$ 个零点，$h(n)$ 补 $L-N$ 个零点

(3) $y(n)=\sum\limits_{k=0}^{\infty}y_k(n)$

说明如下。

重叠相加法是由分段卷积相加后得到的。

设序列 $h(n)$ 长度为 N，$x(n)$ 为无限长序列。将 $x(n)$ 均匀分段，每段长度取 M，则

$$x(n)=\sum_{k=0}^{\infty}x_k(n)$$

式中

$$x_k(n)=x(n)R_M(n-kM)$$

于是，$h(n)$ 与 $x(n)$ 的线性卷积可表示为

$$\begin{aligned}y(n)&=h(n)*x(n)=h(n)*\sum_{k=0}^{\infty}x_k(n)\\&=\sum_{k=0}^{\infty}h(n)*x_k(n)=\sum_{k=0}^{\infty}y_k(n)\end{aligned}$$

式中

$$y_k(n)=h(n)*x_k(n) \tag{3.48}$$

式(3.48)说明，计算 $h(n)$ 与 $x(n)$ 的线性卷积时，可先进行分段线性卷积 $y_k(n)=h(n)*x_k(n)$ 的计算，然后把分段卷积结果叠加起来即可，如图 3.9 所示。每一分段卷积 $y_k(n)$ 的长度为 $N+M-1$，因此 $y_k(n)$ 与 $y_{k+1}(n)$ 有 $N-1$ 个点重叠，必须把重叠部分的 $y_k(n)$ 与 $y_{k+1}(n)$ 相加，才能得到完整的卷积序列 $y(n)$。显然可用快速卷积法计算分段卷积，快速卷积的计算区间为 $L=N+M-1$。由图 3.9 可以看出，当第二个分段卷积 $y_1(k)$ 计算完后，叠加重叠点便可得输出序列 $y(n)$ 的前 $2M$ 个值，同样道理，分段卷积 $y_i(n)$ 计算完后，就可得到 $y(n)$ 第 i 段的 M 个序列值。因此，这种方法不要求大的存储容量，且运算量和延

时也大大减少。

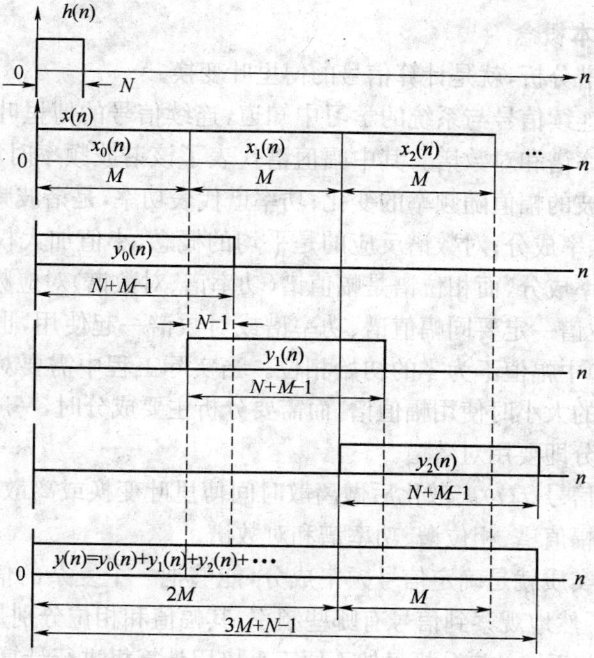

图 3.9　重叠相加法卷积示意图

2. 重叠保留法

重叠保留法步骤：

(1)$x(n)$分段：

$$x_k(n)=\begin{cases}x[n+kM-(N-1)] & 0\leqslant n\leqslant L-1\\ 0 & \text{其他}\end{cases}$$

(2)做 $x_k(n)$与 $h(n)$的 L 点循环卷积：

$$y'_k(n)=x_k(n)\circledast h(n)$$

(3)每段的输出 $y_k(n)$实际是将 $y'_k(n)$左移 $N-1$ 点，再取出 $0\leqslant n\leqslant M-1$ 点作为 $y_k(n)$，即

$$y_k(n)=\begin{cases}y'_k(n+N-1) & 0\leqslant n\leqslant L-1\\ 0 & \text{其他}\end{cases}$$

(4)最后将每段的输出拼接组合起来，得到

$$y(n)=\sum_{k=0}^{\infty}y_k(n+kM)$$

3.4.2 用 DFT 对信号进行频谱分析

1. 谱分析基本概念

所谓信号的谱分析，就是计算信号的傅里叶变换。

我们已经在连续信号与系统的学习中知道，连续信号的傅里叶变换定义了幅值谱、相位谱、功率谱和对数谱。其中幅值谱代表了该谐波频率时域信号的幅值，是时域信号各谐波的幅值随频率的变化；功率谱代表功率，是谐波频率时域信号的自乘，突出主要频率成分；对数谱反应的是平均的概念，小值加大权，大值加小权，突出幅值小的频率成分，而相位谱是幅值谱（功率谱、对数谱）对应频率成分的初始相位值，所以相位谱一定要同幅值谱、功率谱或对数谱一起使用，也只分析幅值谱（功率谱、对数谱）中幅值不为零的初始相位。当实际工程中需要对比分析信号中各频率成分幅值的大小时使用幅值谱，而需要分析主要成分时，一般用功率谱。当然要分析所有成分即要用对数谱。

相应地连续信号 $x(t)$ 离散化后做离散时间傅里叶变换或离散傅里叶变换，同样能得到离散的幅值谱、相位谱、功率谱和对数谱。

频谱分析其实质就是确定信号频率成分，能够把一个复杂的信号变成简单的频率信号，一目了然地观察到信号有哪些频率，其幅值和相位分别是多少。

对连续信号与系统的谱分析显然不便于直接用计算机进行计算，使其应用受到限制，而 DFT 是一种时域和频域均离散化的变换，适合数值运算，成为分析离散信号和系统的有力工具。对连续信号和系统，可以通过时域采样，应用 DFT 进行近似谱分析。下面分别介绍用 DFT 对连续信号和序列进行谱分析的基本原理和方法。

2. 用 DFT 对连续信号进行谱分析

在工程实际中，经常遇到的连续信号 $x_a(t)$，其频谱函数 $X_a(j\Omega)$ 也是连续函数。为了利用 DFT 对 $x_a(t)$ 进行频谱分析，先对 $x_a(t)$ 进行时域采样，得到 $x(n)=x_a(nT)$，再对 $x(n)$ 进行 DFT，得到的 $X(k)$ 则是 $x(n)$ 的傅里叶变换 $X(e^{j\omega})$ 在频率区间 $[0,2\pi]$ 上的 N 点等间隔采样。这里 $x(n)$ 和 $X(k)$ 均为有限长序列。然而，由傅里叶变换理论知道，若信号持续时间有限长，则其频谱无限宽；若信号的频谱有限宽，则其持续时间无限长。所以严格地讲，持续时间有限的带限信号是不存在的。因此，按采样定理采样时，上述两种情况下的采样序列 $x(n)=x_a(nT)$ 均应为无限长，不满足 DFT 的变换条件。实际上对频谱很宽的信号，为防止时域采样后产生频谱混叠失真，可用预滤波法滤除幅度较小的高频成分，使连续信号的带宽小于折叠频率。对于持续时间很长的信号，采样点数太多以致无法存储和计算，只好截取有限点 $x(n)d(n)$ 后进行 DFT，$d(n)$ 可以是矩形序列也可以是其他窗函数，有关窗函数的内容将在 FIR 数字滤波器设计中详细叙述，参见 6.3.3 节。可见，用 DFT 对连续信号进行谱分析必然是近似的，其用 $X(k)$ 逼近 $X_a(j\Omega)$

的过程可简略地用图 3.10 表示,其波形如图 3.11 所示。其近似程度与信号带宽、采样频率和截取长度有关,分析如下。

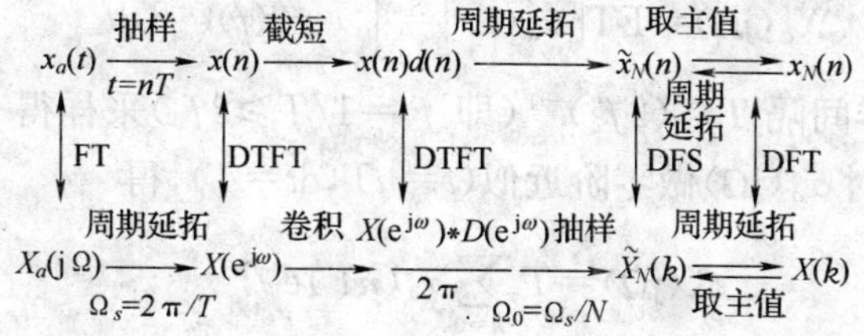

图 3.10　用 DFT 分析连续信号频谱过程

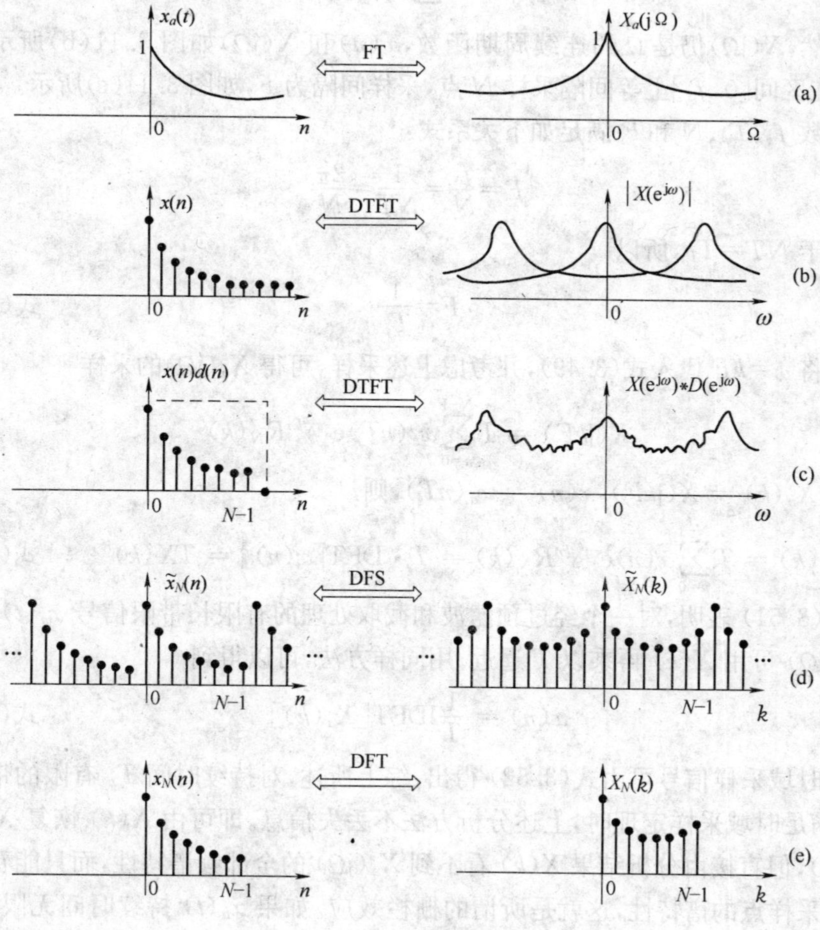

图 3.11　用 DFT 分析连续信号频谱原理

连续信号 $x_a(t)$ 持续时间为 T_p，最高频率为 f_c，如图 3.11(a)所示。$x_a(t)$ 的傅里叶变换为

$$X_a(\mathrm{j}\Omega)=\mathrm{FT}[x_a(t)]=\int_{-\infty}^{\infty} x_a(t)\mathrm{e}^{-\mathrm{j}\Omega t}\mathrm{d}t$$

对 $x_a(t)$ 以采样间隔 $T\leqslant(2f_c)^{-1}$（即 $f_s=1/T\geqslant 2f_c$）采样得 $x(n)=x_a(nT)$。设共采样 N 点，并对 $x_a(\mathrm{j}\Omega)$ 做零阶近似（$t=nT,\mathrm{d}t=T$），得

$$X(\mathrm{j}\Omega)=T\sum_{n=0}^{N-1}x_a(nT)\mathrm{e}^{-\mathrm{j}\Omega nT}$$

将 $\omega=\Omega T$，代入上式右边得

$$X(\mathrm{j}\Omega)=T\sum_{n=0}^{N-1}x_a(nT)\mathrm{e}^{-\mathrm{j}\omega n} \qquad \text{式(3.49)}$$

显然，$X(\mathrm{j}\Omega)$ 仍是 Ω 的连续周期函数，$x(n)$ 和 $X(\mathrm{j}\Omega)$ 如图 3.11(b)所示。对 $X(\mathrm{j}\Omega)$ 在区间 $[0,f_s]$ 上等间隔采样 N 点，采样间隔为 F，如图 3.11(e)所示。

参数 f_s、T_p、N 和 F 满足如下关系式：

$$F=\frac{f_s}{N}=\frac{1}{NT}=\frac{2\pi}{N}$$

由于 $NT=T_P$，所以

$$F=\frac{1}{T_p} \qquad \text{式(3.50)}$$

再将 $\omega=kF$ 代入式(3.49)，并考虑上述采样，可得 $X_a(\mathrm{j}\Omega)$ 的采样

$$X(\mathrm{j}kF)=T\sum_{n=0}^{N-1}x_a(nT)\mathrm{e}^{-\mathrm{j}\frac{2\pi}{N}kn}R_N(k)$$

令 $X_a(k)=X(\mathrm{j}kF)$，$x(n)=x_a(nT)$，则

$$X_a(k)=T\sum_{n=0}^{N-1}x(n)\mathrm{e}^{-\mathrm{j}\frac{2\pi}{N}kn}R_N(k)=T\cdot\mathrm{DFT}[x(n)]=TX(k) \qquad \text{式(3.51)}$$

式(3.51) 表明，对一个经过预滤波和截取处理的有限长带限信号 $x_a(t)$，它的谱 $X_a(\mathrm{j}\Omega)$ 可用 $X(k)$ 再乘以 T 逼近。用同样方法，可以得到

$$x(n)=\frac{1}{T}\mathrm{IDFT}[X_a(k)] \qquad \text{式(3.52)}$$

即时域采样信号可由式(3.52) 得出。综上所述，对持续时间 T_p 有限的带限信号，在满足时域采样定理时，上述分析方法不丢失信息。即可由 $X(k)$ 恢复 $X_a(\mathrm{j}\Omega)$ 或 $x_a(t)$，但直接由分析结果 $X(k)$ 看不到 $X_a(\mathrm{j}\Omega)$ 的全部频谱特性，而只能看到 N 个离散采样点的谱特性，这就是所谓的栅栏效应。如果 $x_a(t)$ 持续时间无限长，上述分析中要进行截断处理，这还会产生频率混叠和泄漏现象，从而使谱分析产生误差。稍后将讨论上述问题产生的原因及改进措施，这里只简要说明如下。

理想低通滤波器的单位冲激响应 $h_a(t)$ 及其频率响应函数 $H_a(\mathrm{j}\Omega)$ 如图 3.12 (*a*)、(*b*)所示。图中,

$$h_a(t)=\frac{\sin(\pi t)}{\pi t}$$

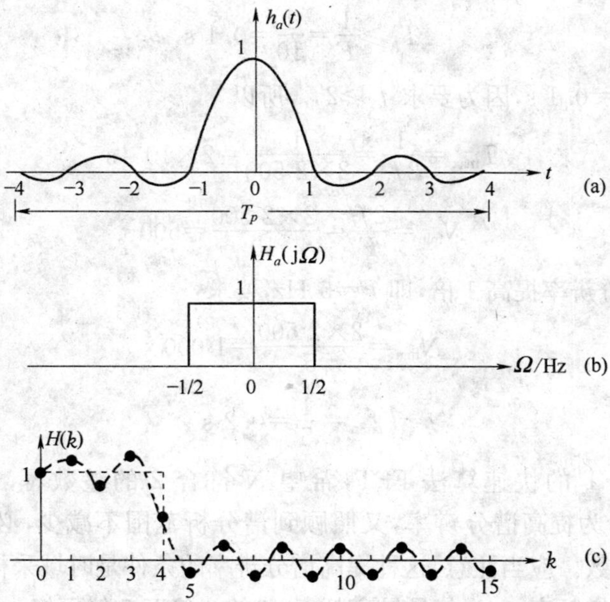

图 3.12　用 DFT 计算理想低通滤波器频率响应曲线

现在用 DFT 来分析 $h_a(t)$ 的频率响应特性。由于 $h_a(t)$ 的持续时间为无限长,所以要截取一段 T_p,假设 $T_p=8$ s,则采样间隔 $T=0.25$ s(即采样频率 $f_s=4$ Hz),则采样点数 $N=T_p/T=32$;此时频域采样间隔 $F=1/NT=0.125$ Hz,则

$$H(k)=T\cdot\mathrm{DFT}[h(n)],0\leqslant k\leqslant 31$$

其中
$$h(n)=h_a(nT)R_{32}(n)$$

$H(k)$ 的曲线如图 3.12(c)所示。由图可见,低频部分近似理想低通频率响应特性,而高频误差较大,且整个频率响应都有波动。这些差别就是由于对 $h_a(t)$ 截断所产生的。为减少这种截断误差,可适当加长 T_p,增加采样点数 N 或用窗函数处理后再进行 DFT。

在对连续信号进行谱分析时,主要关心两个问题,这就是谱分析范围和频率分辨率。谱分析范围受采样频率 f_s 的限制。为了不产生频率混叠失真,通常要求信号的最高频率 $f_c<T/2$。频率分辨率用频率采样间隔 F 描述,表示谱分析中能够分辨的两个频谱分量的最小间隔。显然,F 越小,谱分析就越接近 $X_a(\mathrm{j}\Omega)$,所以 F

较小时，我们称频率分辨率较高。参数 f_c 和 F 的选择参见 3.4.2 节。

【例 3.7】 对实信号进行谱分析，要求谱分辨率 $F\leqslant 10$ Hz，信号最高频率 $f_c=2.5$ kHz，试确定最小记录时间 $T_{P\min}$，最大的采样间隔 $T_{\max}$，最少的采样点数 $N_{\min}$。如果 f_c 不变，要求谱分辨率增加 1 倍，最少的采样点数和最小记录时间是多少？

解
$$T_p\geqslant\frac{1}{F}=\frac{1}{10}=0.1\ \text{s}$$

因此 $T_{p\min}=0.1$ s，因为要求 $f_s\geqslant 2f_c$，所以

$$T_{\max}=\frac{1}{2f_c}=\frac{1}{2\times 2\,500}=2\times 10^{-4}\,\text{s}$$

$$N_{\min}=\frac{2f_c}{F}=\frac{2\times 2\,500}{10}=500$$

为使频率分辨率提高 1 倍，即 $F=5$ Hz，要求：

$$N_{\min}=\frac{2\times 2\,500}{5}=1\,000$$

$$T_{p\min}=\frac{1}{5}=0.2\ \text{s}$$

为使用 DFT 的快速算法 FFT，希望 N 符合 2 的整数幂，为此选用 $N=1024$ 点。可见，为提高谱分辨率，又照顾到谱分析范围不减少，必须增长记录时间，增加采样点数。应当注意，这种提高谱分辨率的条件是时域采样必须满足采样定理，甚至取采样频率 f_s 为信号最高频率 f_c 的 3 倍至 5 倍更好。

3. 用 DFT 对序列进行谱分析

单位圆上的 Z 变换就是序列的傅里叶变换，即

$$X(e^{j\omega})=X(z)\Big|_{z=e^{j\omega}}$$

$X(e^{j\omega})$是 ω 的连续周期函数。如果对序列 $x(n)$进行 N 点 DFT，得到 $X(k)$，$X(k)$是在区间$[0,2\pi]$上对 $X(e^{j\omega})$的 N 点等间隔采样。因此序列的傅里叶变换可利用 DFT 来计算。

对周期为 N 的周期序列 $\tilde{x}(n)$，其频谱函数为

$$X(e^{j\omega})=\text{DTFT}[\tilde{x}(n)]=\frac{2\pi}{N}\sum_{k=-\infty}^{\infty}\tilde{X}(k)\delta\left(\omega-\frac{2\pi}{N}k\right)$$

其中

$$\tilde{X}(k)=\text{DFS}[\tilde{x}(n)]=\sum_{n=0}^{N-1}\tilde{x}(n)e^{-j\frac{2\pi}{N}kn}$$

由于 $\tilde{X}(k)$以 N 为周期，所以 $X(e^{j\omega})$也是以 N 为周期的离散谱，每个周期有 N 条谱线，第 k 条谱线位于 $\omega_k=(2\pi/N)k$ 处，代表 $\tilde{x}(n)$的 k 次谐波分量。而且，

谱线的相对大小与 $\tilde{X}(k)$ 成正比。由此可见，周期序列的频谱结构可用其离散傅里叶级数系数 $\tilde{X}(k)$ 表示。由 DFT 隐含的周期性知道，截取 $\tilde{x}(n)$ 的主值序列 $x(n)=\tilde{x}(n)R_N(n)$，并进行 N 点 DFT，得到

$$X(k)=\text{DFT}[x(n)]=\text{DFT}[\tilde{x}(n)R_N(n)]=\tilde{X}(k)R_N(k)$$

所以可用 $X(k)$ 表示 $\tilde{x}(n)$ 的频谱结构。

如果截取长度 M 等于 $\tilde{x}(n)$ 的整数个周期，即 $M=mN$，m 为正整数，则

$$x_M(n)=\tilde{x}(n)\cdot R_M(n)$$

$$\begin{aligned}X_M(k)&=\text{DFT}[x_M(n)]=\sum_{n=0}^{M-1}\tilde{x}(n)\mathrm{e}^{-\mathrm{j}\frac{2\pi}{M}kn}\\&=\sum_{n=0}^{mN-1}\tilde{x}(n)\mathrm{e}^{-\mathrm{j}\frac{2\pi}{mN}kn},\quad k=0,1,\cdots,mN-1\end{aligned}$$

令 $n=n'+rN$；$r=0,1,\cdots,m-1$；$n'=0,1,\cdots,N-1$，则

$$\begin{aligned}X_M(k)&=\sum_{r=0}^{m-1}\sum_{n'=0}^{N-1}\tilde{x}(n'+rN)\mathrm{e}^{-\mathrm{j}\frac{2\pi(n'+rN)k}{mN}}\\&=\sum_{r=0}^{m-1}\left[\sum_{n=0}^{N-1}x(n)\mathrm{e}^{-\mathrm{j}\frac{2\pi n}{mN}k}\right]\mathrm{e}^{-\mathrm{j}\frac{2\pi}{m}rk}\\&=\sum_{r=0}^{m-1}X\left(\frac{k}{m}\right)\mathrm{e}^{-\mathrm{j}\frac{2\pi}{m}rk}\\&=X\left(\frac{k}{m}\right)\sum_{r=0}^{m-1}\mathrm{e}^{-\mathrm{j}\frac{2\pi}{m}rk}\end{aligned}$$

因为
$$\sum_{r=0}^{m-1}\mathrm{e}^{-\mathrm{j}\frac{2\pi}{m}kr}=\begin{cases}m & k/m=\text{整数}\\0 & k/m\neq\text{整数}\end{cases}$$

所以
$$X_M(k)=\begin{cases}mX\left(\dfrac{k}{m}\right) & k/m=\text{整数}\\0 & k/m\neq\text{整数}\end{cases}$$

由此可见，$X_M(k)$ 也能表示 $\tilde{x}(n)$ 的频谱结构，只是在 $k=rM$ 时，$X_M(rm)=m\tilde{X}(r)$，表示 $\tilde{x}(n)$ 的 r 次谐波谱线，其幅度扩大 m 倍。而其他 k 值时，$X_M(k)=0$。当然，$X(r)$ 与 $X_M(rm)$ 对应点频率是相等的 $\left(\frac{2\pi}{N}r=\frac{2\pi}{mN}\cdot mr\right)$。所以，只要截取 $\tilde{x}(n)$ 的整数个周期进行 DFT，就可得到它的频谱结构，达到谱分析的目的。

如果 $\tilde{x}(n)$ 的周期预先不知道，可先截取 M 点进行 DFT，即

$$x_M(n)=\tilde{x}(n)R_M(n)$$

$$X_M(k)=\text{DFT}[x_M(n)],0\leqslant k\leqslant M-1$$

再将截取长度扩大 1 倍，截取

$$x_{2M}(n)=\tilde{x}(n)R_{2M}(n)$$

$$X_{2M}(k)=\mathrm{DFT}[x_{2M}(n)],0\leqslant k\leqslant 2M-1$$

比较 $X_M(k)$ 和 $X_{2M}(k)$，如果二者的主谱差别满足分析误差要求，则以 $X_M(k)$ 或 $X_{2M}(k)$ 近似表示 $\tilde{x}(n)$ 的频谱，否则，继续将截取长度加倍，直至前后两次分析所得主谱频率差别满足误差要求。设最后截取长度为 rM，则 $X_{rM}(k_0)$ 表示 $\omega=(2\pi/rM)k_0$ 点的谱线强度。

在很多实际应用中，并非整个单位圆上的频谱都很有意义。例如，对于窄带信号，往往只希望对信号所在的一段频带进行谱分析，这时便希望采样能密集地在这段频带内进行，而带外部分可完全不予考虑。另外，有时希望采样点不局限于单位圆上。例如，语音信号处理中，常常需要知道系统极点所对应的频率，如果极点位置离单位圆较远，则其单位圆上的频谱就很平滑，如图 3.13(a)所示，这时很难从中识别出极点对应的频率。如果使采样点轨迹沿一条接近这些极点的弧线或圆周进行，则采样结果将会在极点对应的频率上出现明显的尖峰，如图 3.13(b)所示。这样就能准确地测定出极点频率。对均匀分布在以原点为圆心的任何圆上的 N 点（$z_k=re^{j\frac{2\pi}{N}k},k=0,1,\cdots,N-1$）频谱采样，可用 DFT 计算，而沿螺旋弧线采样，则要用线性调频 Z 变换(CZT)计算。

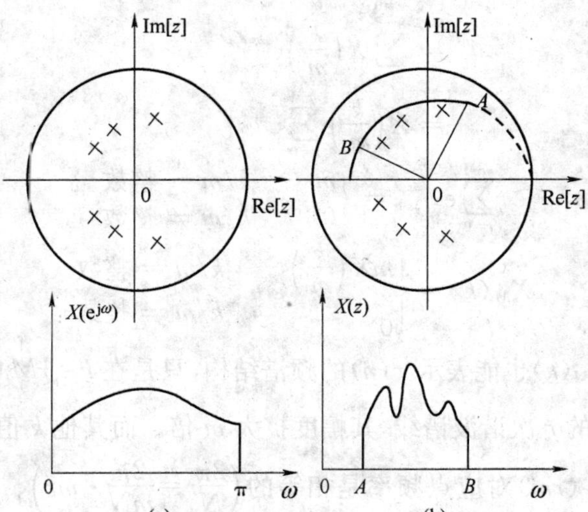

图 3.13 单位圆与非单位圆采用

例如，要求计算序列在半径为 r 的圆上的频谱，那么 N 个等间隔采样点为 $z_k=re^{j\frac{2\pi}{N}k},k=0,1,2,\cdots,N-1$，$z_k$ 点的频谱分量为

$$X(z_k)=X(z)\Big|_{z=z_k}=\sum_{n=0}^{N-1}x(n)r^{-n}e^{-j\frac{2\pi}{N}kn}$$

令 $\tilde{x}(n)=x(n)r^{-n}$，则

$$X(z_k)=\sum_{n=0}^{N-1}\tilde{x}(n)e^{-j\frac{2\pi}{N}kn}=\text{DFT}[\tilde{x}(n)],\ 0\leqslant k\leqslant N-1 \qquad \text{式(3.53)}$$

上式说明，要计算 $x(n)$ 在半径为 r 的圆上的 N 点等间隔频谱分量，可以先对 r 乘以 r^{-n}，再计算 N 点 DFT 即可得到。若要求 $x(n)$ 分布在该圆的有限角度内的 N 点等间隔频谱分量，可以通过尾部补零的方法，仍按式(3.53)用 DFT 分析整个圆上的等间隔频谱，最后只取所需角度内的频谱分量即可。

4. 用 DFT 进行谱分析的误差问题

DFT(实际中用 FFT 计算)可用来对连续信号和数字信号进行谱分析。在实际分析过程中，要对连续信号采样和截断，有些非时限数据序列也要截断，由此可能引起分析误差。下面分别对可能产生误差的三种现象进行讨论。

(1)混叠现象。对连续信号进行谱分析时，首先要对其采样，变成离散时间信号后才能用 DFT 进行谱分析。采样频率 f_s 必须满足采样定理，否则会在 $\omega=\pi$ 附近发生频谱混叠现象，对于模拟域频率，即在 $f=f_s/2$ 附近发生频谱混叠现象。这时用 DFT 分析的结果必然在 $f=f_s/2$ 附近产生较大误差。因此，理论上必须满足 $f_s\geqslant 2f_c$，实际应用时，通常取 f_s 满足 $f_s=(3\sim 5)f_c$。对 f_s 确定的情况，一般在采样前进行预滤波，滤除高于折叠频率 $f_s/2$ 的频率成分，以免发生频率混叠现象。

(2)栅栏效应。我们知道，N 点 DFT 是在频率区间$[0,2\pi]$上对信号的频谱进行 N 点等间隔采样，而采样点之间的频谱函数值是不知道的。这就好像从$(N+1)$个栅栏缝隙中观看信号的频谱情况，仅得到 N 个缝隙中看到的频谱函数值。因此称这种现象为栅栏效应。由于栅栏效应，有可能漏掉(挡住)大的频谱分量。为了把原来被"栅栏"挡住的频谱分量检测出来，可以采用在原序列尾部补零的方法，改变序列长度 N(即改变 DFT 变换区间长度)，从而增加了频域采样点数和采样点位置，使原来漏掉的某些频谱分量被检测出来。对连续信号的谱分析，只要采样频率足够高，且采样点数满足频率分辨率要求，就可以认为 DFT 后所得离散谱的包络近似代表原信号的频谱。

(3)截断效应。实际中遇到的序列 $x(n)$ 可能是无限长的，用 DFT 对其进行谱分析时，必须截断形成有限长序列 $y(n)=x(n)R_N(n)$。$R_N(n)$ 称为矩形窗函数。根据傅里叶变换的频域卷积定理，有

$$\begin{aligned}Y(e^{j\omega})&=\text{DTFT}[y(n)]=\frac{1}{2\pi}X(e^{j\omega})*R_N(e^{j\omega})\\&=\frac{1}{2\pi}\int_{-\pi}^{\pi}X(e^{j\theta})R_N(e^{j(\omega-\theta)})d\theta\end{aligned}$$

其中

$$X(\mathrm{e}^{\mathrm{j}\omega})=\mathrm{DTFT}[x(n)]$$

$$R_N(\mathrm{e}^{\mathrm{j}\omega})=\mathrm{DTFT}[R_N(n)]=\mathrm{e}^{-\mathrm{j}\omega\frac{N-1}{2}}\frac{\sin(\omega N/2)}{\sin(\omega/2)}=|R_N(\mathrm{e}^{\mathrm{j}\omega})|\mathrm{e}^{\mathrm{j}\varphi(\omega)}$$

幅度谱$|R_N(\mathrm{e}^{\mathrm{j}\omega})|\sim\omega$曲线如图 3.14 所示$|R_N(\mathrm{e}^{\mathrm{j}\omega})|$以 2π 为周期，只画低频部分)。图中，$|\omega|<2\pi/N$ 的部分称为主瓣，其余部分称为旁瓣。

例如，$x(n)=\cos\left(\frac{\pi}{4}n\right)$，其频谱为

$$X(\mathrm{e}^{\mathrm{j}\omega})=\pi\sum_{r=-\infty}^{\infty}\left[\delta\left(\omega-\frac{\pi}{4}-2\pi r\right)+\delta\left(\omega+\frac{\pi}{4}-2\pi r\right)\right]$$

$x(n)$的频谱 $X(\mathrm{e}^{\mathrm{j}\omega})$如图 3.15(a)所示。将 $x(n)$截断后，$y(n)=x(n)\cdot R_N(n)$的幅频曲线如图 3.15(b)所示。

上述可见，截断后序列的频谱 $Y(\mathrm{e}^{\mathrm{j}\omega})$与原序列频谱 $X(\mathrm{e}^{\mathrm{j}\omega})$必然有差别，这种差别对谱分析的影响三要表现在泄漏和谱间干扰两个方面。

由图 3.15(b)可知，原来序列 $x(n)$的频谱是离散谱线时，经截断后，使原来的离散谱线向中心附近展宽，通常称这种展宽为泄漏。显然，泄漏使频谱变模糊，使谱分辨率降低。

在主谱线两边形成很多旁瓣，引起不同频率分量间的干扰(简称谱间干扰)，影响频谱分辨率，特别是强信号谱的旁瓣可能淹没弱信号的主谱线，或者把强信号谱的旁瓣误认为是另一信号的谱线，从而造成假信号，这样就会使谱分析产生较大偏差。

由于上述两种影响是由对序列截断引起的，所以称之为截断效应。由图 3.14 可以看出，增加 N 可使$|R_N(\mathrm{e}^{\mathrm{j}\omega})|$的主瓣变窄，提高频率分辨率，但旁瓣个数和相对幅度并不减小，为了减小谱间干扰，应用其他形状的窗函数 $\omega(n)$代替矩形窗(窗函数将在 FIR 数字滤波器设计中介绍)。但在 N 一定时，旁瓣越小的窗函数，其主瓣就越宽。所以，在 DFT 变换区间(即截取长度)N 一定时，只能以降低谱分辨率为代价，换取谱间干扰的减小。特别指出的是，减小截断效应的最好方法是用近代

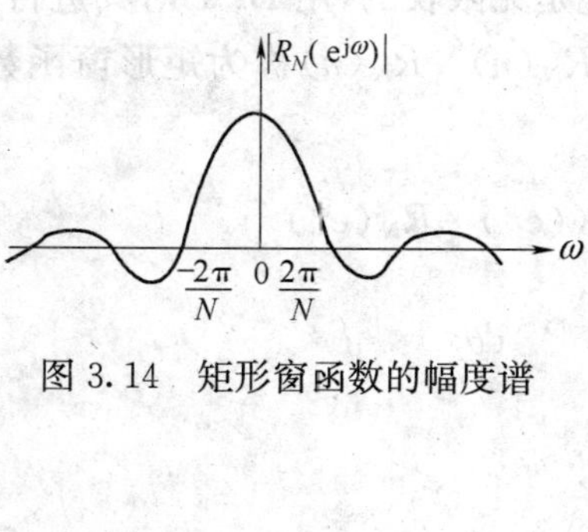

图 3.14 矩形窗函数的幅度谱

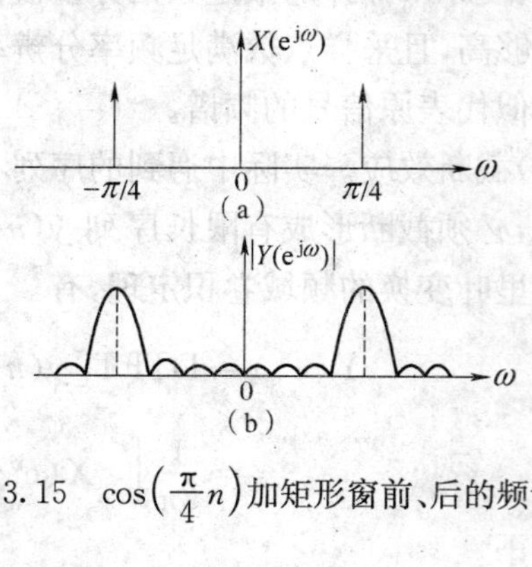

图 3.15 $\cos\left(\frac{\pi}{4}n\right)$加矩形窗前、后的频谱

谱估计的方法,但谱估计只适用于不需要相位信息的谱分析场合。

3.4.3 变换域的关系

到此,结合连续信号与系统,归纳各种域及其变换的关系如图 3.16 所示。

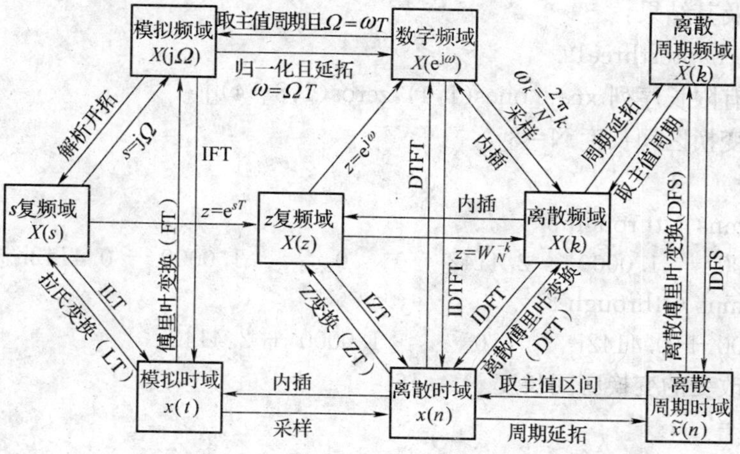

图 3.16 各种域和各种变换关系

3.5 本章相关的 Matlab 释义与程序实现

3.5.1 序列的 DFT 实现

Matlab 提供了 FFT 算法计算序列的 DFT,其调用格式为 fft(xn,N)。其中调用函数为 xn 时域序列向量,N 是 DFT 的变换区间长度,返回向量 Xk 是 xn 的 N 点 DFT。

chapterthree1 程序:

```
% chapterthree1.m,计算序列的 DFT
clear,close all
xn=input('输入有限长序列 xn=');
N=input('输入变换区间长度 N=');
Xk=fft(xn,N)
N1=input('输入改变的变换区间长度 N1=');
Xk1=fft(xn,N1)
k=0:N-1;
k1=0:N1-1;
subplot(3,1,1);stem(k,xn,'.');ylabel('x(n)');
```

```
subplot(3,1,2);stem(k,abs(Xk),'.');xlabel('k');ylabel('|Xk|');
subplot(3,1,3);stem(k1,abs(Xk1),'.');xlabel('k');ylabel('|Xk1|');
```

下面举例计算例 3.1 中序列的 DFT。运行上述程序，输入相应值。

运行及其结果：

```
>> chapterthree1
输入有限长序列 xn=[ones(1,4),zeros(1,8-4)]
输入变换区间长度 N=8
Xk =
Columns 1 through 5
4.0000    1.0000 - 2.4142i    0    1.0000 - 0.4142i    0
Columns 6 through 8
1.0000 + 0.4142i    0    1.0000 + 2.4142i
输入改变的变换区间长度 N1=16
Xk1 =
Columns 1 through 5
4.0000    3.0137-2.0137i    1.0000-2.4142i    -0.2483-1.2483i    0
Columns 6 through 10
0.8341+0.1659i    1.0000-0.4142i    0.4005-0.5995i    0
0.4005+0.5995i
Columns 11 through 15
1.0000+0.4142i    0.8341-0.1659i    0    -0.2483+1.2483i
1.0000+2.4142i
```

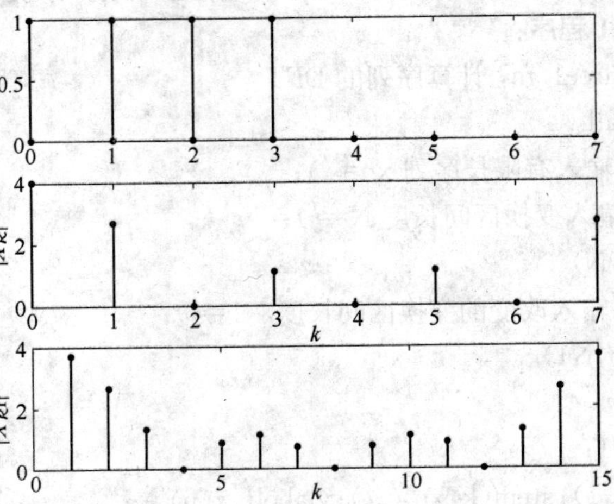

```
Column 16
3.0137 + 2.0137i
```

3.5.2　n 模 N 运算实现

$((n))_N$ 是 n mod N 求余数运算，如果 $n=MN+n_1, 0 \leqslant n_1 \leqslant N-1, M$ 为整数，则 $((n))_N=(n_1)$ 。方法是按照定义编写 Matlab 的求余 function 函数，函数命名为 mod. m，编写中用到 Matlab 内部函数 rem(n,N)，它用于求 n 被 N 除所剩余因子。下面用 Matlab 程序实现 n mod N 运算。

mod 程序：

```
% 程序名 mod.m，取模运算
%调用格式为 n1=mod(n,N)
function n1=mod(n,N)
n1=rem(n,N);
n1=n1+N;
n1=n1+N;
n1=rem(n1,N)
```

举例调用 mod 函数如下。

运行及其结果

```
>> n1=mod(8,8)
n1 =
0
>> n1=mod(9,8)
n1 =
1
>> n1=mod(-4,8)
n1 =
4
```

3.5.3　循环移位实现

实现 $y(n)=x((n-m))_N R_N(n)$ 循环移位运算，就是在时域内对变量 $n-m$ 运用 n mod N(取模)运算。思路同上，编写计算程序 cirshift 函数。

cirshift 程序：

```
function y=cirshift(x,m,N)
```

```
%程序名 cirshift.m，循环移位运算
%调用方式 y=cirshift(x,m,N)
if length(x)>N
error('N must be >=the length of x')
end
x=[x zeros(1,N-length(x))];
n=[0:1:N-1];
n=mod(n-m,N);
y=x(n+1);
```

举例说明调用方法。已知一个 11 点序列 $x(n)=10\times0.8^n, 0\leqslant n\leqslant10$，试编写程序求 $x((n-6))_{15}$。

chapterthree2 程序：

```
% chapterthree2,计算循环移位运算
n=0:10;x=10*(0.8).^n;
y=cirshift(x,6,15)
n=0:14;x=[x,zeros(1,4)];
subplot(2,1,1);stem(n,x);title('original sequence');
xlabel('n');ylabel('x(n)');axis([-1,15,-1,11]);
subplot(2,1,2);stem(n,y);
title('circle shifted sequence,N=15');
xlabel('n');ylabel('x((n-6)mod15');axis([-1,15,-1,11])
```

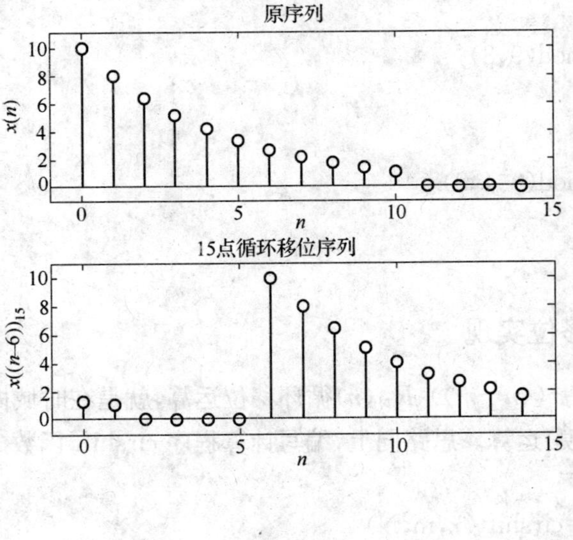

运行及其结果：

```
>> chapterthree2
y =
Columns 1 through 9
1.3422    1.0737    0    0    0    0    10.0000    8.0000    6.4000
Columns 10 through 15
5.1200    4.0960    3.2768    2.6214    2.0972    1.6777
```

3.5.4　循环卷积运算实现

在 3.2.3 节中，介绍了循环卷积运算，其定义式为

$$y(n) = x_1(n) \circledast x_2(n) = \sum_{m=0}^{N-1} x_1(m) x_2((n-m))_N R_N(n)$$

按照这个定义，编写 Matlab 实现循环卷积运算 function 函数，函数命名为 circonvt.m，编写中用到 cirshift 函数和 Matlab 内部函数 mod。

circonvt 程序：

```
%程序名 circonvt.m，实现循环卷积运算
%N－point circlar convolution between x1 and x2
% 调用方式 y=circonvt(x1,x2,N)
% y－output sequence containing the circlar convolution
% x1=input sequence of length N1<N
% x2=input sequence of length N2<N
% N=size of circlar buffer
% method－y(n)=sum(x1(m)) * x2((n－m)modN))
% check for length of x1
function y=circonvt(x1,x2,N)
if length(x2)>N
error('N must be>=the length of x2')
end
x1=[x1 zeros(1,N－length(x1))];
x2=[x2 zeros(1,N－length(x2))];
m=[0:1:N－1];
x2=x2(mod(－m,N)+1);
H=zeros(N,N);
for n=1:1:N
```

```
H(n,:)=cirshift(x2,n-1,N);
end
y=x1 * H';
```

下面编写调用 circonvt($x1$,$x2$,N)函数计算两个有限长序列循环卷积的通用程序。

chapterthree3 程序：

```
% chapterthree3.m，计算两个有限长序列的循环卷积
clear,close all
x1=input('输入有限长序列 x1=');
x2=input('输入有限长序列 x2=');
N=input('输入循环卷积点数 N=');
y=circonvt(x1,x2,N);
```

举例说明：已知 $x_1(n)=\{1,2,2\}$，$x_2(n)=\{1,2,3,4\}$，试分别计算 4 点、5 点循环卷积。调用上面程序，运行过程及其结果如下。

求 4 点循环卷积：

```
>> chapterthree3
输入有限长序列 x1=[1 2 2]
输入有限长序列 x2=[1 2 3 4]
输入循环卷积点数 N=4
y =
15    12    9    14
```

再求 5 点循环卷积：

```
>> chapterthree3
输入有限长序列 x1=[1 2 2]
输入有限长序列 x2=[1 2 3 4]
输入循环卷积点数 N=5
y =
9    4    9    14    14
```

当然也可在命令窗口直接输入和调用 circonvt()求解，如本题求 6 点循环卷积。

输入及其结果：

```
>> x1=[1 2 2]
>>x2=[1 2 3 4]
>> y=circonvt(x1,x2,6)
```

y =

1　　4　　9　　14　　14　　8

习　题

3.1　用定义式求下列序列的4点DFT。

(1)$x(n)=\{\underline{1},2,3\}$

(2)$x(n)=\{\underline{1},2,2,1\}$

3.2　计算以下序列的N点DFT。

(1) $x(n)=1$

(2) $x(n)=\delta(n)$

(3) $x(n)=\delta(n-n_0)$，　$0<n_0<N$

(4) $x(n)=R_m(n)$，　$0<m<N$

(5) $x(n)=e^{j\frac{2\pi}{N}mn}$，　$0<m<N$

(6) $x(n)=\cos\left(\frac{2\pi}{N}nm\right)$，　$0<m<N$

(7) $x(n)=e^{j\omega_0 n}R_N(n)$

(8) $x(n)=\sin(\omega_0 n)R_N(n)$

(9) $x(n)=\cos(\omega_0 n)R_N(n)$

(10) $x(n)=nR_N(n)$

3.3　已知下列$X(k)$，求$x(n)$。

(1) $X(k)=\{\underline{6},-1-j,0,-1+j\}$

(2)$$X(k)=\begin{cases}\frac{N}{2}e^{j\theta} & k=m\\ \frac{N}{2}e^{-j\theta} & k=N-m\\ 0 & \text{其他 } k\end{cases}$$

(3)$$X(k)=\begin{cases}-\frac{N}{2}je^{j\theta} & k=m\\ \frac{N}{2}je^{-j\theta} & k=N-m\\ 0 & \text{其他 } k\end{cases}$$

其中，m为正整数，$0<m<N/2$。

3.4 长度 $N=10$ 的两个有限长序列

$$x_1(n)=\begin{cases}1 & 0\leqslant n\leqslant 4\\ 0 & 5\leqslant n\leqslant 9\end{cases}$$

$$x_2(n)=\begin{cases}1 & 0\leqslant n\leqslant 4\\ -1 & 5\leqslant n\leqslant 9\end{cases}$$

作图表示 $x_1(n)$、$x_2(n)$和 $y(n)=x_1(n)\circledast x_2(n)$。

3.5 如果 $X(k)=\mathrm{DFT}[x(n)]$，证明 DFT 的初值定理

$$x(0)=\frac{1}{N}\sum_{k=0}^{N-1}X(k)$$

3.6 设 $x(n)$的长度为 N，且

$$X(k)=\mathrm{DFT}[x(n)],\quad 0\leqslant k\leqslant N-1$$

令 $h(n)=x\,((n))_N R_{rN}(n)$，$r$ 为自然数

$$H(k)=\mathrm{DFT}[h(n)],\quad 0\leqslant k\leqslant rN-1$$

推导 $H(k)$与 $X(k)$的关系式。

3.7 证明若 $x(n)$为实偶对称，即 $x(n)=x(N-n)$，则 $X(k)$也实偶对称；若 $x(n)$实奇对称，即 $x(n)=-x(N-n)$，则 $X(k)$为纯虚函数并奇对称。（注：$X(k)=\mathrm{DFT}[x(n)]$。）

3.8 若 $X(k)=\mathrm{DFT}[x(n)]$，$Y(k)=\mathrm{DFT}[y(n)]$，$Y(k)=x\,((k+l))_N R_N(k)$

证明

$$y(n)=\mathrm{IDFT}[Y(k)]=W_N^{ln}x(n)$$

3.9 已知 $x(n)$长度为 N，$X(k)=\mathrm{DFT}[x(n)]$，

$$y(n)=\begin{cases}x(n) & 0\leqslant n\leqslant N-1\\ 0 & N\leqslant n\leqslant rN-1,\ r\text{ 为自然数}\end{cases}$$

求 $Y(k)$与 $X(k)$的关系式。

3.10 证明离散相关定理。若

$$X(k)=X_1^*(k)X_2(k)$$

则

$$x(n)=\mathrm{IDFT}[X(k)]=\sum_{l=0}^{N-1}x_1^*(l)\cdot x_2\,((l+n))_N R_N(n)$$

3.11 证明离散帕斯维尔定理。若 $X(k)=\mathrm{DFT}[x(n)]$，则

$$\sum_{n=0}^{N-1}|x(n)|^2=\frac{1}{N}\sum_{k=0}^{N-1}|X(k)|^2$$

3.12* 已知 $f(n)=x(n)+\mathrm{j}y(n)$，$x(n)$与 $y(n)$均为 N 长实序列。设

$$F(k)=\mathrm{DFT}[f(n)],\quad 0\leqslant k\leqslant N-1$$

(1)$F(k)=\dfrac{1-a^N}{1-aW_N^k}+\mathrm{j}\,\dfrac{1-b^N}{1-bW_N^k}$

(2)$F(k)=1+\mathrm{j}N$

试求 $X(k)=\mathrm{DFT}[x(n)]$,$Y(k)=\mathrm{DFT}[y(n)]$以及 $x(n)$和 $y(n)$。

3.13 已知序列 $x(n)=a^n u(n)$,$0<a<1$,对 $x(n)$的 Z 变换 $X(z)$在单位圆上等间隔采样 N 点,采样值为

$$X(k)=x(z)\Big|_{z=W_N^{-k}},\quad k=0,1,\cdots,N-1$$

求有限长序列 $\mathrm{IDFT}[X(k)]$。

3.14 两个有限长序列 $x(n)$和 $y(n)$的零值区间为

$$x(n)=0 \qquad n<0,8\leqslant n$$

$$y(n)=0 \qquad n<0,20\leqslant n$$

对每个序列做 20 点 DFT,即

$$X(k)=\mathrm{DFT}[x(n)],k=0,1,\cdots,19$$

$$Y(k)=\mathrm{DFT}[y(n)],k=0,1,\cdots,19$$

如果 $F(k)=X(k)Y(k),\ k=0,1,\cdots,19$

$$f(n)=\mathrm{IDFT}[F(k)],k=0,1,\cdots,19$$

试问在哪些点上 $f(n)=x(n)*y(n)$ 为什么?

3.15 用微机对实数序列作谱分析,要求谱分辨率 $F\leqslant 50$ Hz,信号最高频率为 1 kHz,试确定以下各参数:

(1) 最小记录时间 $T_{p\min}$;

(2) 最大采样间隔 $T_{\max}$;

(3) 最少采样点数 $N_{\min}$;

(4) 在频带宽度不变的情况下,将频率分辨率提高一倍的 N 值。

3.16 已知调幅信号的载波频率 $f_c=1$ kHz,调制信号频率 $f_m=100$ Hz,用 FFT 对其进行谱分析,试问:

(1) 最小记录时间 $T_p=?$

(2) 最低采样频率 $f_s=?$

(3) 最少采样点数 $N=?$

3.17* 在下列说法中选择正确的结论。线性调频 Z 变换可以用来计算一个有限长序列 $h(n)$ 在 z 平面实轴上诸点$\{z_k\}$ 的 Z 变换 $H(z_k)$,使

(1)$z_k=a^k$,$k=0,1,\cdots,N-1$,a 为实数,$a\neq 1$;

(2)$z_k=ak$,$k=0,1,\cdots,N-1$,a 为实数,$a\neq 1$;

(3)(1) 和(2) 都不行,即线性调频 Z 变换不能计算 $H(z)$ 在 z 平面实轴上的采

样值。

3.18* 利用 $h(n)$ 长度为 $N=50$ 的 FIR 滤波器对一段很长的数据序列进行滤波处理，要求采用重叠保留法通过 DFT 来实现。所谓重叠保留法，就是对输入序列进行分段（本题设每段长度为 $M=100$ 个采样点），但相邻两段必须重叠 V 个点，然后计算各段与 $h(n)$ 的 L 点（本题取 $L=128$）循环卷积，得到输出序列 $y_m(n)$，m 表示第 m 段计算输出。最后，从 $y_m(n)$ 中取出 B 个，使每段取出的 B 个采样相加得到滤波输出 $y(n)$。

(1) 求 V；

(2) 求 B；

(3) 确定取出的 M 个采样应为 $y_m(n)$ 中的哪些采样点。

3.19 已知序列 $x_1(n)=\{1,2,2,2\}$，$x_2(n)=\{1,2,3,4\}$，分别用 Matlab 中的卷积和（线性卷积）、循环卷积和 DFT 三种方式，编程实现其线性卷积的求解。

第 4 章　快速傅里叶变换(FFT)

DFT 是数字信号处理中的核心算法，它使信号时域和频域都实现了离散化，从而可用通用的计算机或 DSP 芯片等专门硬件来实现。但是，这对于要求信号实时处理来说，DFT 计算速度难以满足要求。直接计算 DFT 的计算量在变换区间长度 N 较大时，计算量太大，因此用它进行谱分析达到信号实时处理是不切实际的，所以，必须减少它的运算量。直到 1965 年发现了 DFT 的一种快速算法以后，情况才发生了根本的变化。这种快速算法就是快速傅里叶变换(简称 FFT，Fast Fourier Transform)。FFT 使数字信号处理从理论走向实用，FFT 的出现大大减少了 DFT 的运算量，使实时的数字信号处理成为可能，极大地促进了该学科的发展。

本章主要讨论基 2FFT 算法。

4.1　直接计算 DFT 的运算量

考虑 DFT 的运算量，就是考察 DFT 定义式中乘法和加法的运算次数。不失一般性，假设长度是 N 的序列是复数序列。

重写有限长序列 $x(n)$ 的 N 点 DFT 定义式

$$X(k) = \sum_{n=0}^{N-1} x(n) W_N^{kn}, k = 0, 1, \cdots, N-1 \qquad \text{式(4.1)}$$

对于某一个 k 值，直接按式(4.1)式计算 $X(k)$ 的值需要 N 次复数乘法，($N-1$)次复数加法。因此，对所有 N 个 k 值，共需 N^2 次复数乘法及 $N(N-1)$ 次复数加法运算。当 $N \gg 1$ 时，$N(N-1) \approx N^2$。可见，N 点 DFT 的乘法和加法运算次数均与 N^2 成正比。不难预见，当 N 较大时，直接计算 DFT 的运算量将迅速增加。例如，$N=10$ 时，就需要的复数乘法来看，仅需 100 次，当 $N=1\ 024$ 时，$N^2=1\ 048\ 576$，即需要的复数乘法将高达 100 万次以上。显然，如果把 N 点 DFT 分解为几个长度较短的 DFT，可使乘法运算次数大大减低，DFT 的运算效率大大提高，甚至可提高到 1～2 个数量级。这就促使了 1965 年图基(J. W. Tuky)和库利(T. W. Coody)提出了 FFT 算法，之后桑德(G. Sand)－图基等快速算法相继出现。不断的算法改进，形成了一套高效的运算方法，就是现在的快速傅里叶变换。

FFT 算法高效性的原因，就是不断地把长序列的 DFT 分解成几个短序列的 DFT，并利用了 W_N^{kn} 的特征，来减少 DFT 的运算次数。

$$W_N^{nk}\text{ 的特征}\begin{cases}\text{对称性 }(W_N^{nk})^*=W_N^{-nk}=W_N^{n(N-k)}=W_N^{(N-n)k}\\ \text{周期性 }W_N^{nk}=W_N^{(n+N)k}=W_N^{n(k+N)}\\ \text{可约性 }W_N^{nk}=W_{mN}^{mnk},W_N^{nk}=W_{N/m}^{nk/m}\\ \text{特殊点 }W_N^0=1,W_N^{Nk}=W_N^{Nn}=1,\\ \qquad W_N^{N/2}=-1,W_N^{(k+N/2)}=-W_N^k\text{。}\end{cases}$$

DFT 的有效算法 FFT 有多种算法,其分类如下。

$$\text{按基不同分}\begin{cases}\text{基 2FFT}\\ \text{混合基 FFT}\end{cases}$$

$$\text{按抽取法不同分}\begin{cases}\text{时域抽取法 FFT(Deimatton}-\text{In}-\text{Time FFT,DIT}-\text{FFT)}\\ \text{频域抽取法 FFT(Decimation}-\text{In}-\text{Frequency FFT,DIF}-\text{FFT)}\end{cases}$$

其中,最简单最常用的 FFT 算法是基 2FFT。基 2FFT 又分按时域抽取基 2FFT 和按频率抽取基 2FFT,本章着重介绍它们。

4.2 时间抽取基 2 FFT 算法

4.2.1 时间抽取基 2FFT 基本原理

将序列长度 N 分解许多较小的 r_k 乘积,即 $N=r_1r_2\cdots r_m$,特别地 $r_1=r_2=\cdots=r_m=r$ 时,$N=r^m$,这里的 r 称为"基"。当 $r=2$ 时,$N=2^m$,这就是所谓的基 2 的含义。而时域抽取基 2FFT 是将序列 $x(n)$ 按时间下标 n(序号)偶奇不断进行分组,直到抽取到 2 点为止。

设序列 $x(n)$ 的长度为 N,且满足

$$N=2^M,\qquad M\text{ 为自然数}$$

按 n 的偶奇把 $x(n)$ 分解为两个 $N/2$ 点的子序列

$$x_1(r)=x(2r),\qquad r=0,1,\cdots,\frac{N}{2}-1$$

$$x_2(r)=x(2r+1)\qquad r=0,1,\cdots,\frac{N}{2}-1$$

则 $x(n)$ 的 DFT 为

$$\begin{aligned}X(k)&=\sum_{n=\text{偶数}}x(n)W_N^{kn}+\sum_{n=\text{奇数}}x(n)W_N^{kn}\\&=\sum_{r=0}^{N/2-1}x(2r)W_N^{2kr}+\sum_{r=0}^{N/2-1}x(2r+1)W_N^{k(2r+1)}\\&=\sum_{r=0}^{N/2-1}x_1(r)W_N^{2kr}+W_N^k\sum_{r=0}^{N/2-1}x_2(r)W_N^{2kr}\end{aligned}$$

利用 W_N^{nk} 可约性 $W_N^{2kr}=W_{N/2}^{kr}$ 这一置换，

所以

$$X(k) = \sum_{r=0}^{N/2-1} x_1(r)W_{N/2}^{kr} + W_N^k \sum_{r=0}^{N/2-1} x_2(r)W_{N/2}^{kr}$$

$$= X_1(k) + W_N^k X_2(k) \qquad k = 0,1,\cdots,\frac{N}{2}-1 \qquad \text{式(4.2)}$$

其中 $X_1(k)$ 和 $X_2(k)$ 分别为 $x_1(r)$ 和 $x_2(r)$ 的 $N/2$ 点 DFT，即

$$X_1(k) = \sum_{r=0}^{N/2-1} x_1(r)W_{N/2}^{kr} = \mathrm{DFT}[x_1(r)] \qquad \text{式(4.3)}$$

$$X_2(k) = \sum_{r=0}^{N/2-1} x_2(r)W_{N/2}^{kr} = \mathrm{DFT}[x_2(r)] \qquad \text{式(4.4)}$$

由于 $X_1(k)$ 和 $X_2(k)$ 均以 $N/2$ 为周期，且 $W_N^{k+\frac{N}{2}}=-W_N^k$，所以 $X(k)$ 又可表示为

$$X(k)=X_1(k)+W_N^kX_2(k), \qquad k=0,1,\cdots,\frac{N}{2}-1 \qquad \text{式(4.5)}$$

$$X\left(k+\frac{N}{2}\right)=X_1(k)-W_N^kX_2(k), \qquad k=0,1,\cdots,\frac{N}{2}-1 \qquad \text{式(4.6)}$$

这样，就将 N 点 DFT 分解为两个 $N/2$ 点的 DFT 式(4.5)以及式(4.6)的运算。式(4.5)和式(4.6)的运算可用图 4.1 所示的流图符号表示，根据其形状称之为蝶形运算符号。采用这种图示法，可将上述分解运算表示于图 4.2 中，图中，$N=2^3=8$，$X(0)\sim X(3)$，由式(4.5)给出，而 $X(4)\sim X(7)$ 则由式(4.6)给出。

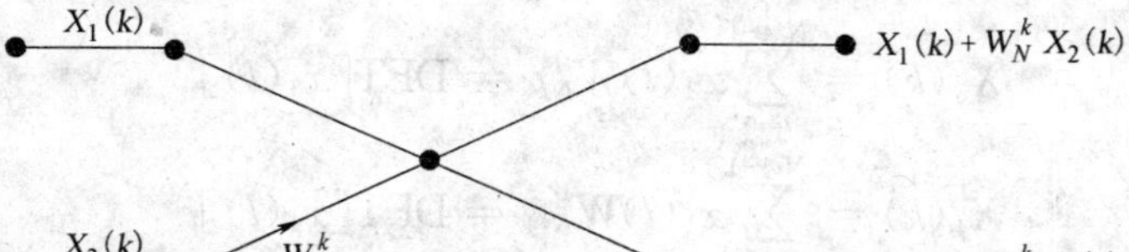

图 4.1　蝶形运算符号

由图 4.1 可见，要完成一个蝶形运算，需要一次复数乘和两次复数加法运算。由图 4.2 容易看出，经过一次分解后，计算一个 N 点 DFT 共需要计算两个 $N/2$ 点 DFT 和 $N/2$ 个蝶形运算。而计算一个 $N/2$ 点 DFT 需要 $(N/2)^2$ 次复数乘和 $N/2(N/2-1)$ 次复数加法。所以，按图 4.2 计算 N 点 DFT 总共需要 $2(N/2)^2+N/2=N(N+1)/2\approx N^2/2(N\gg 1$ 时$)$ 次复数乘法和 $N(N/2-1)+2N/2=N^2/2$ 次复数加法运算。由此可见，仅仅经过一次分解，就使运算量减少近一半。既然这样分解对减少 DFT 的运算量是有效的，且 $N=2^M$，$N/2$ 仍然是偶数，故可以对 $N/2$点 DFT 再作进一步分解。

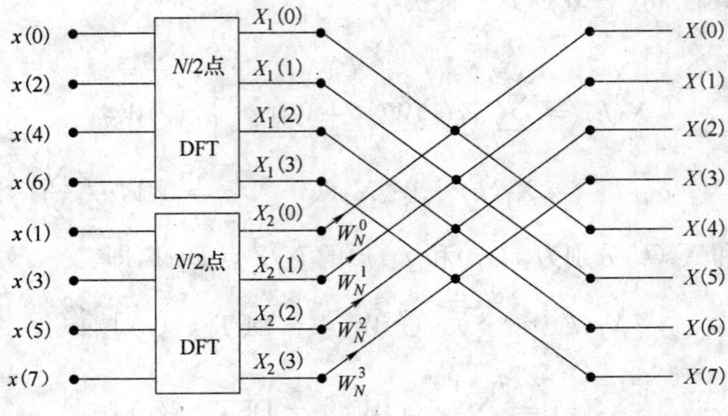

图 4.2　N 点 DFT 的一次时域抽取分解图($N=8$)

与第一次分解相同，将 $x_1(r)$按偶奇分解成两个 $N/4$ 长的子序列 $x_3(l)$和 $x_4(l)$，即

$$\left.\begin{aligned} x_3(l)&=x_1(2l) \\ x_4(l)&=x_1(2l+1) \end{aligned}\right\},\qquad l=0,1,\cdots,\frac{N}{4}-1$$

那么，$X_1(k)$又可表示为

$$\begin{aligned} X_1(k) &= \sum_{l=0}^{N/4-1} x_1(2l)W_{N/2}^{2kl} + \sum_{l=0}^{N/4-1} x_1(2l+1)W_{N/2}^{k(2l+1)} \\ &= \sum_{l=0}^{N/4-1} x_3(l)W_{N/4}^{kl} + W_{N/2}^{k}\sum_{l=0}^{N/4-1} x_4(l)W_{N/4}^{kl} \\ &= X_3(k)+W_{N/2}^{k}X_4(k),\qquad k=0,1,\cdots,N/4-1 \end{aligned} \quad 式(4.7)$$

式中
$$X_3(k) = \sum_{l=0}^{N/4-1} x_3(l)W_{N/4}^{kl} = \mathrm{DFT}[x_3(l)]$$

$$X_4(k) = \sum_{l=0}^{N/4-1} x_4(l)W_{N/4}^{kl} = \mathrm{DFT}[x_4(l)]$$

同理，由 $X_3(k)$和 $X_4(k)$的周期性和 $W_{N/2}^{m}$的对称性($W_{N/2}^{k+N/4}=-W_{N/2}^{k}$)最后得到：

$$\left.\begin{aligned} X_1(k)&=X_3(k)+W_{N/2}^{k}X_4(k) \\ X_1(k+N/4)&=X_3(k)-W_{N/2}^{k}X_4(k) \end{aligned}\right\},k=0,1,\cdots,N/4-1 \quad 式(4.8)$$

用同样的方法可计算出 n 为奇数时，$N/2$ 分为两个 $N/4$ 点的子序列 DFT，有

$$\left.\begin{aligned} X_2(k)&=X_5(k)+W_{N/2}^{k}X_6(k) \\ X_2(k+N/4)&=X_5(k)-W_{N/2}^{k}X_6(k) \end{aligned}\right\},k=0,1,\cdots,N/4-1 \quad 式(4.9)$$

其中
$$X_5(k) = \sum_{l=0}^{N/4-1} x_5(l)W_{N/4}^{kl} = \mathrm{DFT}[x_5(l)]$$

$$X_6(k) = \sum_{l=0}^{N/4-1} x_6(l)W_{N/4}^{kl} = \mathrm{DFT}[x_6(l)]$$

$$\left.\begin{aligned}x_5(l)&=x_2(2l)\\x_6(l)&=x_2(2l+1)\end{aligned}\right\},\quad l=0,1,\cdots,N/4-1$$

这样,经过第二次分解,又将 $N/2$ 点 DFT 分解为两个 $N/4$ 点 DFT 和式(4.8)或式(4.9)所示的 $N/4$ 个蝶形运算,如图 4.3 所示。依次类推,经过 $M-1$ 次分解(时间抽取),最后将 N 点 DFT 分解成 $N/2$ 个 2 点 DFT。考虑中间结果用 $A(0)$,$A(1)$,…,$A(7)$替代,一个 8 点 DFT 按时域抽取的运算过程,如图 4.4 所示。

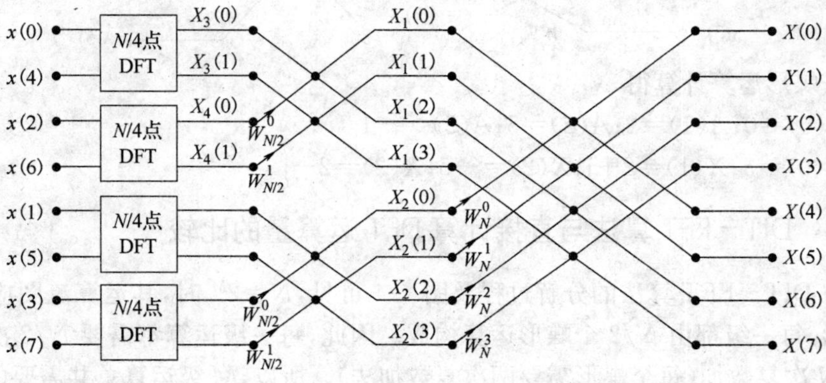

图 4.3　N 点 DFT 的第二次时域抽取分解图($N=8$)

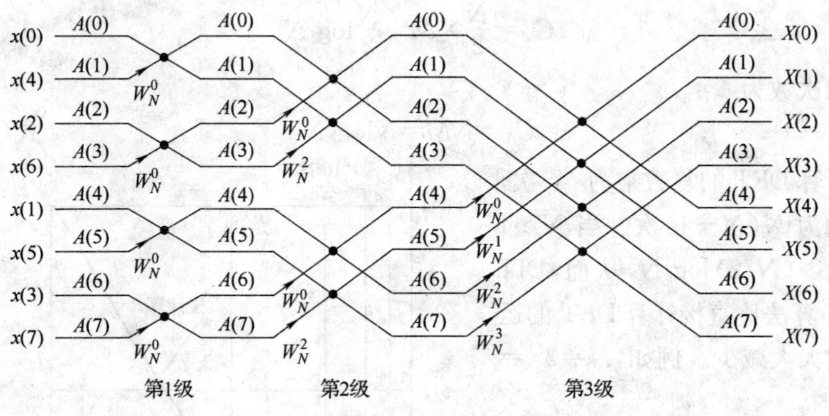

图 4.4　N 点 DIT－FFT 运算流图($N=8$)

综上所述,可归纳出时间抽取基 2FFT 算法实际应用的运算过程:先计算出 $N/2$ 个两点的 DFT,将它们重新组合成 $N/4$ 个 4 点的 DFT,之后再重新组成 $N/8$ 个 8 点的 DFT,直到求出全部 DFT 为止。

【例 4.1】　已知序列 $x(n)=\delta(n)+2\delta(n-1)-\delta(n-2)+3\delta(n-3)$,按 FFT 运算流图求 $x(n)$的 $X(k)$。

解　由题知 $x(n)=\{\underline{1},2,-1,3\}$

FFT 运算流图为

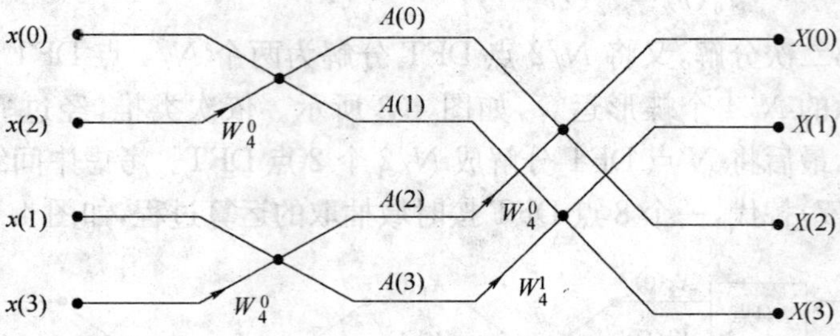

按蝶形运算计算得

$A(0)=0;A(1)=2;A(2)=5;A(3)=-1$

$X(0)=5;X(1)=2+\mathrm{j};X(2)=-5;X(3)=2-\mathrm{j}$

4.1.2 DIT－FFT 算法与直接计算 DFT 运算量的比较

由 DIT－FFT 算法的分解过程及图 4.4 可见，$N=2^M$ 时，其运算流图应有 M 级蝶形，每一级都由 $N/2$ 个蝶形运算构成。因此，每一级运算都需要 $N/2$ 次复数乘和 N 次复数加(每个蝶形需要两次复数加法)。所以，M 级运算总共需要的复数乘次数为

$$C_M=\frac{N}{2}\times M=\frac{N}{2}\log_2 N \qquad \text{式(4.10)}$$

复数加次数为

$$C_A=NM=N\log_2 N \qquad \text{式(4.11)}$$

直接计算 DFT 的复数乘为 N^2 次，复数加为 $N(N-1)$次。当 $N\gg1$ 时，$N^2\gg(N/2)\log_2 N$，从而，DIT－FFT 算法比直接计算 DFT 的运算次数大大减少。例如，$N=2^{10}=1\,024$ 时，

$$\frac{N^2}{(N/2)\log_2 N}=\frac{1\,048\,576}{5\,120}=204.8$$

这样，就使运算效率提高 200 多倍。图 4.5 为 FFT 算法和直接 DFT 算法所需运算量与计算点数 N 的关系曲线。由此图更加直观地看出 FFT 算法的优越性。显

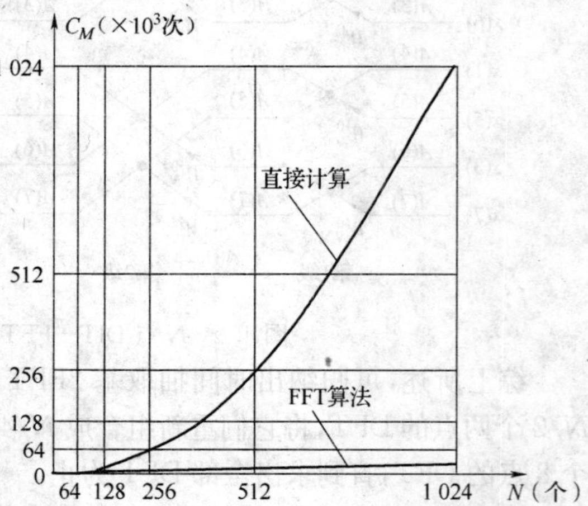

图 4.5 FFT 算法与直接计算 DFT 所需乘法次数的比较曲线

然，N越大时，优越性就越明显。

4.2.3　DIT－FFT算法的特点与编程

为了最终写出DIT－FFT运算程序或设计出硬件实现电路，下面介绍它的运算规律。

1. 原位运算

由图4.4可以看出，DIT－FFT的运算过程很有规律。$N=2^M$点的FFT共进行M级运算，每级由$N/2$个蝶形运算组成。同一级中，每个蝶形的两个输入数据只对计算本蝶形有用，而且每个蝶形的输入、输出数据结点又同在一条水平线上，这就意味着计算完一个蝶形后，没必要保留输入，可以将所得输出数据存入原输入数据所占用的存贮单元。这样，经过M级运算后，原来存放输入序列数据的N个存贮单元中便依次存放$X(k)$的N个值。这种利用同一存贮单元存贮蝶形计算输入、输出数据的方法称为原位计算，实现称为同址实现。原位计算可节省大量内存，从而使设备成本降低。

2. 旋转因子的变化规律

如上所述，N点DIT－FFT运算流图中，每级都有$N/2$个蝶形。每个蝶形都要乘以因子W_N^p，称其为旋转因子，p称为旋转因子的指数。但各级的旋转因子和循环方式都有所不同。为了编写计算程序，应先找出旋转因子W_N^p与运算级数的关系。用L表示从左到右的运算级数($L=1,2,\cdots,M$)。观察图4.4不难发现，第L级共有2^{L-1}个不同的旋转因子。$N=2^3=8$时的各级旋转因子表示如下：

$L=1$时，$W_N^p=W_{N/4}^J=W_{2^L}^J$，$J=0$

$L=2$时，$W_N^p=W_{N/2}^J=W_{2^L}^J$，$J=0,1$

$L=3$时，$W_N^p=W_N^J=W_{2^L}^J$，$J=0,1,2,3$

不难归纳，对$N=2^M$的一般情况，第L级的旋转因子为

$$W_N^p=W_{2^L}^J,\ J=0,1,2,\cdots,2^{L-1}-1$$

由于　$2^L=2^M\times2^{L-M}=N\times2^{L-M}$

所以

$$W_N^p=W_{N\cdot 2^{L-M}}^J=W_N^{J\cdot 2^{M-L}} \qquad 式(4.12)$$

$$p=J\times2^{M-L} \qquad 式(4.13)$$

这样，就可按(4.12)式和(4.13)式确定第L级运算的旋转因子(实际编程序时，L和J为循环变量)。

3. 蝶形运算规律

设序列$x(n)$经时域抽选(倒序)后，存入数组A中。如果蝶形运算的两个输入

数据相距 B 个点，应用原位计算，则蝶形运算可表示成如下形式：

$$A_L(J)=A_{L-1}(J)+A_{L-1}(J+B)W_N^p$$
$$A_L(J+B)=A_{L-1}(J)-A_{L-1}(J+B)W_N^p$$

其中，$p=J\times 2^{M-L}$，$J=0,1,\cdots,2^{L-1}-1$，$L=1,2,\cdots,M$

下标 L 表示第 L 级运算，$A_L(J)$ 则表示第 L 级运算后数组元素 $A(J)$ 的值，$A_{L-1}(J)$ 作为 L 级的输入数据，它表示第 L 级运算前 $A(J)$ 的值。如果要用实数运算完成上述蝶形运算，读者可自行推导。

4. 输入序列的倒序

DIT－FFT 算法经过 $M-1$ 次偶奇抽取后的输入序列的排序看起来似乎很乱，不是按 $x(n)$ 的自然顺序排序，但仔细分析就会发现这种排序是很有规律的，其规律就是以二进制表述的序号的倒位序排列。

由于 $N=2^M$，所以顺序数可用 M 位二进制数 $(n_{M-1}n_{M-2}\cdots n_1 n_0)$ 表示。M 次偶奇时域抽选过程如图 4.6 所示。第一次按最低位 n_0 的 0 和 1 将 $x(n)$ 分解为偶数组和奇数组两组，第二次又按次低位 n_1 的 0、1 值分别对偶奇组分解；依次类推，第 M 次按 n_{M-1} 位分解，最后得到二进制倒序数。

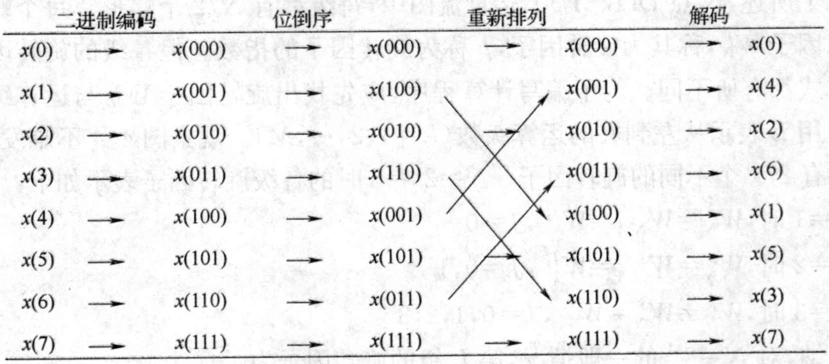

图 4.6　位倒序的处理过程

例如考虑 $N=8$ 的情形，如表 4.1 所示。通过用二进制表示序列的下标 n，只要将顺序数 $(n_2 n_1 n_0)$ 的二进制位倒置，就能得到对应的二进制倒序值 $(n_0 n_1 n_2)$，从而轻易地得到抽取序列的次序，所以说抽取后的序列按倒位序排列存储。按这一规律，用硬件电路和汇编语言程序产生倒序数很容易。但用高级语言程序实现时，直接倒置二进制数位是不行的，因此必须找出产生倒序数的十进制运算规律。在表 4.1 中，自然顺序数 I 增加 1，是在顺序数的二进制数最低位加 1，逢 2 向高位进位。而对应的倒序数则是在 M 位二进制数最高位加 1，逢 2 向低位进位。例如，由十进制 0 变 1 要在(000)最高位加 1，则得(100)，而由 1 再加 1 变 2 要在(100)最高位加 1,1 加 1 要向次高位进位,其实质是将最高位变为 0,再在次高位加 1。得到(010),用这种算法,可以从当前任一倒序值求得下一个倒序值。

表 4.1　顺序和倒序二进制数对照表

顺序		倒序	
十进制数 I	二进制数	二进制数	十进制数 J
0	0 0 0	0 0 0	0
1	0 0 1	1 0 0	4
2	0 1 0	0 1 0	2
3	0 1 1	1 1 0	6
4	1 0 0	0 0 1	1
5	1 0 1	1 0 1	5
6	1 1 0	0 1 1	3
7	1 1 1	1 1 1	7

为了叙述方便,用 J 表示当前倒序数的十进制数值。对于 $N=2^M$,M 位二进制数最高位的权值为 $N/2$,且从左向右二进制位的权值依次为 $N/4,N/8,\cdots,2,1$。因此,最高位加 1 相当于十进制运算 $J+N/2$。如果最高位是 $0(J-N/2)$,则直接由 $J+N/2$ 得下一个倒序值;如最高位是 $1(J\geqslant N/2)$,则要将最高位变成 $0(J\Leftarrow J-N/2)$,次高位加 $1(J+N/4)$。但次高位加 1 时,同样要判断 0、1 值,如果为 $0(J<N/4)$,则直接加 $1(J\Leftarrow J+N/4)$,否则将次高位变成 $0(J\Leftarrow J-N/4)$,再判断下一位;依次类推,直到完成最高位加 1,逢 2 向右进位的运算。

形成倒序 J 后,将原存贮器中存放的输入序列重新按倒序排列。设原输入序列 $x(n)$ 先按自然顺序存入数组 A 中。例如,对 $N=8$,$A(0),A(1),A(2),\cdots,A(7)$ 中依次存放着 $x(0),x(1),\cdots,x(7)$。对 $x(n)$ 的重新排序(倒序)规律如图 4.7 所示。倒序的程序流程图如图 4.8 所示,图中的虚线框内是完成计算倒序值的运算

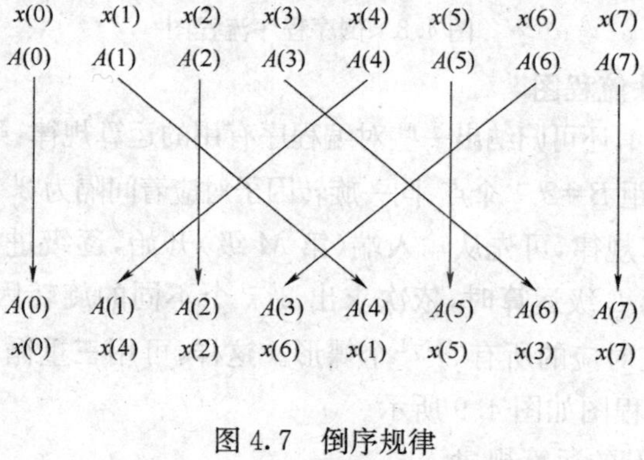

图 4.7　倒序规律

流程图。由图 4.7 可见，第一个序列值 $x(0)$ 和最后一个序列值 $x(N-1)$ 不需要重排；当 $I=J$ 时不需要交换，所以图 4.8 中，顺序数 J 的起始、终止值分别为 1 和 $N-2$；倒序数 J 的起始值为 $N/2$。另外，为了避免再次调换前面已调换过的一对数据，流程图中只对 $I<J$ 的情况调换 $A(I)$ 和 $A(J)$ 的内容。

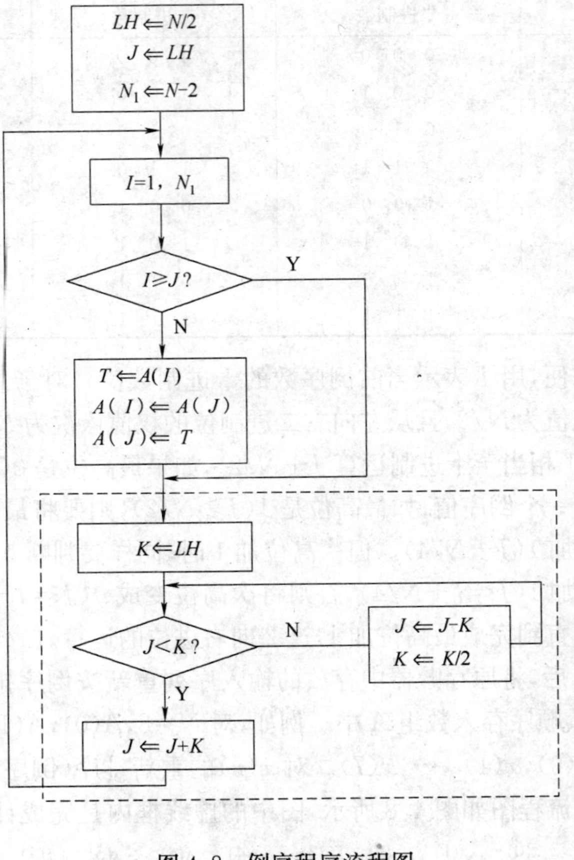

图 4.8　倒序程序流程图

5. 编程的算法流程图

仔细观察图 4.4，还可归纳出一些对编程序有用的运算规律：第 L 级中，每个蝶形的两个输入数据相距 $B=2^{L-1}$ 个点；同一旋转因子对应着间隔为 2^L 点的 2^{M-L} 个蝶形。

总结上述运算规律，可先从输入端（第 M 级）开始，逐级进行，共进行 M 级运算。其中在进行第 L 级运算时，依次求出 2^{L-1} 个不同的旋转因子，每求出一个旋转因子就计算完它对应的所有 2^{M-L} 个蝶形。这样，可用三重循环程序实现 DIT—FFT 运算，程序流程图如图 4.9 所示。

由此总结 FFT 的运算规律：

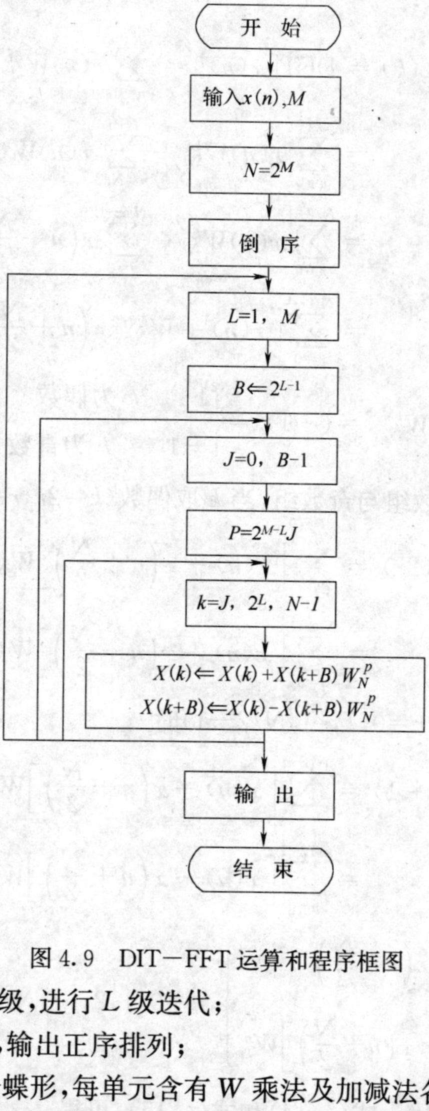

图 4.9　DIT－FFT 运算和程序框图

(1)整个运算分 L 级,进行 L 级迭代;

(2)输入倒序排列,输出正序排列;

(3)每级含 $N/2$ 个蝶形,每单元含有 W 乘法及加减法各一次;

(4)每级分为不同的群,同级个群的蝶形形状及其 W 分布规律相同。

4.3　频率抽取基 2FFT 算法

频域抽取基 2FFT 是另一种常用的简记为 DIF－FFT 基 2 快速算法,它是按 $x(k)_k$ 偶奇不断抽取的结果。

设序列 $x(n)$长度为 $N=2^M$,首先将 $x(n)$前后对半分开,得到两个子序列,其

DFT 可表示为如下形式：

$$\begin{aligned} X(k) &= \mathrm{DFT}[x(n)] = \sum_{n=0}^{N-1} x(n) W_N^{kn} \\ &= \sum_{n=0}^{N/2-1} x(n) W_N^{kn} + \sum_{n=N/2}^{N-1} x(n) W_N^{kn} \\ &= \sum_{n=0}^{N/2-1} x(n) W_N^{kn} + \sum_{n=0}^{N/2-1} x\left(n+\frac{N}{2}\right) W_N^{k(n+N/2)} \\ &= \sum_{n=0}^{N/2-1} \left[x(n) + W_N^{kN/2} x\left(n+\frac{N}{2}\right)\right] W_N^{kn} \end{aligned}$$

式中

$$W_N^{kN/2} = (-1)^k = \begin{cases} 1 & k\text{ 为偶数} \\ -1 & k\text{ 为奇数} \end{cases}$$

将 $X(k)$ 分解成偶数组与奇数组，当 k 取偶数($k=2r, r=0,1,\cdots,N/2-1$)时

$$\begin{aligned} X(2r) &= \sum_{n=0}^{N/2-1} \left[x(n) + x\left(n+\frac{N}{2}\right)\right] W_N^{2nr} \\ &= \sum_{n=0}^{N/2-1} \left[x(n) + x\left(n+\frac{N}{2}\right)\right] W_{N/2}^{nr} \end{aligned} \qquad \text{式(4.14)}$$

当 k 取奇数($k=2r+1, r=0,1,\cdots,N/2-1$)时

$$\begin{aligned} X(2r+1) &= \sum_{n=0}^{N/2-1} \left[x(n) - x\left(n+\frac{N}{2}\right)\right] W_N^{n(2r+1)} \\ &= \sum_{n=0}^{N/2-1} \left[x(n) - x\left(n+\frac{N}{2}\right)\right] W_N^{n} W_{N/2}^{nr} \end{aligned} \qquad \text{式(4.15)}$$

令

$$\left.\begin{aligned} x_1(n) &= x(n) + x\left(n+\frac{N}{2}\right) \\ x_2(n) &= \left[x(n) - x\left(n+\frac{N}{2}\right)\right] W_N^{n} \end{aligned}\right\}, n=0,1,2,\cdots,N/2-1$$

将 $x_1(n)$ 和 $x_2(n)$ 分别代入式(4.14)和式(4.15)，可得

$$\begin{cases} X(2r) = \sum\limits_{n=0}^{N/2-1} x_1(n) W_{N/2}^{rn} \\ X(2r+1) = \sum\limits_{n=0}^{N/2-1} x_2(n) W_{N/2}^{rn} \end{cases} \qquad \text{式(4.16)}$$

式(4.16)表明 $X(k)$ 按 k 值偶奇分为两组，其偶数组是 $x_1(n)$ 的 $N/2$ 点 DFT，奇数组则是 $x_2(n)$ 的 $N/2$ 点 DFT。$x_1(n)$、$x_2(n)$ 和 $x(n)$ 之间的关系也可用图 4.10

表示。

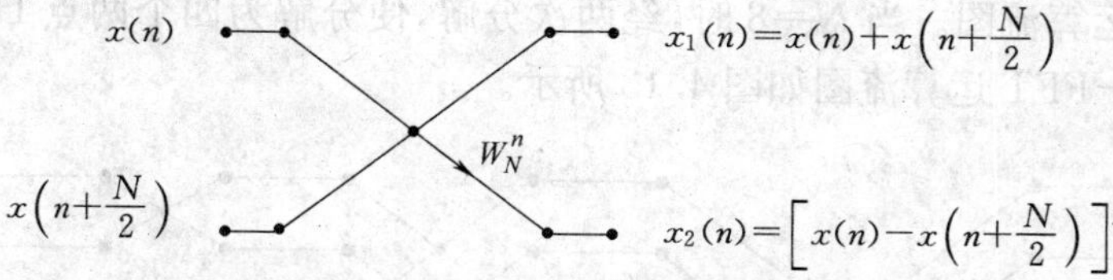

图 4.10　DIF－FFT 蝶形运算流图符号

仍然以 $N=8$ 的序列为例，一次分解的运算流图，如图 4.11 所示。

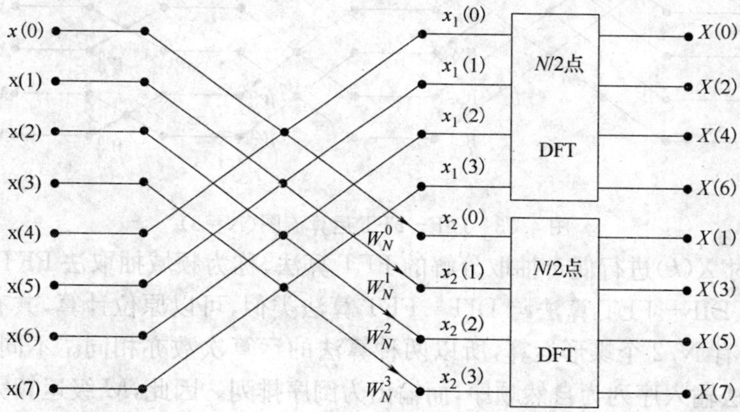

图 4.11　DIF－FFT 一次分解运算流图($N=8$)

由于 $N=2^M$，$N/2$ 仍然是偶数，继续将 $N/2$ 点 DFT 偶奇分解，这样每个 $N/2$ 点 DFT 又可由两个 $N/4$ 点 DFT 形成，其输入序列分别是 $x_1(n)$和 $x_2(n)$按上下对半分开形成的四个子序列。图 4.12 示出了 $N=8$ 时二次分解运算流图。这样

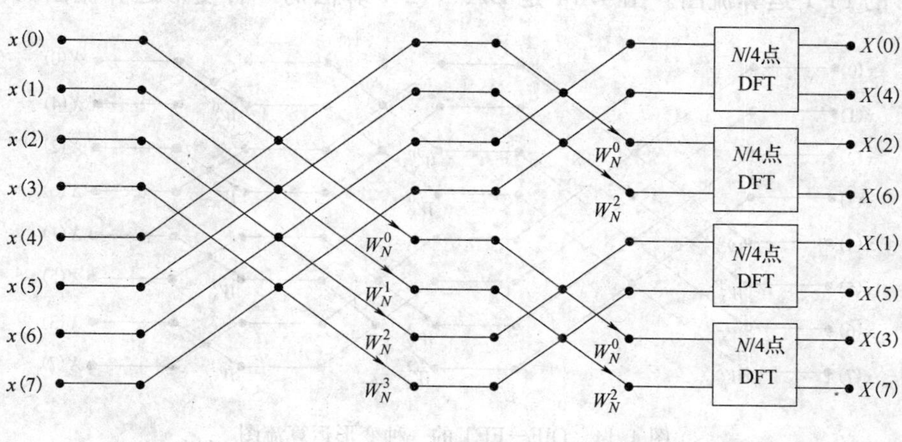

图 4.12　DIF－FFT 二次分解运算流图($N=8$)

继续分解下去，经过 $M-1$ 次分解，最后分解为 2^{M-1} 个 2 点 DFT，2 点 DFT 就是一个基本蝶形运算流图。当 $N=8$ 时，经两次分解，便分解为四个两点 DFT。$N=8$ 的完整 DIF－FFT 运算流图如图 4.13 所示。

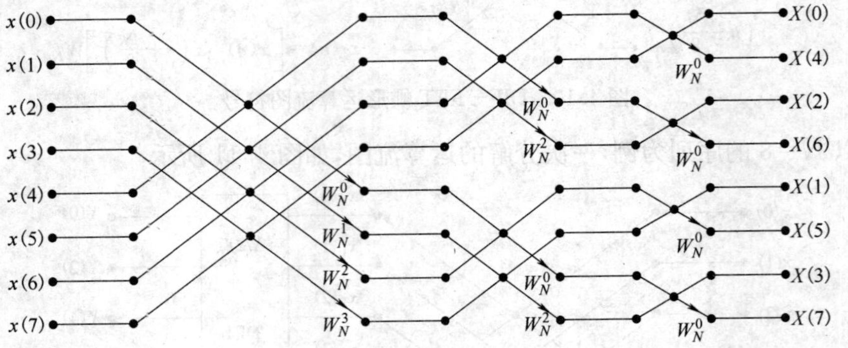

图 4.13 DIF－FFT 运算流图($N=8$)

这种对 $X(k)$ 进行偶奇抽取分解的 FFT 算法，称为频域抽取法 FFT。观察图 4.13 可知，DIF－FFT 算法与 DIT－FFT 算法类似，可以原位计算，共有 M 级运算，每级共有 $N/2$ 个蝶形运算，所以两种算法的运算次数亦相同。不同的是 DIF－FFT 算法输入序列为自然顺序，而输出为倒序排列。因此，M 级运算完后，要对输出数据进行倒序，才能得到自然顺序的 $X(k)$。另外，蝶形运算略有不同，DIF－FFT 蝶形先乘后加(减)，而 DIF－FFT 蝶形先加(减)后相乘。

最后要说明的是，上述两种 FFT 的算法流图形式不是惟一的。只要保证各支路传输比不变，改变输入与输出点以及中间结点的排列顺序，就可以得到其他变形的 FFT 运算流图。图 4.14 是 DIT－FFT 算法的一种变形运算流图，其中

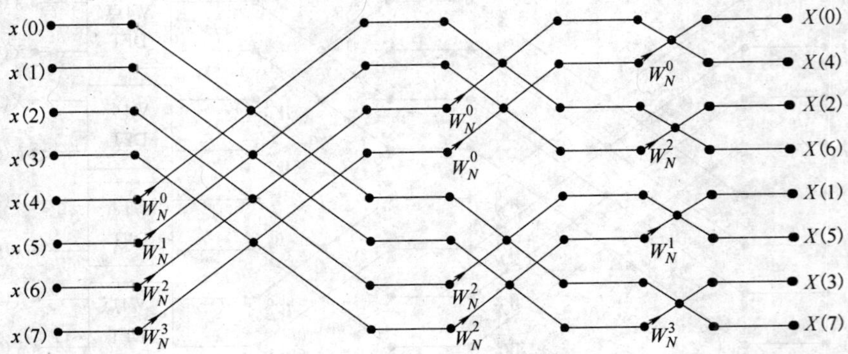

图 4.14 DIF－FFT 的一种变形运算流图

(输入顺序，输出倒序)

蝶形运算的旋转因子、运算量与图 4.4 相同。这种流图的特点是输入序列按自然顺序排列,而输出是倒序排列,在大型数据处理系统中较多采用这种流图的 FFT 算法。

用同样的方法可得到 DIT－FFT 的另一种变形运算流图,如图 4.15 所示。其特点是输入、输出均为顺序排列,但不能采用原位计算。对内存比较紧张的计算机,不宜采用这种运算流图。

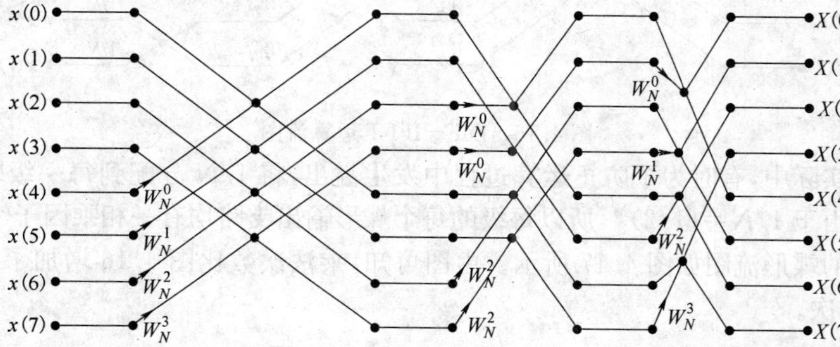

图 4.15 DIF－FFT 的一种变形运算流图
(输入输出均为顺序)

4.4 IDFT 的高效算法

上述 FFT 算法流图也可以用于离散傅里叶逆变换。

比较 DFT 和 IDFT 的运算公式:

$$X(k) = \mathrm{DFT}[x(n)] = \sum_{n=0}^{N-1} x(n) W_N^{kn}$$

$$x(n) = \mathrm{IDFT}[X(k)] = \frac{1}{N}\sum_{k=0}^{N-1} X(k) W_N^{-kn}$$

可以看出,只要将 DFT 运算公式中的系数 W_N^{kn} 改变为 W_N^{-kn},最后乘以 $1/N$,就是 IDFT 的运算公式。所以,只要将上述的 DIT－FFT 与 DIF－FFT 算法中的旋转因子 W_N^p 改为 W_N^{-p},最后的输出再乘以 $1/N$ 就可以用来计算 IDFT。可见,当现在流图的输入是 $X(k)$时,则输出就是 $x(n)$。因此,原来的 DIT－FFT 改为 IFFT 后,称为 DIF－IFFT 更合适;DIF－FFT 改为 IFFT 后应称为 DIT－IFFT。由 DIT－FFT 运算流图改成的 DIT－IFFT 运算流图如图 4.16 所示。

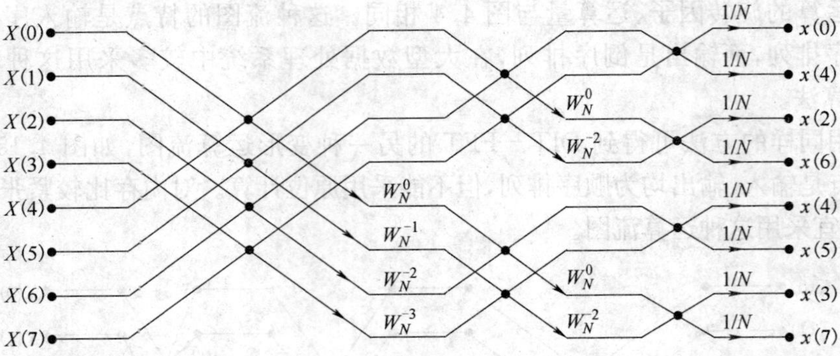

图 4.16 DIF－IFFT 运算流图

在实际中，有时为了防止运算过程中发生溢出，将 $1/N$ 分配到每一级蝶形运算中。由于 $1/N=(1/2)^M$，所以每级的每个蝶形输出支路均有一相乘因子 1/2，这种运算的蝶形流图如图 4.17 所示。由图可知，乘法次数比图 4.16 增加了 $(N/2)(M-1)$ 次。

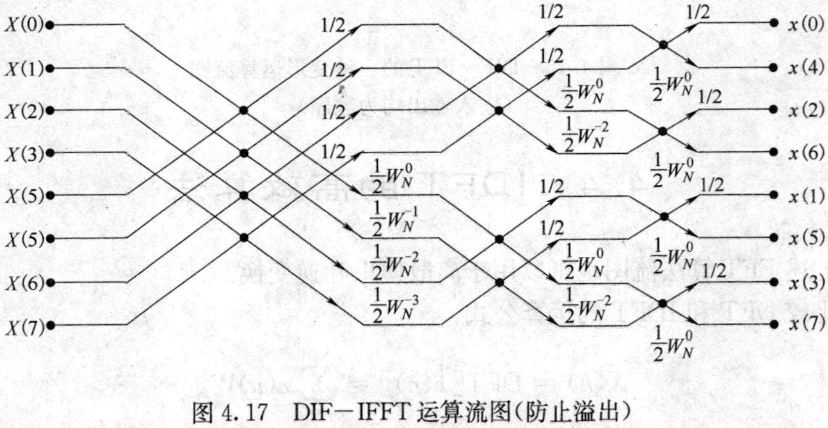

图 4.17 DIF－IFFT 运算流图(防止溢出)

另外，如果希望直接调用 FFT 子程序计算 IFFT，则可用下面的方法：

由于

$$x(n)=\frac{1}{N}\sum_{k=0}^{N-1}X(k)W_N^{-kn}$$

所以

$$x^*(n)=\frac{1}{N}\sum_{k=0}^{N-1}X^*(k)W_N^{kn}$$

对上式两边同时取共轭，得

$$x(n) = \frac{1}{N}\Big[\sum_{k=0}^{N-1} X^*(k)W_N^{kn}\Big]^* = \frac{1}{N}\{DFT[X^*(k)]\}^*$$

这样,可以先将 $X(k)$取共轭,然后直接调用 FFT 子程序,或者送入 FFT 专用硬件设备进行 DFT 运算,最后取共轭并乘以 $1/N$ 得到序列 $x(n)$。这种方法虽然用了两次取共轭运算,但可以与 FFT 共用同一子程序,因而使用起来比较方便。

4.5 进一步减少运算量的措施

前面讨论的 DIT－FFT 和 DIF－FFT 算法,由于其算法简单,编程效率高,而得到广泛应用。下面研究进一步减少运算量的途径,以程序的复杂度换取计算量的进一步提高。

4.5.1 多类蝶形单元运算

由 DIT－FFT 运算流图已得出结论,$N=2^M$ 点 FFT 共需要 $MN/2$ 次复数乘法。由式(4.12),当 $L=1$ 时,只有一种旋转因子 $W_N^0=1$,所以,第一级不需要乘法运算。当 $L=2$ 时,共有两个旋转因子:$W_N^0=1$ 和 $W_N^{N/4}=-\mathrm{j}$,因此,第二级也不需要乘法运算。在 DFT 中,又称其值为±1 和$\pm\mathrm{j}$ 的旋转因子为无关紧要的旋转因子,如 W_N^0、$W_N^{N/2}$ 和 $W_N^{N/4}$。

综上所述,先除去第一、二两级后,所需复数乘法次数应是

$$C_M=\frac{N}{2}(M-2) \qquad \text{式(4.17)}$$

进一步考虑各级中的无关紧要旋转因子。当 $L=3$ 时,有两个无关紧要的旋转因子 W_N^0 和 $W_N^{N/4}$,因为同一旋转因子对应着 $2^{M-L}=N/2^L$ 个蝶形运算,所以第三级共有 $2N/2^3=N/4$ 个蝶形不需要复数乘法运算。依次类推,当 $L\geqslant3$ 时,第 L 级的 2 个无关紧要的旋转因子减少复数乘法的次数为 $2N/2^L=N/2^{L-1}$。这样,从 $L=3$ 至 $L=M$ 共减少复数乘法次数为

$$\sum_{L=3}^{M}\frac{N}{2^{L-1}} = 2N\sum_{L=3}^{M}\Big(\frac{1}{2}\Big)^L = \frac{N}{2}-2, M=\log_2 N \qquad \text{式(4.18)}$$

因此,DIT－FFT 的复乘次数降至

$$C_M=\frac{N}{2}(M-2)-\Big(\frac{N}{2}-2\Big)=\frac{N}{2}(M-3)+2 \qquad \text{式(4.19)}$$

下面再讨论 FFT 中特殊的复数运算,以便进一步减少复数乘法次数。一般实现一次复数乘法运算需要四次实数乘,两次实数加。但对 $W_N^{N/8}=(1-\mathrm{j})\sqrt{2}/2$ 这一特殊复数,任一复数与其相乘时,有

$$\frac{\sqrt{2}}{2}(1-\mathrm{j})(x+\mathrm{j}y)=\frac{\sqrt{2}}{2}(x+\mathrm{j}y-\mathrm{j}x+y)$$

$$=\frac{\sqrt{2}}{2}[(x+y)-\mathrm{j}(x-y)]$$

$$=R+I\mathrm{j}$$

其中，$R=\frac{\sqrt{2}}{2}(x+y)$，$I=-\frac{\sqrt{2}}{2}(x-y)$，只需要两次复数加和两次复数乘就可实现。这样，$W_N^{N/8}$ 对应的每个蝶形就节省了两次实数乘。在 DIT－FFT 运算流图中，从 $L=3$ 至 $L=M$ 级，每级都包含旋转因子 $W_N^{N/8}$，第 L 级中，$W_N^{N/8}$ 对应 $N/2^L$ 个蝶形运算。因此，从第三级至最后一级，旋转因子 $W_N^{N/8}$ 节省的实数乘次数与式(4.18)式相同。所以从实数运算考虑，计算 $N=2^M$ 点 DIT－FFT 所需实数乘法次数为

$$R_M=4\left[\frac{N}{2}(M-3)+2\right]-\left(\frac{N}{2}-2\right)=N\left(2M-\frac{13}{2}\right)+10 \qquad \text{式(4.20)}$$

在基 2FFT 程序中，若包含了所有旋转因子，则称该算法为一类蝶形单元运算；若去掉 $W_N^r=\pm1$ 的旋转因子，则称之为二类蝶形单元运算；若再去掉 $W_N^r=\pm\mathrm{j}$ 的旋转因子，则称为三类蝶形单元运算；若再处理 $W_N^r=(1-\mathrm{j})\sqrt{2}/2$，则称之为四类蝶形运算。我们将后三种运算称为多类蝶形单元运算。显然，蝶形单元类型越多，编程就越复杂，但当 N 较大时，乘法运算的减少量确相当可观。例如，$N=$ 4 096时，三类蝶形单元运算的乘法次数为一类蝶形单元运算的 75%。

4.5.2 旋转因子的生成

在 FFT 运算中，旋转因子 $W_N^m=\cos(2\pi m/N)-\mathrm{j}\sin(2\pi m/N)$，求正弦和余弦函数值的计算量是很大的。所以编程时，产生旋转因子的方法直接影响运算速度。一种方法是在每级运算中直接产生；另一种方法是在 FFT 程序开始前预先计算出 W_N^m，$m=0,1,\cdots,\frac{N}{2}-1$ 存放在数组中，作为旋转因子表，在程序执行过程中直接查表得到所需旋转因子值，不再计算。这样使运算速度大大提高，其不足之处是占用内存较多。

4.5.3 实序列的 FFT 算法

在实际工作中，数据 $x(n)$ 一般都是实序列。如果直接按 FFT 运算流图计算，就是把 $x(n)$ 看成一个虚部为零的复序列进行计算，这就增加了存贮量和运算时间。处理该问题的方法有三种。早期提出的方法是用一个 N 点 FFT 计算两个 N 点实序列的 FFT，一个实序列作为 $x(n)$ 的实部，另一个作为虚部，计算完 FFT 后，根据 DFT 的共轭对称性，由输出 $X(k)$ 分别得到两个实序列的 N 点 DFT。第二种

方法是用 $N/2$ 点 FFT 计算一个 N 点实序列的 DFT。

设 $x(n)$ 为 N 点实序列,取 $x(n)$ 的偶数点和奇数点分别作为新构造序列 $y(n)$ 的实部和虚部,即

$$x_1(n)=x(2n),x_2(n)=x(2n+1),n=0,1,\cdots,\frac{N}{2}-1$$

$$y(n)=x_1(n)+\mathrm{j}x_2(n),n=0,1,\cdots,\frac{N}{2}-1$$

对 $y(n)$ 进行 $N/2$ 点 FFT,输出 $Y(k)$,则

$$\left.\begin{aligned}X_1(k)&=\mathrm{DFT}[x_1(n)]=Y_{ep}(k)\\X_2(k)&=\mathrm{DFT}[x_2(n)]=-\mathrm{j}Y_{op}(k)\end{aligned}\right\},k=0,1,\cdots,\frac{N}{2}-1$$

根据 DIT－FFT 的思想及式(4.5)和式(4.6),可得到 $x(k)$ 的前$\frac{N}{2}+1$个值:

$$X(k)=X_1(k)+W_N^kX_2(k),k=0,1,\cdots,\frac{N}{2}$$

由于 $x(n)$ 为实序列,所以 $X(k)$ 具有共轭对称性,$X(k)$ 的另外$\frac{N}{2}$点的值为

$$X(N-k)=X^*(k),k=1,2,\cdots,\frac{N}{2}-1$$

相对一般的 N 点 FFT 算法,上述算法的运算效率为 $\eta=2M/(M+1)$,当 $N=2^M=2^{10}$ 时,$\eta=20/11$,运算速度提高近1倍。

4.6　本章相关的 Matlab 释义与程序实现

与本章内容有关的 Matlab 内部函数是 fft 和 ifft。fft 实现快速傅立叶变换,ifft 实现快速傅立叶反变换。这些函数与之前用到过的所有内部函数都不同,它不是由 Matlab 指令写成的,而是由机器码写的,因此,一方面无法查看它们的 .m 文件,另外一方面是执行速度快。

调用格式:

1. Xk=fft(x),功能是用来计算点数与序列 x 等长的 DFT,对应它的反变换是 x =ifft(Xk);

2. Xk=fft(x,N),求解序列 x 的 N 点 DFT,如果序列长度大于 N 则截断成 N 长,如果小于 N 则补零成 N 长;与之对应的反变换调用为 x =ifft(Xk,N)

4.6.1　直接调用实现 DFT 与 IDFT 运算

在 Matlab 命令窗口下,直接输入序列,并直接调用相应的 fft 函数,即可得到需要的结果。

例如,求【例 3.9】两个序列 $x_1(n)=\{\underline{1},2,2,1\}$ 和 $x_2(n)=\{\underline{1},2,3\}$ 的 4 点 DFT。

操作过程及其结果:

```
>> x1=[1 2 2 1];
>> Xk1=fft(x1)
Xk1 =
   6.0000      -1.0000 - 1.0000i      0      -1.0000 + 1.0000i
>> x2=[1 2 3 0];
>> Xk2=fft(x2,4)
Xk2 =
   6.0000      -2.0000 - 2.0000i      2.0000      -2.0000 + 2.0000i
>> x1=ifft(Xk1)
x1 =
     1     2     2     1
>> x2=ifft(Xk2,4)
x2 =
     1     2     3     0
```

再如:

```
>> xn=[1+j 2+2j 3+2j j];
>> Xk= fft(xn,4)
Xk =
   6.0000 + 6.0000i   -1.0000- 3.0000i   2.0000   -3.0000 + 1.0000i
```

4.6.2 用 FFT 实现 DFT 对信号的频谱分析

编写名为 chapterfour1. m 的程序,用来分析连续时间信号 $x(t)=t-1, 0\leqslant t\leqslant 2$ 的 $X(k)$ 逼近 $H(j\Omega)$。

chapterfour1 程序:

```
%chapterfour1.m,用 FFT 实现 DFT 对信号的谱分析(逼近 FT)
clear,close all
N=input('Input N:');
T=input('Input T:');
t=0:T:2;
x=[t-1 zeros(1,N-length(t))];
```

```
Xapp=fft(x,N);
Xapp=Xapp * T;
gam=2 * pi/N/T;
k=0:10/gam;
plot(k * gam,abs(Xapp(1:length(k))),'o')
xlabel('\Omega(rad/s)'),ylabel('|X |')
title(['N=',num2str(N),',T=',num2str(T)])
hold on
plot([4.5 5.1],[.8 .8],[4.5 4.8 5.1],[.7 .7 .7],'o');
text(5.3,.8,'理论值')
text(5.3,.7,'近似值')
%下面部分是按FT公式推导的结论,为了与上面得结果进行比较
w=0.05:.05:10;
Xact=j * 2 * (w. * cos(w)-sin(w))./(w.^2);
plot(w,abs(Xact))
hold off
```

运行及其结果:

```
> chapterfour1
Input N:1024
Input T:0.1
```

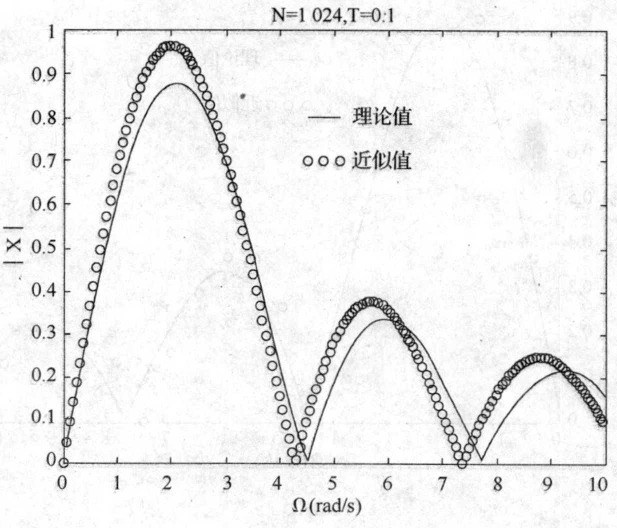

改变频率采样点数 N，比较各种情况下的结果，注意 N 值是 2 的幂次方。

```
≫ chapterfour1
Input N:512
Input T:0.1
```

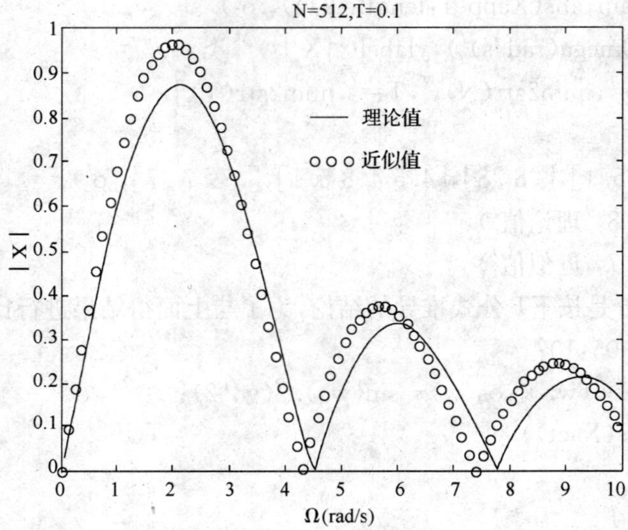


```
≫ chapterfour1
Input N:128
Input T:0.1
```

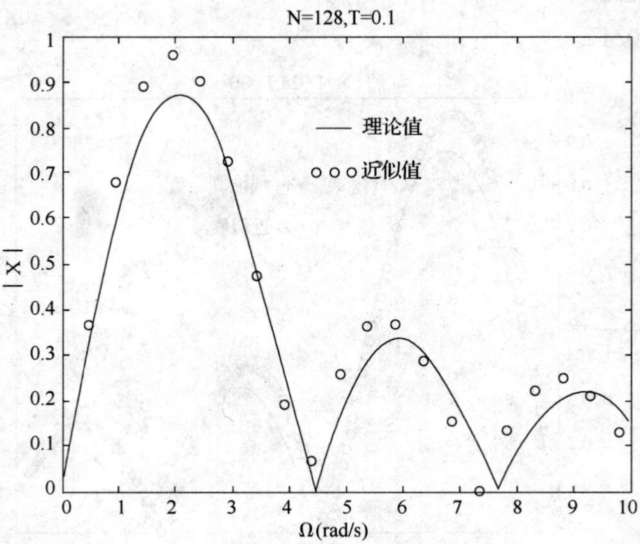

习　题

4.1　如果计算机的运算速度为平均每次复数乘需要 5 μs,每次复数加需要 1 μs,如果用它来计算 $N=1\ 024$ 点 DFT,问直接计算需要多少时间,用 FFT 计算又是多少时间?照这样计算,用 FFT 进行快速卷积对信号进行处理时,估算可实现实时处理的信号最高频率。

4.2　如果将计算机换成数字信号处理专用单片机 TMS320 系列,则计算复数乘仅需要 400 ns 左右,计算复数加需要 100 ns。请重复做上题。

4.3　序列 $x(n)=\left\{\frac{1}{2},\frac{1}{2},\frac{1}{2},\frac{1}{2},0,0,0,0\right\}$,按时域抽取和频域抽取基 2FFT 算法计算 8 点的 DFT,全程跟踪相应的运算流图,并将中间量加注在图上。

4.4　对模拟信号 $x_a(t)$ 在 1 s 内进行了 4 096 次抽样,得到有限长序列 $x(n)$,假设频域内无混叠。(1) $x_a(t)$ 的最高频率 f_c 为多少?;(2)对 $x(n)$ 进行 4 096 点 DFT,问频率分辨率 F 为多少?;(3)当只求 200 Hz$\leqslant f\leqslant$300 Hz 的 DFT 时,需要多少次复数乘法;(4)若采用 DIT—FFT 计算 $X(k)$,需要多少次复数乘法?

4.5　已知 $X(k)$ 和 $Y(k)$ 是两个 N 点实序列 $x(n)$ 和 $y(n)$ 的 DFT,若要从 $X(k)$ 和 $Y(k)$ 求 $x(n)$ 和 $y(n)$,为提高运算效率,试设计用一次 N 点 IFFT 来完成。

4.6　设 $x(n)$ 是长度为 $2N$ 的有限长实序列,$X(k)$ 为 $x(n)$ 的 $2N$ 点 DFT。

(1)试设计用一次 N 点 FFT 完成计算 $X(k)$ 的高效算法。

(2)若已知 $X(k)$,试设计用一次 N 点 IFFT 实现求 $x(n)$ 的 $2N$ 点 IDFT 的算法。

4.7　已知序列 $x(n)=\{1+\mathrm{j},2+2\mathrm{j},2+3\mathrm{j},1\}$,通过编写 Matlab 程序完成 $x(n)$ 的 4 点 DFT 运算 $X(k)$ 以及 $X_{ep}(k)$ 和 $X_{op}(k)$ 的计算。

第 5 章　数字滤波器的网络结构

5.1 概　述

5.1.1 基本概念

在实际工程中遇到的信号常常伴有噪声，为消除噪声影响，提取有用信号必须进行滤波。

实现滤波功能的系统称为滤波器。所谓数字滤波器，是指输入、输出均为数字信号，且通过一定的运算关系将一组输入的数字序列转换成另一组输出的数字序列，从而改变信号的性质达到滤波目的的滤波器。数字滤波器即可以改变输入信号所含频率成分的相对比例，也可滤除某些频率成分。

另外，除了前面我们介绍过的根据信号的时域特征对信号进行分类外，根据信号的频域特征也可以对信号进行分类，且是比较常见的。

特别地，功率(或能量)信号的功率(或能量)谱密度如果集中在零频率附近，那么，这类信号称为低频信号，如果集中在高频，就称为高频信号，而介于低频和高频之间很宽的范围内的某处的信号，称为中频信号或带通信号，图 5.1 说明了它们的谱。

还要提及的概念是信号的带宽(Band Width)。所谓带宽就是用定量测度表示功率或能量集中分布的频率范围，又称频宽，单位用 Hz 或 bit/s 表示。通俗地说，信号的带宽就是指信号所包含的各种不同频率成分所占据的频率范围，具体说就是信号覆盖的频率范围。对于频率范围是 $F_1 \leqslant F \leqslant F_2$ 的带通信号，如果信号的带宽 $B = F_2 - F_1$ 与中频 $(F_2 + F_1)/2$ 相比很小(0.1 或更小)，则这个信号就是窄带信号。反之，是宽带信号。

5.1.2 数字滤波器分类

目前，实用的数字滤波器有许多种类，但总的来说可以分成两大类，即

按总体上分：
- 经典滤波器(又称选频滤波器)
- 现代滤波器
  - 维纳滤波器
  - 卡尔曼滤波器
  - 自适应滤波器

选频滤波器的特点是输入信号中有用的频率成分和希望滤除的频率成分各占有不同的频带，对这种信号只要通过一个合适的选频滤波器就能达到滤波的目的。

例如，输入信号中含有干扰，如果信号和干扰的频带互不重叠，可滤除干扰得到纯信号。但对于选频滤波器如果信号和干扰的频带互相重叠，则不能完成对干扰的有效滤除，这时需要采用另一类所谓的现代滤波器，这类滤波器可按照随机信号内部的一些统计分布规律，从干扰中最佳地提取信号。本书仅介绍经典数字滤波器。

就本书讨论的经典数字滤波器，按其不同的分类角度，又有不同的分类。

按功能上分：
- 数字低通滤波器（LPF，Low Pass Filter）
- 数字高通滤波器（HPF，High Pass Filter）
- 数字带通滤波器（BPF，Band Pass Filter）
- 数字带阻等滤波器（BSF，Band Stop Filter）
- 数字全通（APF，All-pass Filter，移相器）

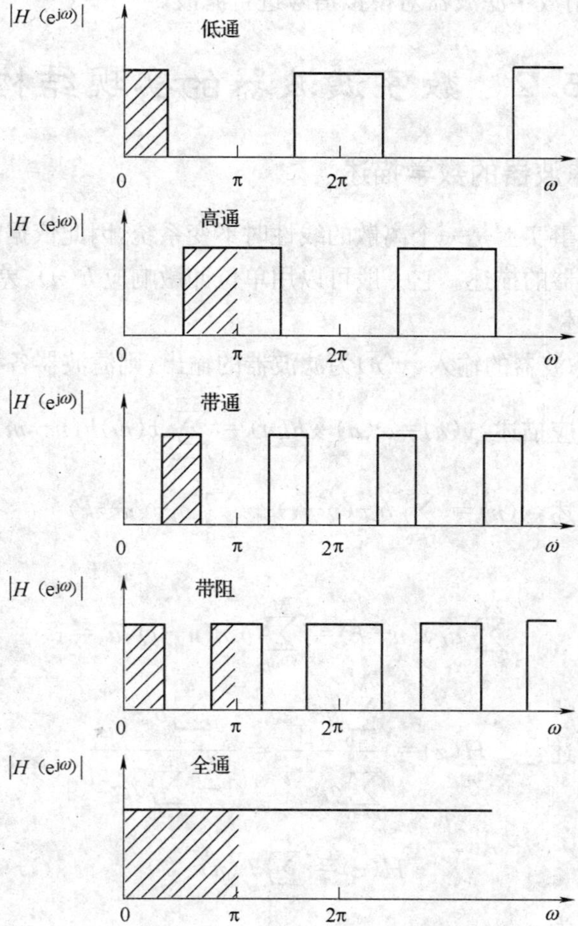

图 5.1　各种理想数字滤波器幅频特性

按实现的网络结构或从单位冲激响应分：
- 无限长冲激响应滤波器(IIR,Infinite Impulse Response)
- 有限长冲激响应滤波器(FIR,Finite Impulse Response)

图 5.1 所示的理想滤波器是不可能实现的,因为它们的单位冲激响应均是非因果且是无限长的,所以我们只能按照某些准则设计滤波器,使之尽可能逼近它,这些理想滤波器可作为逼近的标准用。另外,需要注意的是数字滤波器的传输函数 $H(e^{j\omega})$都是以 2π 为周期的,滤波器的低通频带处于 2π 的整数倍处,而高频频带处于 π 的奇数倍附近,这一点和模拟滤波器是有区别的。

数字滤波器具有比模拟滤波器精度高、稳定、体积小、重量轻、灵活、不要求阻抗匹配以及实现模拟滤波器无法实现的持殊滤波功能等优点。实际中,如果要处理的是模拟信号,可通过 A/D 转换器和 D/A 转换器,在信号形式上进行匹配转换,同样可以使用数字滤波器对模拟信号进行滤波。

5.2 数字滤波器的实现结构

5.2.1 数字滤波器的数学描述

数字滤波器事实上是一个离散的线性时不变系统,因此依据前面各章所述,可总结出数字滤波器的描述。它一般可以用单位冲激响应 $h(n)$、差分方程以及系统函数 $H(z)$来描述。

设 $x(n)$为滤波器的输入,$y(n)$为滤波器的输出,则滤波器各种描述如下。

单位冲激响应描述：$y(n)=x(n)*h(n)=\sum_{n=\infty}^{\infty}x(m)h(n-m)$

差分方程描述：$y(n)=\sum_{i=0}^{M}b_i x(n-i)+\sum_{k=1}^{N}a_k y(n-k)$

或者写做

$$\sum_{k=0}^{N}a_k y(n-k)=\sum_{i=0}^{M}b_i x(n-i),a_0=1 \qquad 式(5.1)$$

系统函数描述：

$$H(z)=\frac{\sum_{i=0}^{M}b_i z^{-i}}{\sum_{k=0}^{N}a_k z^{-k}}=\frac{\sum_{i=0}^{M}b_i z^{-i}}{1-\sum_{k=1}^{N}a_k z^{-k}} \qquad 式(5.2)$$

$$H(z)=\sum_{n=0}^{N-1}h(n)z^{-n} \qquad 式(5.3)$$

滤波器输出为

$$y(n)=\mathrm{IZT}[X(z)H(z)]$$

一般来说，按照系统物理组成、工作原理及其满足的物理规律，可得到系统描述的差分方程形式，其他表示形式可在差分方程基础上间接得到，当式(5.1)中的$a_k \neq 0, k=1,2,\cdots,N$时，$h(n)$是无限长的，这样的滤波器称为$N$阶IIR滤波器，其系统函数$H(z)$由式(5.2)表示，反之，即$a_k=0, k=1,2,\cdots,N$，$h(n)$是有限长的，称为$(N-1)$阶FIR滤波器，用式(5.3)表示。对描述FIR滤波器的式(5.3)再简要说明如下。

FIR滤波器其单位冲激响应$h(n)$是有限长的，在FIR网络中一般不存在输出对输入的反馈支路，通常用下列差分方程描述：

$$y(i)=\sum_{n=0}^{N-1} b_n x(i-n) \qquad \text{式(5.4)}$$

则对应的系统函数$H(z)$表示为

$$H(z)=\sum_{n=0}^{N-1} b_n z^{-n} \qquad \text{式(5.5)}$$

而且，又由于FIR滤波器的单位采样响应$h(n)$与系数是一致的，即，

$$h(n)=\begin{cases} b_n, 0\leqslant n\leqslant M \\ 0,\text{其他} \end{cases}$$

因此，FIR滤波器又可等效地的描述为

$$H(z)=\sum_{n=0}^{N-1} h(n) z^{-n} \qquad \text{式(5.6)}$$

当然，采用单位冲激响应描述FIR滤波器有

$$y(n)=x(n) * h(n)=\sum_{m=0}^{N-1} h(m) x(n-m) \qquad \text{式(5.7)}$$

数字滤波器实质是一种运算，为了用计算机或专用硬件完成对输入信号的处理(运算)，必须把式(5.2)或者式(5.3)变换成一种算法，按照这种算法对输入信号进行运算。其实式(5.1)就是对输入信号的一种直接算法，用差分方程定义了为实现数字滤波器系统而进行的一系列运算。数字滤波器的实现问题实际上就是以软件编程形式或者DSP等硬件方式对式(5.2)或者式(5.3)进行运算。

然而，同一个$H(z)$表示成不同形式，就对应着不同的算法，所以输入信号处理的实现方法就有多种，不同的算法直接影响系统运算误差、运算速度以及系统的复杂程度和成本等，因此研究实现信号处理的算法是一个很重要的问题。为了更加清晰地表示不同算法的运算结构，使用特定图形表示，这种用图形表示的结构称为网络结构，可见网络结构实际上表示的是一种运算结构。

5.2.2 网络结构的信号流图表示

1. 基本运算单元的图形表示

从运算角度来看，在网络结构中只有三种基本运算，即乘法、加法和单位延迟，这三种基本运算的图形表示如图 5.2 所示。

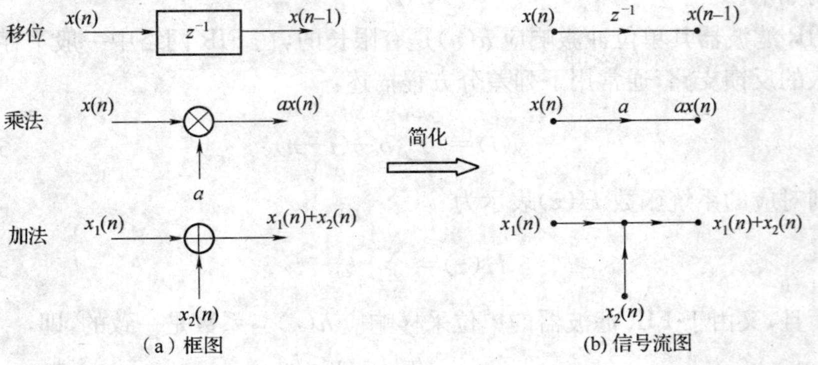

图 5.2 基本运算的框图和信号流图表示

用图 5.2(b)信号流图(Signal Flow Graghs)表示系统的网络结构是比较简明的，以下讨论均使用信号流图。

2. 信号流图基本构成

信号流图实际上是由连接节点的一些有方向性的支路构成的。例如，一个简单的一阶 IIR 网络的差分方程为 $y(n)=a_1y(n-1)+a_2y(n-2)+b_0x(n)$，其网络结构如图 5.3 所示。

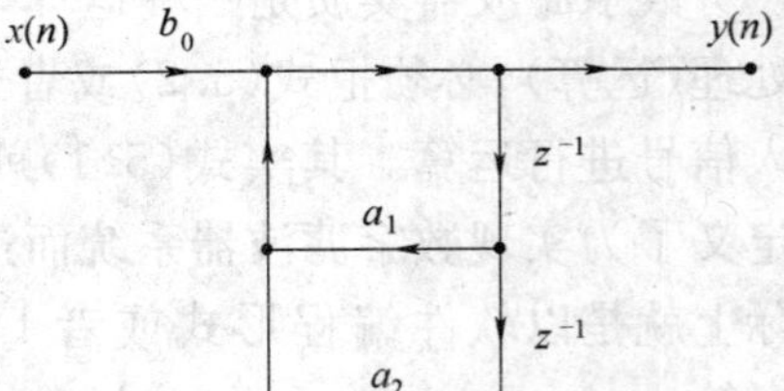

图 5.3 网络结构图示例

构成信号流图有节点、支路和节点变量等基本要数。

节点：圆点称为网络节点，简称节点，它表示节点变量间的和运算，流入节点信号相加等于流出信号。其中没有流入信号的节点称输入节点或称源节点，没有流出信号的节点称为输出节点或阱节点。

支路：节点之间的一条有效通路。用带箭头的直线表示，箭头表示信号流动方向，箭头线上面的 z^{-1} 代表单位延时器，信号 $x(n)$经过它移位一次得 $x(n-1)$，而 a 是信号的增益，它通常为常数，信号 $x(n)$经过它扩大 a 倍为 $ax(n)$，当 $a=1$ 时，省略不写。

变量：每个节点处的信号称节点变量，简称变量，表示节点是什么信号。

和每个节点连接的有输入支路和输出支路，节点变量等于所有输入支路的输出之和。

3. 基本信号流图

不同的信号流图代表不同的运算方法，而对于同一个系统函数可以有很多种信号流图与之相对应。从基本运算考虑，满足以下条件的，称为基本信号流图。

(1)信号流图中所有支路都是基本的，即支路增益是常数 a 或者是 z^{-1}；

(2)流图环路中必须存在延迟支路；

(3)节点和支路的数目是有限的。

根据信号流图可以求出网络的系统函数，方法是列出各个节点变量方程，求解该方程，推导出输出与输入之间的关系。当结构复杂时，利用节点变量方程联立求解的方法较麻烦，不如用梅逊(Masson)分式直接写 H(z)表示式方便。关于梅逊公式本书不再介绍。

一般将网络结构(实现方式)分成两类，一类称为有限长冲激响应网络，简称 FIR 网络，另一类称为无限长冲激响应网络，简称 IIR 网络。这两类不同的网络结构各有不同的特点，下面分类叙述。

5.3　IIR 网络结构

IIR 滤波器具有无限长持续时间的 $h(n)$，体现在差分方程或者系统函数上是 $a\neq0$，这样的滤波器叫做回归滑动平均(ARMA)滤波器，实现它的网络结构是 IIR 网络结构，常采用递归形式即信号流图中存在输出对输入的反馈支路，也就是说，信号流图中具有反馈存在环路。所以 IIR 滤波器又名“递归滤波器”。IIR 的基本网络结构有三种，即直接型、级联型和并联型。

5.3.1　直接型

将 N 阶差分方程重写如下：

$$y(n)=\sum_{i=0}^{M}b_ix(n-i)+\sum_{k=1}^{N}a_ky(n-k),\ a_0=1$$

或系统函数

$$H(z)=\frac{\sum\limits_{i=0}^{M}b_iz^{-i}}{1-\sum\limits_{k=1}^{N}a_kz^{-k}}=\frac{b_0+b_1z^{-1}+b_2z^{-2}+\cdots+b_Mz^{-M}}{1-a_1z^{-1}-a_2z^{-2}-\cdots-a_Nz^{-N}}\qquad 式(5.8)$$

按上述式子画出的信号流图，称直接型网络结构，当 $a_0=1$ 时，称标准型如图 5.4 所示。为简便起见，我们以 $M=N=2$ 时的 IIR 系统为例，说明直接型网络结构绘制。当 $M=N=2$ 时，由式(5.8)得

$$H(z)=\frac{b_0+b_1z^{-1}+b_2z^{-2}}{1-a_1z^{-1}-a_2z^{-2}}$$

按照差分方程可以直接画出网络结构如图 5.5(a)所示。$\sum_{i=0}^{M} b_i x(n-i)$ 对应图中第一个虚框，用系统函数 $H_1(z)$ 表示，$\sum_{k=1}^{N} a_k y(n-k)$ 对应图中第二个虚框，用系统函数 $H_2(z)$ 表示，那么 $H(z)=H_1(z)\cdot H_2(z)$，当然也可以写成 $H(z)=H_2(z)\cdot H_1(z)$，按照此式，相当于将图 5.5(a)中两部分流图交换位置，如图 5.5(b) 所示。该图中节点变量 $w_1=w_2$，因此前后两部分的延时支路可以合并，形成如图 5.5 (c)所示的网络结构流图，将 5.5 (c)所示的这类流图称为 IIR 直接型网络结构，也称最少延迟网络、典范形式、正准型。

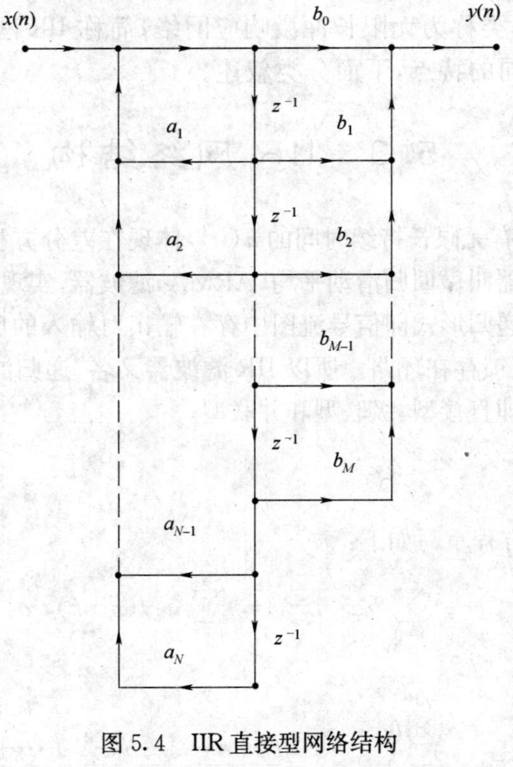

图 5.4 IIR 直接型网络结构

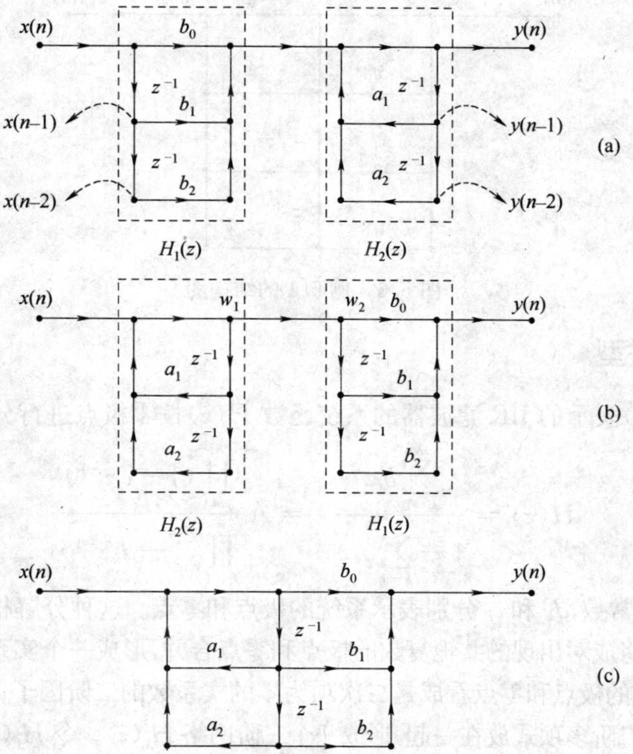

图 5.5　二阶 IIR 系统直接型网络结构

直接型网络结构所需要的延迟单元最少，计算误差较大，受有限字长影响比较大，因此系统调整不很方便。

【例 5.1】　设 IIR 数字滤波器的系统函数 $H(z)$ 为

$$H(z)=\frac{8-4z^{-1}+11z^{-2}-2z^{-3}}{1-\frac{5}{4}z^{-1}+\frac{3}{4}z^{-2}-\frac{1}{8}z^{-3}}$$

画出该滤波器的直接型结构。

解　由 $H(z)$ 写出差分方程如下：

$$y(n)=\frac{5}{4}y(n-1)-\frac{3}{4}y(n-2)+\frac{1}{8}y(n-3)+8x(n)-4x(n-1)+11x(n-2)-2x(n-3)$$

按照差分方程画出如图 5.6 所示的直接型网络结构。

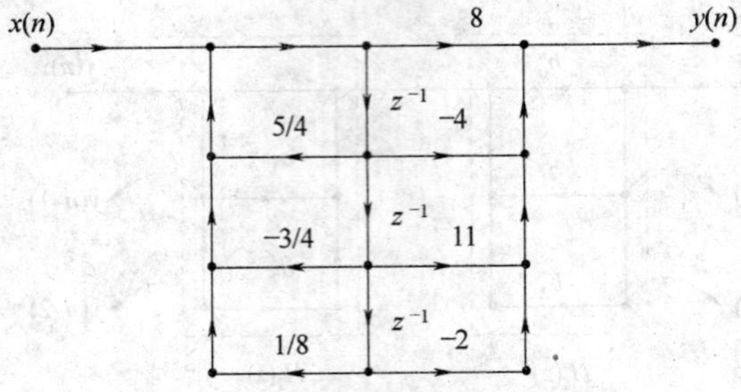

图 5.6 例 5.1 的结构图

5.3.2 级联型

将式(5.2)表示的 IIR 滤波器的系统函数 $H(z)$ 按零极点进行分解，得到：

$$H(z)=\frac{\sum_{i=0}^{M}b_i z^{-i}}{1-\sum_{k=1}^{N}a_k z^{-k}}=A\frac{\prod_{i=1}^{M}(1-c_i z^{-1})}{\prod_{k=1}^{N}(1-d_k z^{-1})}\qquad 式(5.9)$$

式中 A 是常数，d_k 和 c_i 分别表示系统的极点和零点。这种分解相当于是一阶滤波器的级联。将成对出现的共轭复数的极点和零点合并，形成一个实系数的二阶因子形式，再把实数的极点和零点看成是二次项为零的实系数的二阶因子；再将分子、分母均为实系数的二阶多项式放在一起，形成一个二阶网络 $H_j(z)$。令 $H_j(z)$ 为：

$$H_j(z)=\frac{\beta_{0j}+\beta_{1j}z^{-1}+\beta_{2j}z^{-2}}{1-\alpha_{1j}z^{-1}-\alpha_{2j}z^{-2}}\qquad 式(5.10)$$

式中，β_{1j}、β_{2j}、α_{1j} 和 α_{2j} 均为实数。这样 $H(z)$ 就分解成了多个二阶网络 $H_j(z)$ 形式，即：

$$H(z)=AH_1(z)H_2(z)\cdots H_r(z)=A\prod_{j=1}^{r}H_j(z)=A\prod_{j=1}^{r}\frac{\beta_{0j}+\beta_{1j}z^{-1}+\beta_{2j}z^{-2}}{1-\alpha_{1j}z^{-1}-\alpha_{2j}z^{-2}}\qquad 式(5.11)$$

$H(z)$ 的式(5.11)表示形式称零极点增益形式，在式(5.11)中对每个 $H_j(z)$ 的网络结构均采用直接型网络结构，就得出了如图 5.7 所示的 IIR 滤波器级联型结构。

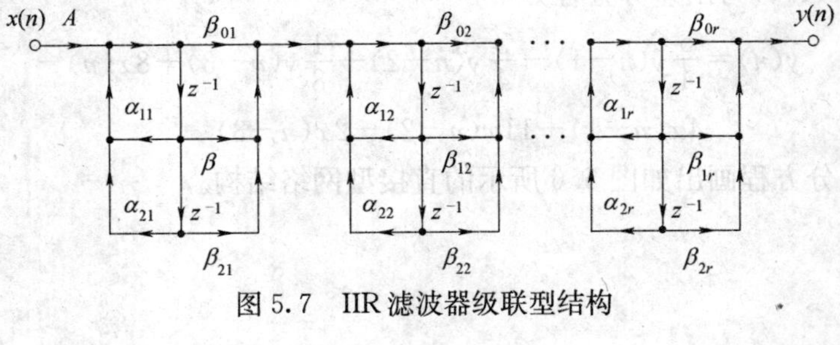

图 5.7 IIR 滤波器级联型结构

在级联型结构中，一方面，可用不同的搭配关系构成二阶网络，基本节点顺序还可改变，经过优选可选出有限字长影响小的结构；另外，调整 β_{0j}、β_{1j} 和 β_{2j} 两个系数可以改变一对零点的位置，调整 α_{1j} 和 α_{2j} 可以改变一对极点的位置。因此，相对直接型结构，便于准确地实现滤波器的零极点调整，从而调整算法。此外，在这种结构中，后面的网络输出不会再流到前面，那么，运算误差的积累相对直接型也就较小。

【例 5.2】　设系统函数 $H(z)$ 如下式：

$$H(z)=\frac{8-4z^{-1}+11z^{-2}-2z^{-3}}{1-1.25z^{-1}+0.75z^{-2}-0.125z^{-3}}$$

试画出其级联型网络结构。

解　将 $H(z)$ 的分子、分母进行因式分解，得到：

$$H(z)=\frac{(2-0.379z^{-1})}{(1-0.25z^{-1})}\cdot\frac{(4-1.24z^{-1}+5.264z^{-2})}{(1-z^{-1}+0.5z^{-2})}$$

为减少单位延迟的数目，将一阶的分子、分母多项式组成一个一阶网络，二阶的分子母多项式组成一个二阶网络，画出结构图如图 5.8 所示。

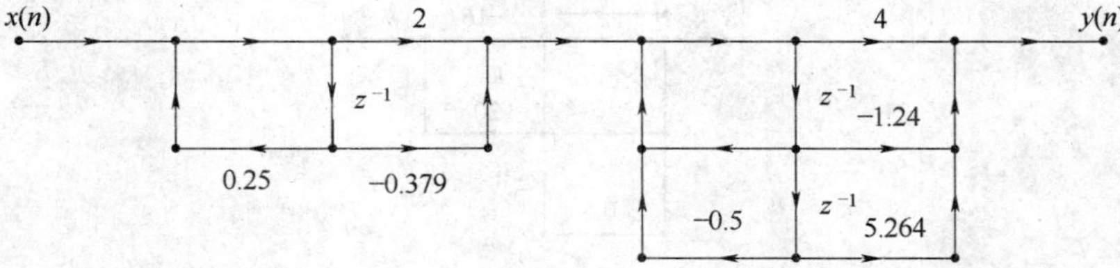

图 5.8　例 5.2 的结构图

5.3.3　并联型

如果系统函数 $H(z)$ 展成部分分式和的形式，则得到 IIR 并联型结构，即

$$H(z)=H_1(z)+H_2(z)+\cdots+H_m(z)=\sum_{i=1}^{m}H_i(z)$$

式中，$H_i(z)$ 通常为一阶网络或二阶网络，网络系数均为实数。二阶网络的系统函数一般为

$$H_i(z)=\frac{\beta_{0i}+\beta_{1i}z^{-1}}{1-\alpha_{1i}z^{-1}-\alpha_{2i}z^{-2}}$$

式中，β_{0i}、β_{1i}、α_{1i} 和 α_{2i} 都是实数。如果 $\alpha_{2i}=0$，则构成一阶网络。

此时，
$$H(z)=\sum_{i=1}^{m}H_i(z)=\sum_{i=1}^{m}\frac{\beta_{0i}+\beta_{1i}z^{-1}}{1-\alpha_{1i}z^{-1}-\alpha_{2i}z^{-2}}\qquad\text{式(5.12)}$$

与级联型结构类似，将式(5.12)每个 $H_i(z)$ 用直接型网络表示，就可得到 IIR 滤波器并联型结构。

在并联型结构中，每一个一阶网络决定一个实数极点，每一个二阶网络决定一对共轭极点，因此调整极点位置方便，但调整零点位置不如级联型方便。另外，各个基本网络是并联的，产生的运算误差互不影响，不像直接型和级联型那样有误差积累，因此，并联形式运算误差最小。由于基本网络并联，可同时对输入信号进行运算，因此并联型结构与直接型和级联型比较，其运算速度最高。

【例 5.3】 画出例题 5.2 中的 $H(z)$ 的并联结构。

解 将例 5.2 中 $H(z)$ 展成部分分式形式：

$$H(z)=16+\frac{8}{1-0.5z^{-1}}+\frac{-16+20z^{-1}}{1-z^{-1}+0.5z^{-2}}$$

将每一部分用直接型结构实现，其并联型网络结构如图 5.9 所示。

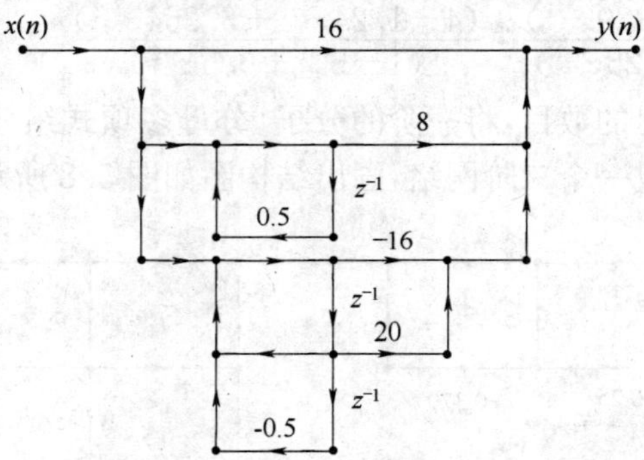

图 5.9 例 5.3 的结构图

5.4 FIR 网络结构

FIR 滤波器其单位冲激响应 $h(n)$ 是有限长的，实现它的网络结构是 FIR 网络结构。FIR 网络结构采用的是非递归形式，即信号流图中一般不存在输出对输入的反馈。其 FIR 的基本网络结构有直接型和级联型，没有并联型。此外，FIR 滤波器有的结构采用频域 $H(k)$ 描述，因此有频率采样型。

5.4.1 直接型

按照 $H(z)$ 或者采用单位冲激响应描述，即

$$H(z)=\sum_{n=0}^{N-1}h(n)z^{-n}$$

$$y(n)=x(n)*h(n)=\sum_{m=0}^{N-1}h(m)x(n-m)$$

$$=h(0)x(n)+h(1)x(n-1)+\cdots+h(N-1)x(n-N+1)$$

式(5.13)

直接画出结构图如图 5.10 所示。这种结构称为 FIR 滤波器的直接型网络结构或者称为卷积型结构，又名横截型结构。

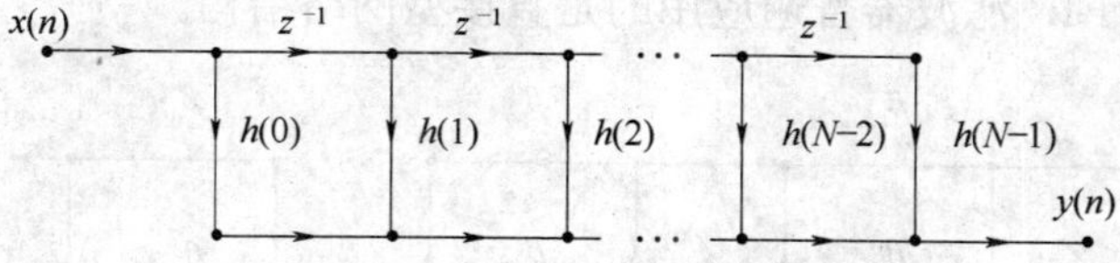

图 5.10　FIR 滤波器的直接型网络结构

这种结构的特点是在 N 长内 N 个抽头乘以 $h(n)$ 后进行叠加。该结构实现需要 $N-1$ 个存储单元存前 $N-1$ 个输入数据，输出由当前和 $N-1$ 个过去的输入值的加权线性组合组成。

【例 5.4】　已知 FIR 滤波网络系统函数 $H(z)$ 为

$$H(z)=\sum_{i=0}^{3}a_i z^{-i}$$

画出其直接型结构。

解

对应的差分方程为

$$y(n)=\sum_{i=0}^{3}a_i x(n-i)=a_0x(n)+a_1x(n-1)+a_2x(n-2)+a_3x(n-3)$$

画出直接型结构如图 5.11 所示。

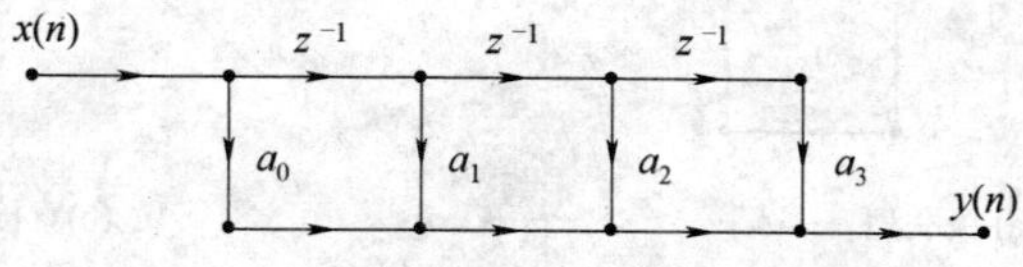

图 5.11　例 5.4 的结构图

5.4.2　级联型

将 $H(z)$ 进行因式分解，将成对出现的共轭复数零点合并，形成一个实系数的二阶因子形式，再把实数的零点看成是二次项为零的实系数的二阶因子，则

$$H(z)=\sum_{n=0}^{N-1}h(n)z^{-n}=\prod_{j=1}^{M}(\beta_{0j}+\beta_{1j}z^{-1}+\beta_{2j}z^{-2})\qquad 式(5.14)$$

按上式绘出的信号流图称 FIR 滤波器级联型网络结构，如图 5.12 所示。在级联型结构中，就是由一阶或二阶因子构成的级联结构。级联型结构每一个一阶

因子控制一个零点，每一个二阶因子控制一对共轭零点，因此调整零点位置比直接型方便，但 $H(z)$中的系数比直接型多，因而需要的乘法器就多。这我们将在下面的例 5.5 中看到，采用直接型时需要四个乘法器，而级联型则需要五个乘法器，如果分解的因子越多，需要的乘法器也就越多。另外，当 $H(z)$的阶次较高时，也不易分解。因此，FIR 滤波器普遍应用的是直接型网络结构。

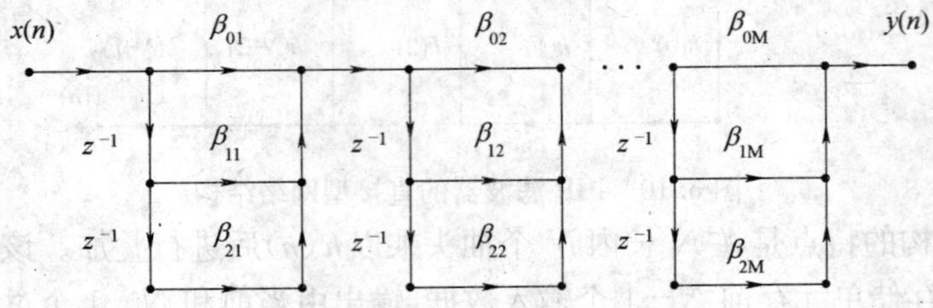

图 5.12　FIR 滤波器的级联型网络结构

【例 5.5】　设 FIR 网络系统函数 $H(z)$如下式：

$$H(z)=0.96+2.0z^{-1}+2.8z^{-2}+1.5z^{-3}$$

画出 $H(z)$的直接型结构和级联型结构。

解　将 $H(z)$进行因式分解，得到：

$$H(z)=(0.6+0.5z^{-1})(1.6+2z^{-1}+3z^{-2})$$

其级联型结构和直接型结构如图 5.13 所示。

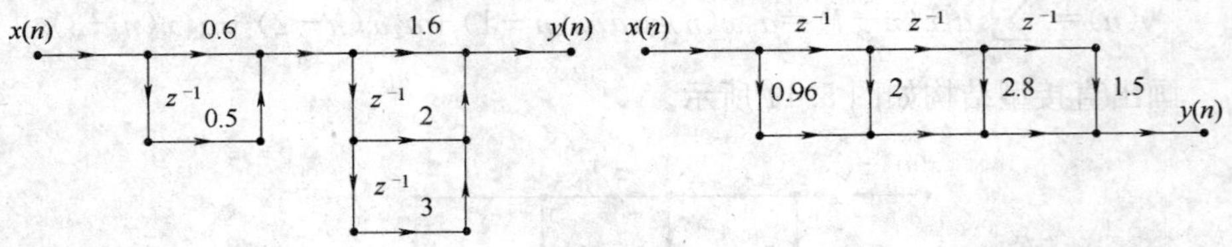

(a) 级联型　　(b)直接型

图 5.13　例 5.5 的结构图

5.4.3　频率采样型

设 FIR 滤波器的单位冲激响应 $h(n)$的长度是 M，由频域采样定理可知，只要频率域采样点数 N 大于等于原序列的长度 M，原序列就可通过频率域等间隔采样的样值重构(恢复)。

由 3.3.2 节的结论可知，系统函数 $H(z)$可用离散傅里叶变换 $H(k)$(频率采样序列)内插得到，其内插公式为

$$H(z)=\frac{1}{N}\sum_{k=0}^{N-1}H(k)\frac{1-z^{-N}}{1-W_N^{-k}z^{-1}}=(1-z^{-N})\frac{1}{N}\sum_{k=0}^{N-1}\frac{H(k)}{1-W_N^{-k}z^{-1}}$$

式(5.15)

这里不妨再简单证明一下式(5.15)，也可参阅 3.3.2 节。

证明　由离散傅里叶反变换定义

$$h(n)=\frac{1}{N}\sum_{k=0}^{N-1}H(k)W_N^{-nk}\ ,k=0,1,\cdots,N-1$$

则上式两边取 Z 变换并整理，有

$$\begin{aligned}H(z)=\sum_{n=0}^{N-1}h(n)z^{-n}&=\sum_{n=0}^{N-1}\left[\frac{1}{N}\sum_{k=0}^{N-1}H(k)W_N^{-nk}\right]z^{-n}\\&=\frac{1}{N}\sum_{k=0}^{N-1}H(k)\left[\sum_{n=0}^{N-1}W_N^{-nk}z^{-n}\right]\\&=\frac{1}{N}\sum_{k=0}^{N-1}H(k)\left[\sum_{n=0}^{N-1}(W_N^{-k}z^{-1})^n\right]\\&=\frac{1}{N}\sum_{k=0}^{N-1}H(k)\frac{1-W_N^{-Nk}z^{-N}}{1-W_N^{-k}z^{-1}}\end{aligned}$$

因为 $W_N^{-Nk}=1$，所以

$$H(z)=(1-z^{-N})\frac{1}{N}\sum_{k=0}^{N-1}\frac{H(k)}{1-W_N^{-k}z^{-1}}$$

式(5.15)为实现 FIR 数字滤波器，提供了一种称为频率采样的 FIR 网络结构。请读者自行分析 IIR 滤波网络为什么不适合采用频率采样结构。

为了绘制 FIR 网络结构，令

$$H_c(z)=1-z^{-N};H_k(z)=\frac{H(k)}{1-W_N^{-k}z^{-1}}$$

则式(5.15)变为

$$H(z)=\frac{1}{N}H_c(z)\sum_{k=0}^{N-1}H_k(z)\qquad 式(5.10)$$

这样，$H(z)$是由一个 N 阶延时单元组成的 $H_c(z)$和 N 个一阶网络 $H_k(z)$的级联而成的。前者 $H_c(z)$是梳状滤波器，参见 2.6.3 节例题；后者 $H_k(z)$可展开为 N 个一阶网络的和，信号流图是个并联结构。由此 FIR 网络结构其网络结构如图 5.14 所示。

该网络结构中有反馈支路，它是由 $H_k(z)$产生的，其极点为 $z_k=W_N^{-k}$，$k=0,1,2,\cdots,N-1$，即单位圆上有等间隔分布的 N 个极点，与 $H_c(z)$梳状滤波的零点 $z_k=e^{j\frac{2\pi}{N}k}=W_N^{-k}$，$k=0,1,2,\cdots,N-1$ 刚好抵消，保证了网络的稳定性，使频率采样型网络结构仍属于 FIR 网络结构。

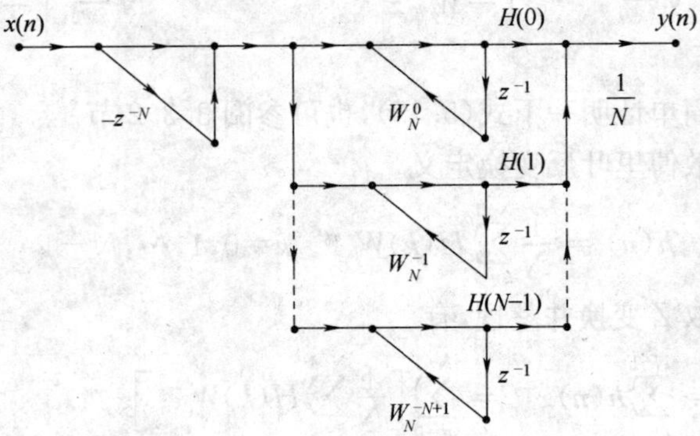

图 5.14 FIR 滤波器频率采样型网络结构

频率采样型结构的优点：

(1)在频率采样点 ω_k，$H(e^{j\omega_k})=H(k)$，只要调整 $H(k)$（即一阶网络 $H_k(z)$ 中乘法器的系数），就可以有效地调整频率响应特性，实际使用中调整方便。

(2)只要 $h(n)$ 长度 N 相同，对于任何频率响应形状，其梳状滤波器部分和 N 个一阶网络部分结构完全相同，只是各支路增益 $H(k)$ 不同。实际使用中相同部分便于标准化、模块化。

频率采样型结构的缺点：

无论用软件还是硬件来实现 FIR 频率采样型结构算法，都会由于计算精度带来一些问题。

(1)系统稳定是靠位于单位圆上的 N 个零极点互相抵消来保证的。实际中如果滤波器的系数稍有误差（因为寄存器字长度都是有限的），这样会造成零极点不能完全对消，从而影响系统稳定性。

(2)$H(k)$ 和 W_N^{-k} 一般为复数，乘法器完成复数乘法运算，如果用硬件来实现比较麻烦。

为了克服上述缺点，实际使用时往往使用修正的频率采样型结构，说明如下。

首先，将单位圆上的零极点稍加向单位圆内收缩到半径为 r 的圆上，即 $r<1$，且 $r\approx1$。此时 $H(z)$ 为

$$H(z)=(1-r^N z^{-N})\frac{1}{N}\sum_{k=0}^{N-1}\frac{H_r(k)}{1-rW_N^{-k}z^{-1}}$$

$$\approx(1-r^N z^{-N})\frac{1}{N}\sum_{k=0}^{N-1}\frac{H(k)}{1-rW_N^{-k}z^{-1}} \qquad 式(5.17)$$

式中，$H_r(k)$是在 r 圆上对 $H(z)$的 N 点等间隔采样值。由于 $r\approx1$，所以可近似认为 $H_r(k)\approx H(k)$ 。这样一来，零极点均为 $re^{j\frac{2\pi}{N}k}$，$k=0,1,2,\cdots,N-1$。如果由于某种原因，零点与极点不能抵消时，极点位置仍在单位圆内，系统仍是的稳定的。

另外，由 DFT 的共轭对称性知，如果 $h(n)$是实数序列，则其离散傅里叶变换 $H(k)$是关于 $N/2$ 点共轭对称的，即 $H(k)=H^*(N-k)$。又因为$(W_N^{-k})^*=W_N^{-(N-k)}$，为了得到实数系数，将 $H_k(z)$和 $H_{N-k}(z)$合并为一个二阶网络，记为$H_k(z)$，则

$$
\begin{aligned}
H_k(z)&=\frac{H(k)}{1-rW_N^{-k}z^{-1}}+\frac{H(N-k)}{1-rW_N^{-(N-k)}z^{-1}}\\
&=\frac{H(k)}{1-rW_N^{-k}z^{-1}}+\frac{H^*(k)}{1-r(W_N^{-k})^*z^{-1}}\\
&=\frac{a_{0k}+a_{1k}z^{-1}}{1-2r\cos\left(\frac{2\pi}{N}k\right)z^{-1}+r^2z^{-2}}
\end{aligned}
$$

式中

$$
\left.\begin{aligned}
a_{0k}&=H(k)+H^*(k)=2\mathrm{Re}[H(k)]\\
a_{1k}&=-r[H(k)W_N^k+H^*(k)W_N^{-k}]=-2\mathrm{Re}[rH(k)W_N^k]
\end{aligned}\right\},k=0,1,2,\cdots,\frac{N}{2}-1
$$

显然，二阶网络 $H_k(z)$的系数都为实数，其结构如图 5.15 所示。

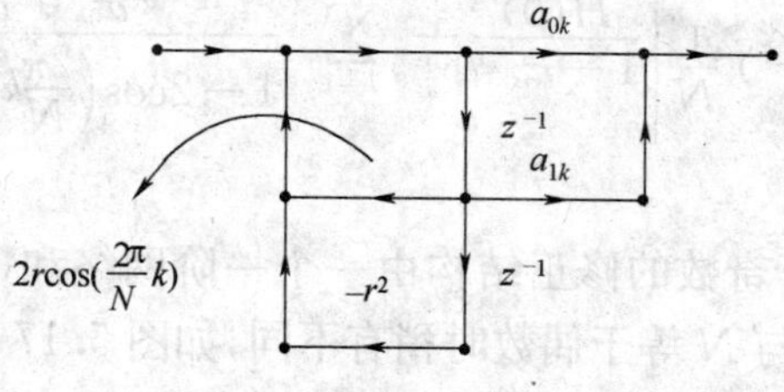

图 5.15　二阶网络 $H_k(z)$结构图

接下来可讨论修正后的网络结构了。

当 N 为偶数时，$H(z)$可表示为

$$
\begin{aligned}
H(z)&=(1-r^Nz^{-N})\frac{1}{N}\left[\frac{H(0)}{1-rz^{-1}}+\frac{H\left(\frac{N}{2}\right)}{1+rz^{-1}}+\sum_{k=1}^{\frac{N}{2}-1}H_k(z)\right]\\
&=(1-r^Nz^{-N})\frac{1}{N}\left[\frac{H(0)}{1-rz^{-1}}+\frac{H\left(\frac{N}{2}\right)}{1+rz^{-1}}+\sum_{k=1}^{\frac{N}{2}-1}\frac{a_{0k}+a_{1k}z^{-1}}{1-2r\cos\left(\frac{2\pi}{N}k\right)z^{-1}+r^2z^{-2}}\right]
\end{aligned}
$$

式(5.18)

式中，$H(0)$和 $H(N/2)$为实数。式(5.18)对应的频率采样修正结构由 $N/2-1$ 个二阶网络和两个一阶网络并联构成，如图 5.16 所示。

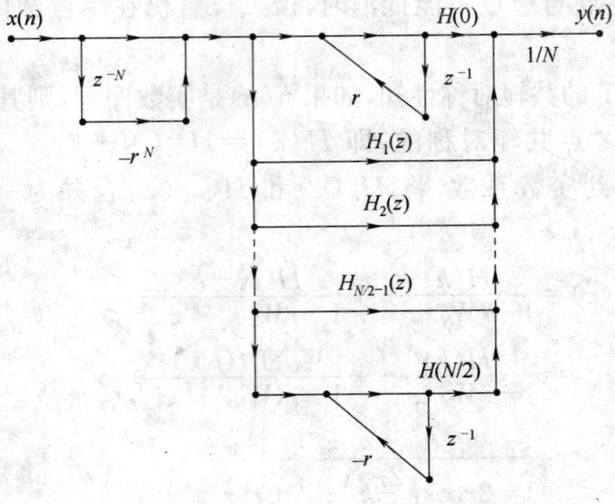

图 5.16　N 为偶数频率采样修正结构

当 N 为奇数时，只有一个采样值 $H(0)$为实数，$H(z)$可表示为

$$H(z)=(1-r^N z^{-N})\frac{1}{N}\left[\frac{H(0)}{1-rz^{-1}}+\sum_{k=1}^{(N-1)/2}H_k(z)\right]$$

$$=(1-r^N z^{-N})\frac{1}{N}\left[\frac{H(0)}{1-rz^{-1}}+\sum_{k=1}^{(N-1)/2}\frac{a_{0k}+a_{1k}z^{-1}}{1-2\cos\left(\frac{2\pi}{N}k\right)z^{-1}+r^2z^{-2}}\right]$$

式(5.19)

上式表明，N 等于奇数的修正结构由一个一阶网络和$(N-1)/2$ 个二阶网络并联组成。结构图仅与 N 等于偶数时稍有不同，如图 5.17 所示。

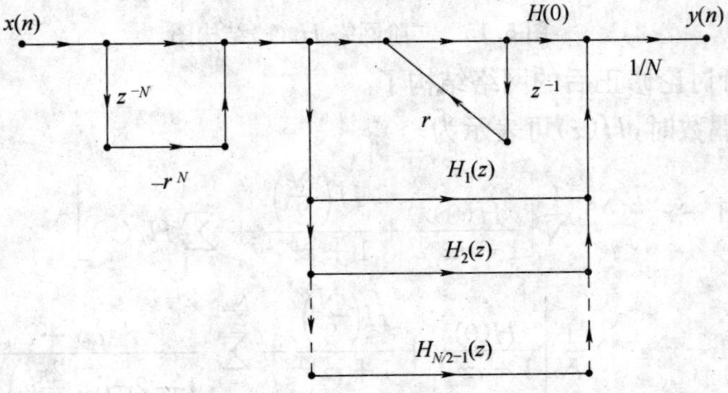

图 5.17　N 为奇数频率采样修正结构

修正的频率取样结构的特点：

(1)系统在频率采样点 $\omega = 2\pi k/N$ 上的响应等于 $H(k)$，而改变 $H(k)$ 就改变了系统的频率响应，所以调整很方便。

(2)对于窄带滤波器，大部分频率采样值 $H(k)$ 为零，从而使二阶网络个数大大减少，所以频率采样结构适用于窄带滤波器。

(3)不论频率响应如何，只要 $h(n)$ 的长度 N 相同，其梳状滤波器(FIR 部分)与 N 个一阶网络(IIR 部分)的结构相同，所以便于标准化、模块化。

(4)改变构成这种结构某部分的系数即可构成不同的滤波器，有利于时分复用。

不过，当采样点数 N 很大时，其频率采样修正结构显然很复杂，需要的乘法器和延时单元都较多。

习　题

5.1　设系统用差分方程描述为：

$$y(n)-\frac{3}{4}y(n-1)+\frac{1}{8}y(n-2)=x(n)+\frac{1}{3}x(n-1)$$

试画出系统的直接型、级联型和并联型结构。

5.2　设数字滤波器的差分方程为

$$y(n)=x(n)+x(n-1)+\frac{1}{3}y(n-1)+\frac{1}{4}y(n-2)$$

试画出该滤波器的直接型、级联型和并联型结构。

5.3　设系统的系统函数为

$$H(z)=\frac{4(1+z^{-1})(1-1.414z^{-1}+z^{-2})}{(1-0.5z^{-1})(1+0.9z^{-1}+0.81z^{-2})}$$

试画出各种可能的级联型结构。

5.4　图中画出了4个系统，试用各子系统的单位冲激响应分别表示各总系统的单位冲激响应，并求其总系统函数。

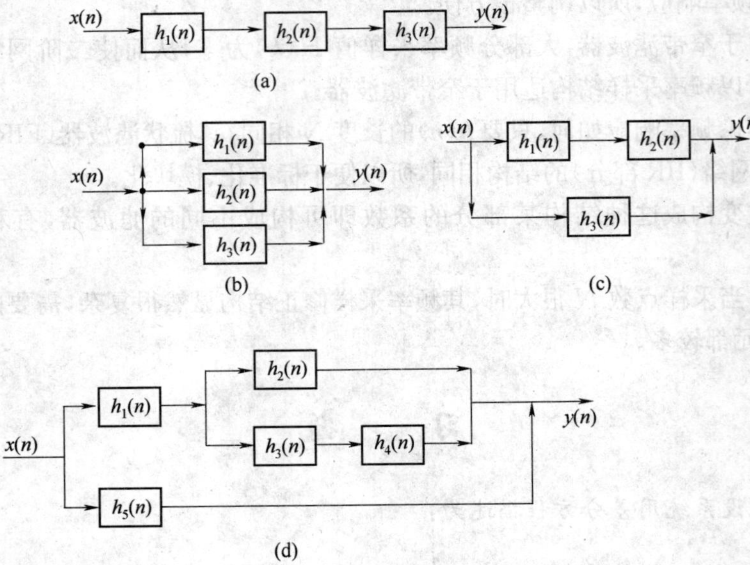

题 5.4 图

5.5 写出图中各流图的系统函数及差分方程。

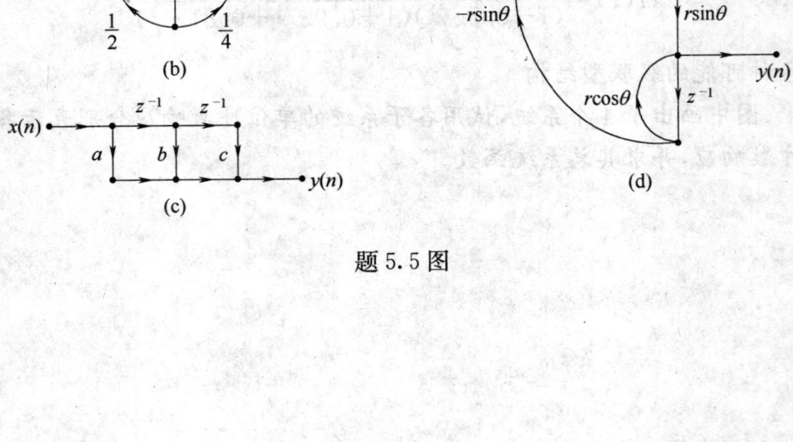

题 5.5 图

5.6 写出各个流图的系统函数。

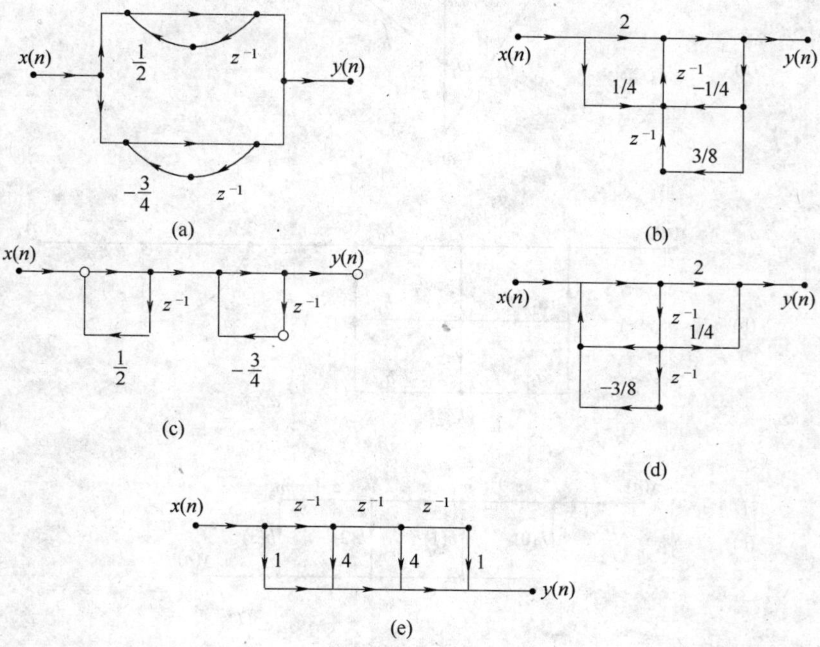

题5.6图

5.7 已知滤波器的单位冲激响应为

$$h(n)=2^{n}R_{5}(n)$$

求出系统函数,并画出其直接型结构。

5.8 已知FIR滤波器的单位冲激响应为

$$h(n)=\delta(n)-\delta(n-1)+\delta(n-4)$$

试用频率采样结构实现该滤波器。设采样点数$N=5$,要求画出频率采样网络结构,写出滤波器参数的计算公式。

5.9 用卷积型和级联型实现系统函数:

$$H(z)=(1-1.4z^{-1}+3z^{-2})(1+2z^{-1})$$

5.10 分别写出图中流图的状态方程和输出方程,状态变量用ω_i,$i=1,2,3$表示,并标在图中。

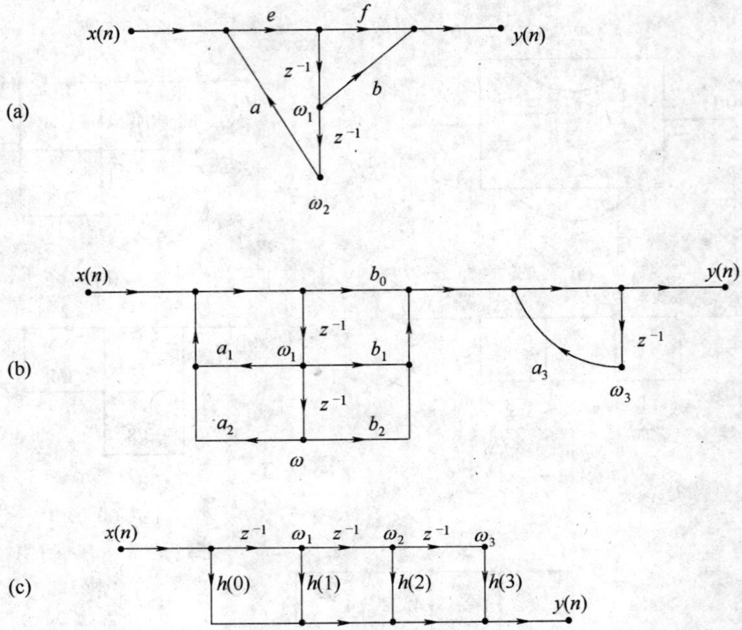

题 5.10 图

5.11　写出以图中标出的 ω_1 和 ω_2 为中间变量的，输出方程以及系统函数 $H(z)$。

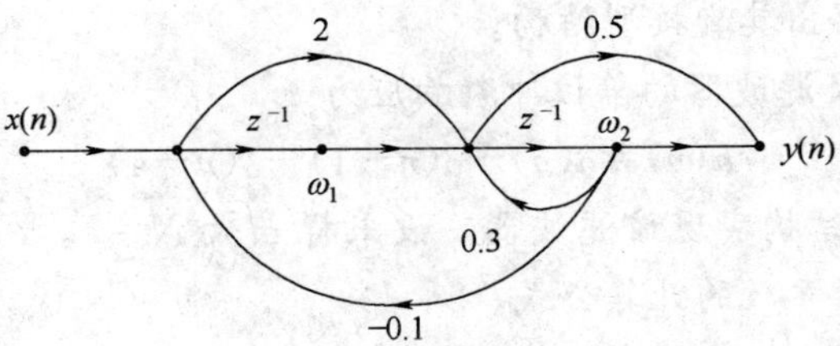

题 5.11 图

5.12　设网络差分方程为

$$y(n)=x(n)+\frac{1}{3}x(n-1)+\frac{3}{4}y(n-1)+\frac{1}{8}y(n-2)$$

(1)画出直接型网络结构；

(2)求系统函数。

5.13　已知格形网络如图所示，写出以图中标出的 ω_i，$i=1,2,3$ 为中间变量的输出方程。

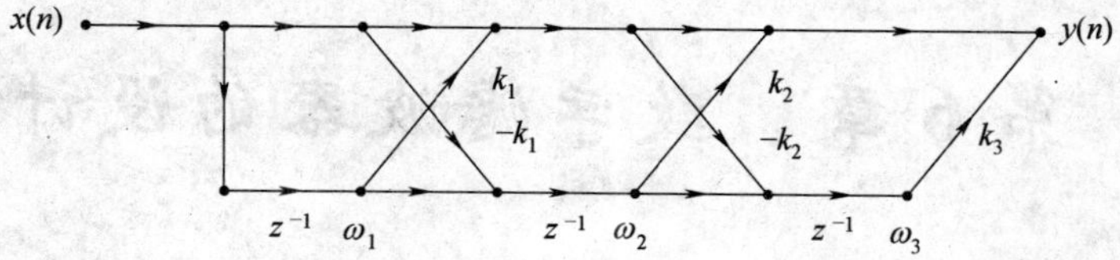

(a)

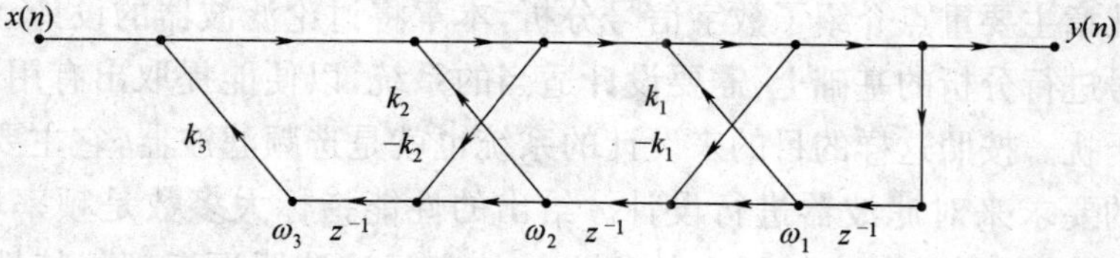

(b)

题 5.13 图

5.14　已知 LTI 系统的差分方程为

$y(n)=-0.75y(n-1)+0.125y(n-2)-0.5y(n-3)-x(n)+x(n-1)$，画其网络结构并通过 Matlab 编程求其单位冲激响应。

第 6 章　数字滤波器的设计

数字信号处理有两大任务，一是信号分析，其重点是频谱分析；二是滤波器设计。前面几章主要重点介绍了数字信号分析，本章将讨论滤波器的设计。通常我们在对信号进行分析的基础上，需要设计适当的系统，以便能提取出有用的信号，抑制噪声干扰。按照这样的目的来设计的系统也就是选频滤波器，它主要是针对频率特性的要求来对滤波器进行设计。给出的性能指标大多数是频率域的，因此，设计滤波器即是从频率特性上使得设计的实际滤波器逼近理想特性。从实现方法来看，数字滤波器分 IIR 和 FIR 滤波器两大类，本章分别介绍它们的设计问题。

6.1　基本概念

6.1.1　数字滤波器的设计原理与步骤

数字滤波器是用数字运算的方法或专用硬件来实现的，数字滤波器一般是一个线性时不变系统。数字滤波器的设计是已知它的频率响应函数，即频率特性 $H(e^{j\omega})$，求它的系统函数 $H(z)$ 或单位抽样响应 $h(n)$。

完全实现一个理想的频率特性在理论上是可以做到，但实际实现则比较困难，另一方面，实际的滤波器也允许有一定的误差。所以给出的频率特性通常是频率特性指标。此外在误差范围内，往往有多个 $H(z)$ 或 $h(n)$ 满足指标，因此，设计出的 $H(z)$ 或 $h(n)$ 不是唯一的。

对本书讨论的选频数字滤波器来说，其有用信号和干扰信号的频谱分别在不同的频段，用 IIR 或 FIR 系统实现时，系数是固定的。

数字滤波器的设计步骤：

(1)按照任务的要求，确定滤波器的频率特性（指标）。

(2)用一个因果稳定的线性时不变系统 $H(z)$ 去逼近它的频率指标。

(3)利用有限精度算法来实现这个系统函数 $H(z)$。包括选择运算结构、字长及有效数字的处理方法等。

(4)设计的技术实现。主要有三种形式，通用的计算机软件、专用的数字硬件如现场可编程门阵列（FPGA）和通用的数字信号处理器（DSP 芯片）。

6.1.2　数字滤波器的技术指标

设数字滤波器的频率函数：

$$H(e^{j\omega})=|H(e^{j\omega})|e^{j\theta(\omega)} \qquad 式(6.1)$$

定义系统的频率特性为 $H(e^{j\omega})$，其中 $|H(e^{j\omega})|$ 称幅频特性，$\theta(\omega)$ 称相频特性。幅频特性表征信号通过该滤波器后各频率成分的振幅衰减情况，而相频特性则是反映各频率成分通过滤波器后在时间上的延迟情况。因此，即使两个滤波器幅频特性相同，而相频特性不一样，对相同的输入，滤波器输出的信号波形也是不一样的。一般选频滤波器的技术要求由幅频特性给出，相频特性一般不作要求，但如果对输出波形有要求，则需要考虑相频特性的技术指标，例如，语音合成、波形传输、图像信号处理等。本章主要研究由幅频特性提出指标的选频滤波器的设计。

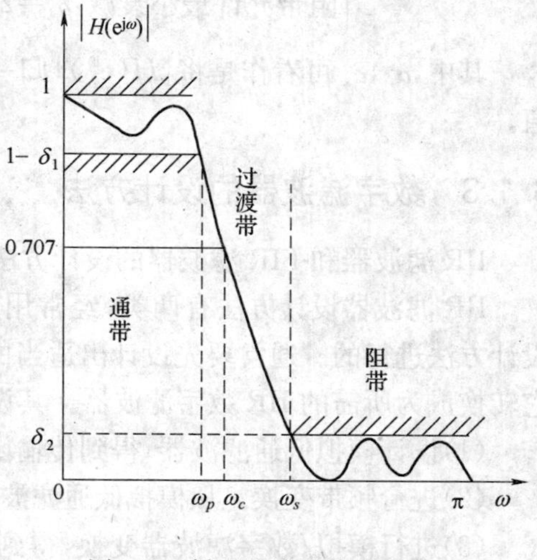

图6.1　低通滤波器技术要求

提到滤波器的频率指标通常是以频率特性允许的误差来表征的。频率响应通常分为通带、过渡带、阻带三部分，给出的频率指标与它们有关。下面以低通滤波器为例加以说明。

描述低通滤波器的幅频特性的曲线如图6.1所示。图中频率范围为 $0\leqslant\omega\leqslant\omega_p$ 是通带，ω_p 称为通带截止频率，$\omega_s\leqslant\omega\leqslant\pi$ 是阻带，ω_s 称阻带截止频率，$\omega_p\leqslant\omega\leqslant\omega_s$ 称为过渡带。当幅度 $|H(e^{j\omega})|$ 下降到0.707时，令 $\omega=\omega_c$，此时通带衰减为3 dB，称 ω_c 为3 dB通带截止频率。ω_p、ω_c 和 ω_s 统称为边界频率，它们在滤波器设计中是很重要的。下面给出滤波器设计涉及的频率指标的相关参数和要求。

相关参数：
- ω_p：通带截止频率
- ω_c：3 dB通带截止频率
- ω_s：阻带截止频率
- δ_1：通带纹波（通带容限）
- δ_2：阻带纹波（阻带容限）
- α_p：通带允许的最大衰减（通带最大衰减）
- α_s：阻带允许的最小衰减（阻带最小衰减）

$$\text{技术要求}\begin{cases}\text{通带要求：}(1-\delta_1)<|H(e^{j\omega})|\leqslant 1\\ \text{阻带要求：}|H(e^{j\omega})|\leqslant\delta_2\\ \text{过渡带要求：}|H(e^{j\omega})|\text{单调下降}\\ \text{通带允许最大衰减：}\alpha_p=20\lg\dfrac{|H(e^{j0})|}{|H(e^{j\omega_p})|}=-20\lg|H(e^{j\omega_p})|\,\text{dB}\\ \text{阻带允许最小衰减：}\alpha_s=20\lg\dfrac{|H(e^{j0})|}{|H(e^{j\omega_s})|}=-20\lg|H(e^{j\omega_s})|\,\text{dB}\end{cases}$$

其中，α_p，α_s 可看作是将 $|H(e^{j0})|$ 归一化为 1 时 $|H(e^{j\omega_p})|$ 和 $|H(e^{j\omega_s})|$ 的分贝值。

6.1.3 数字滤波器的设计方法

IIR 滤波器和 FIR 滤波器的设计方法是很不相同的。

IIR 滤波器设计方法有两类，经常用的一类设计方法是借助于模拟滤波器的设计方法进行的。通常要先设计出适当的模拟滤波器，再通过一定的频带变换把它转换成为所需的 IIR 数字滤波器。其设计步骤是：

(1)设计模拟低通滤波器，得到传输函数 $H_a(s)$；

(2)进行频带变换。从模拟低通滤波器变换，得到高通、带通等模拟滤波器；

(3)进行模拟/数字滤波器变换，得到对应类型的数字滤波器。将 $H_a(s)$ 按某种方法转换成数字滤波器的系统函数 $H(z)$。

这类由先设计模拟滤波器，然后再把模拟滤波器转换成为所需的 IIR 数字滤波器的设计方法相对容易一些，这是因为模拟滤波器设计方法已经很成熟，它不仅有完整的设计公式，还有完善的图表可查；另外，还有一些典型的滤波器类型可供使用。另一类是直接在频域或者时域中进行设计，此种方法由于需要解联立方程，故设计时需要计算机作辅助设计，本书不涉及这些内容。

FIR 滤波器不能采用由模拟滤波器的设计进行转换的方法，经常用的是窗函数法和频率采样法。还有一种比较有效的方法是切比雪夫等波纹逼近法，它需通过计算机辅助设计完成。

对于线性相位滤波器，通常采用 FIR 滤波器，其单位脉冲响应满足一定条件，可以证明其相位特性在整个频带中是严格线性的，这是模拟滤波器无法达到的。当然，也可以采用 IIR 滤波器，但必须使用全通网络对其非线性相位特性进行相位校正，这样增加了设计与实现的复杂性。

6.2　IIR 滤波器的设计

6.2.1　从模拟滤波器设计 IIR 数字滤波器

以模拟滤波器为基础设计 IIR 滤波的方法已经比较成熟，不过只有低通滤波器的模拟滤波器设计是现成的，为了设计其他的选频滤波器（如高通，带通等），需要对低通滤波器进行频率转换，这就引出两种不同的设计方法，如图 6.2 所示。

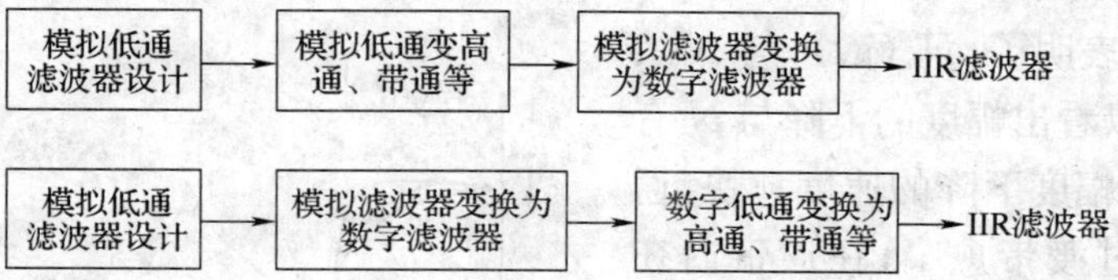

图 6.2　IIR 滤波器设计流程

利用模拟滤波器设计数字滤波器，就是从已知的模拟滤波器传递函数 $H_a(s)$ 设计数字滤波器传递函数 $H(z)$，这是一个由 s 平面到 z 平面的变换，这种映射变换应遵循两个基本原则：

（1）$H(z)$的频率响应要能模仿 $H_a(s)$的频率响应，即 s 平面的虚轴应映射到 z 平面的单位圆上。

（2）$H_a(s)$的因果稳定性映射成 $H(z)$后保持不变，即 s 平面的左半平面应映射到 z 平面的单位圆以内。

从模拟低通滤波器出发设计 IIR 滤波器的这些模拟滤波器叫做滤波器原型。广泛应用的滤波器原型有巴特沃斯（Butterworth）滤波器、切比雪夫（Chebyshev）滤波器、椭圆（Elliptic）滤波器、贝塞尔（Bessel）滤波器等。这些典型的滤波器各有特点，巴特沃斯逼近又称最平幅度逼近，它具有通带内最大平坦的幅频特性，且随 Ω 的增大，幅频特性随 Ω 单调下降；切比雪夫滤波器的幅频特性在通带或者在阻带有波动，可以提高选择性；贝塞尔滤波器通带内有较好的线性相位特性；椭圆滤波器的选择性相对前三种是最好的。这样可根据实际的具体要求选用不同类型的滤波器。本节简要叙述巴特沃斯低通滤波器和切比雪夫低通滤波器。

6.2.2　巴特沃斯低通滤波器

巴特沃斯滤波器以巴特沃斯函数来近似滤波器的系统函数。

1. 基本特征

巴特沃斯低通滤波器的幅度平方函数 $|H_a(j\Omega)|^2$ 用下式表示：

$$|H_a(\mathrm{j}\Omega)|^2=\frac{1}{1+\left(\frac{\Omega}{\Omega_c}\right)^{2N}},N=1,2\cdots \qquad 式(6.2)$$

式中，N 为正整数，表示滤波器的阶数，Ω_c 为截止频率。

幅频特性为：

$$|H_a(\mathrm{j}\Omega)|=\frac{1}{\sqrt{1+\left(\frac{\Omega}{\Omega_c}\right)^{2N}}},N=1,2\cdots$$

其图形如图 6.3 所示。

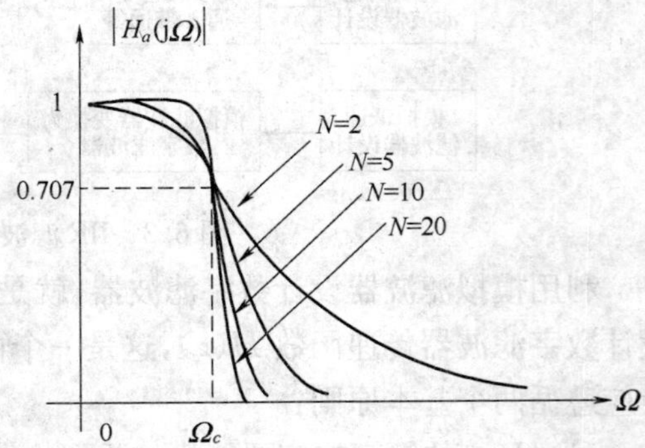

图 6.3 巴特沃斯低通滤波器平方幅频特性

图 6.3 表明了$|H_a(\mathrm{j}\Omega)|$与 N、Ω 的关系，可以看出幅度的下降与 N 有关，N 愈大，幅度下降的速度愈快，通带越平坦，过渡带愈窄；在通带内在截止频率 Ω_c 处的幅度响应为 0.707 的情况下，有更多的频带的值接近 1；在阻带内更迅速地趋近于零。巴特沃斯滤波器是在通频带内具有最平坦特性的滤波器。对一个 N 阶低通滤波器来说，所谓最平坦特性，就是指滤波器的平方幅频特性函数的前 $2N-1$ 阶导数在模拟频率$=0$ 处都为零。巴特沃斯滤波器的另一特性是在通带和阻带内的幅频特性始终是频率的单调下降函数。

下面归纳巴特沃斯滤波器的基本特征：

(1)对所有的 N，$|H_a(\mathrm{j}\Omega)|_{\Omega=0}=1$；

(2)对所有的 N，$|H_a(\mathrm{j}\Omega)|_{\Omega=\Omega_c}=0.707$，而 $20\lg|H_a(\mathrm{j}\Omega)|_{\Omega=\Omega_c}=3$ dB

(3)对所有的 N，$|H_a(\mathrm{j}\Omega)|$是 Ω 的单调下降函数

(4)随着 N 的增大，幅频特性$|H_a(\mathrm{j}\Omega)|$更接近于理想低通滤波器。

在下面的设计和分析时，经常以归一化巴特沃斯滤波器为原型滤波器。一旦归一化低通滤波器的系统函数确定后，其他巴特沃斯滤波器及其高通、带通、带阻滤波器的传输函数都可以通过变换从归一化低通原型的传输函数得到。归一化原型滤波器是指截止频率 Ω_c 已经归一化$\Omega'_c=1$ 的低通滤波器。对于截止频率为 Ω_c 的低通滤波器，则令$\frac{s}{\Omega_c}$代替归一化原型滤波器传输函数中的 s，即代入 $H_a(s)$，即得到实际滤波器传输函数，后边的讨论就会看到。

2. 系统的零极点分布

设计巴特沃斯滤波器的传输函数为 $H_a(s)$，则频率响应是

$$H_a(\mathrm{j}\Omega)=H_a(s)\big|_{s=\mathrm{j}\Omega}$$

$$|H_a(\mathrm{j}\Omega)|^2=H_a(\mathrm{j}\Omega)H_a^*(\mathrm{j}\Omega)=H_a(s)H_a(-s)\big|_{s=\mathrm{j}\Omega}$$

由此，现将幅度平方函数 $|H_a(\mathrm{j}\Omega)|^2$ 写成 s 函数为

$$H_a(s)H_a(-s)=\frac{1}{1+\left(\frac{s}{\mathrm{j}\Omega_c}\right)^{2N}}$$

令上式分母为零可以得到 $H_a(s)H_a(-s)$ 的 $2N$ 个极点 s_k，即

$$1+\left(\frac{s}{\mathrm{j}\Omega_c}\right)^{2N}=0$$

则

$$s_k=\Omega_c \mathrm{e}^{\mathrm{j}\left(\frac{1}{2}+\frac{2k+1}{2N}\right)\pi},k=0,1,2,\cdots,2N-1 \qquad 式(6.3)$$

当 $N=3$ 和 $N=4$ 时其极点在 s 平面的分布如图 6.4 所示。可以看出 $2N$ 个极点等间隔$\left(间隔为\frac{\pi}{N}\mathrm{rad}\right)$分布在以原点为圆心，以 Ω_c 为半径的圆上，该圆称为巴特沃斯圆。

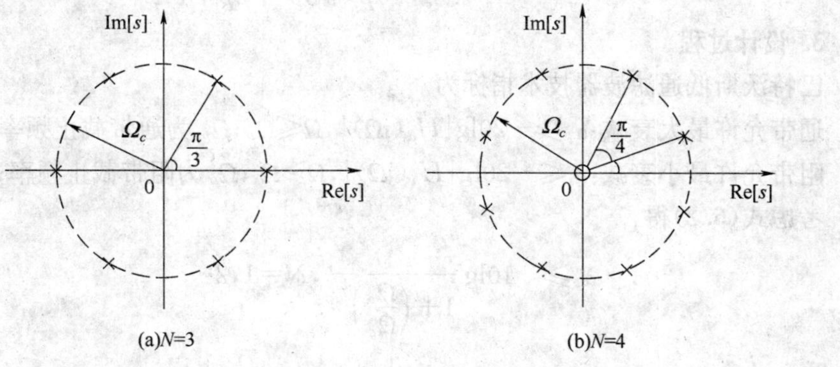

图 6.4　巴特沃斯低通滤波器平极点分布

为形成稳定的滤波器，在 $2N$ 个极点中只取 s 平面左半平面的 N 个极点构成 $H_a(s)$，而右半平面的 N 个极点构成 $H_a(-s)$。$H_a(s)$ 的表示式为

$$H_a(s)=\frac{\Omega_c^N}{\prod\limits_{k=0}^{N-1}(s-s_k)} \qquad 式(6.4)$$

例如 $N=3$，极点有 6 个，它们分别为

$$s_0=\Omega_c \mathrm{e}^{\mathrm{j}\frac{2}{3}\pi}$$

$$s_1=-\Omega_c$$

$$s_2=\Omega_c e^{-j\frac{2}{3}\pi}$$

$$s_3=\Omega_c e^{-j\frac{\pi}{3}}$$

$$s_4=\Omega_c$$

$$s_5=\Omega_c e^{j\frac{\pi}{3}}$$

取 s 平面左半平面的极点 s_0, s_1, s_2 组成传输函数 $H_a(s)$ 为

$$H_a(s)=\frac{\Omega_c^3}{(s+\Omega_c)(s-\Omega_c^{j\frac{2}{3}}\pi)(s-\Omega_c^{-j\frac{2}{3}\pi})}$$

化简得

$$H_a(s)=\frac{1}{\left(\frac{s}{\Omega_c}\right)^3+2\left(\frac{s}{\Omega_c}\right)^2+2\left(\frac{s}{\Omega_c}\right)+1}$$

由于各滤波器的幅频特性不同，为使设计统一将所有的频率归一化。这里采用对 3 dB 截止频率 Ω_c 归一化，$\Omega_c=1$，得归一化的三阶巴特沃斯低通滤波器的传输函数为

$$H_a(p)=G_a\left(\frac{s}{\Omega_c}\right)=\frac{1}{p^3+2p^2+2p+1}$$

3. 设计过程

巴特沃斯低通滤波器技术指标为

通带允许最大衰减：$\alpha_p \geqslant -20\lg|H_a(j\Omega)|, \Omega \leqslant \Omega_p$；$\Omega_p$ 为通带截止频率；

阻带允许最小衰减：$\alpha_s \leqslant -20\lg|H_a(j\Omega)|, \Omega \geqslant \Omega_s$；$\Omega_s$ 为阻带截止频率；

考虑式(6.2)得

$$\alpha_p \geqslant -10\lg\frac{1}{1+\left(\frac{\Omega_p}{\Omega_c}\right)^{2N}}, N=1,2\cdots \qquad \text{式(6.5)}$$

$$\alpha_s \leqslant -10\lg\frac{1}{1+\left(\frac{\Omega_s}{\Omega_c}\right)^{2N}}, N=1,2\cdots \qquad \text{式(6.6)}$$

将式(6.5)和式(6.6)消去 Ω_c 化简得

$$\left(\frac{\Omega_p}{\Omega_s}\right)^{2N} \leqslant \frac{10^{-0.1\alpha_p}-1}{10^{-0.1\alpha_s}-1}, N=1,2\cdots$$

求解 N 得

$$N \geqslant \frac{\lg[(10^{-0.1\alpha_p}-1)/(10^{-0.1\alpha_s}-1)]}{2\lg(\Omega_p/\Omega_s)}, N=1,2,\cdots \qquad \text{式(6.7)}$$

取满足上式的最小整数 N 作为滤波器的阶数。

将 N 值代入式(6.5)和式(6.6)可得截止频率，即

$$\Omega_c=\frac{\Omega_p}{(10^{-0.1\alpha_p}-1)^{1/2N}}\text{或}\Omega_c=\frac{\Omega_s}{(10^{-0.1\alpha_s}-1)^{1/2N}}\qquad\text{式(6.8)}$$

查表(见表 6.1)求得归一化传输函数 $H_a(p)$，令 $\frac{s}{\Omega_c}$ 代替归一化原型滤波器系统函数中的 p，即 $p=\frac{s}{\Omega_c}$ 代入 $H_a(p)$，即得到实际滤波器传输函数 $H_a(s)$。

表 6.1　巴特沃斯归一化低通模拟滤波器系统函数 $H_a(p)$ 参数

阶数 N \ 极点位置	$P_{0,N-1}$	$P_{1,N-2}$	$P_{2,N-3}$	$P_{3,N-4}$	P_4
1	−1.000 0				
2	−0.707 1±j0.707 1				
3	−0.500 0±j0.866 0	−1.000 0			
4	−0.382 7±j0.923 9	−0.923 9±j0.382 7			
5	−0.309 0±j0.951 1	−0.809 0±j0.587 8	−1.000 0		
6	−0.258 8±j0.965 9	−0.707 1±j0.707 1	−0.965 9±j0.258 8		
7	−0.222 5±j0.974 9	−0.623 5±j0.781 8	−0.901 0±j0.433 9	−0.100 0	
8	−0.195 1±j0.980 8	−0.555 6±j0.831 5	−0.831 5±j0.555 6	−0.980 8±j0.195 1	
9	−0.173 6±j0.984 8	−0.500 0±j0.866 0	−0.766 0±j0.642 8	−0.939 7±j0.342 0	−1.000 0

阶数 N \ 分母多项式	$B(p)=p^N+b_{N-1}p^{N-1}+b_{N-2}p^{N-2}+\cdots+b_1p+b_0$								
	b_0	b_1	b_2	b_3	b_4	b_5	b_6	b_7	b_8
1	1.000 0								
2	1.000 0	1.414 2							
3	1.000 0	2.000 0	2.000 0						
4	1.000 0	2.613 1	3.414 2	2.613					
5	1.000 0	3.236 1	5.236 1	5.236 1	3.236 1				
6	1.000 0	3.863 7	7.464 1	9.141 6	7.464 1	3.863 7			
7	1.000 0	4.494 0	10.097 8	14.591 8	14.591 8	10.097 8	4.494 0		
8	1.000 0	5.125 8	13.137 1	21.846 2	25.688 4	21.864 2	13.137 1	5.125 8	
9	1.000 0	5.758 8	16.581 7	31.163 4	41.986 4	41.986 4	31.163 4	16.581 7	5.758 8

阶数 N \ 分母因式	$B(p)=B_1(p)B_2(p)B_3(p)B_4(p)B_5(p)$
1	(p^2+1)
2	$(p^2+1.414\,2p+1)$
3	$(p^2+p+1)(p+1)$

续上表

阶数 N \ 分母因式	$B(p)=B_1(p)B_2(p)B_3(p)\cdots$
4	$(p^2+0.7654p+1)(p^2+1.8478p+1)$
5	$(p^2+0.6180p+1)(p^2+1.6180p+1)(p+1)$
6	$(p^2+0.5176p+1)(p^2+1.4142p+1)(p^2+1.9319p+1)$
7	$(p^2+0.4450p+1)(p^2+1.2470p+1)(p^2+1.8019p+1)(p+1)$
8	$(p^2+0.3902p+1)(p^2+1.1111p+1)(p^2+1.6629p+1)(p^2+1.9616p+1)$
9	$(p^2+0.3473p+1)(p^2+p+1)(p^2+1.5321p+1)(p^2+1.8794p+1)(p+1)$

注：$p=\frac{s}{\Omega_c}$，是归一化低通滤波器原型系统的归一化复变量。

【例 6.1】 设计一巴特沃斯低通滤波器。要求满足以下指标：通带边频 $\Omega_p=20$ rad/s，通带的最大衰减 $\alpha_p=2$ dB，阻带边频 $\Omega_s=30$ rad/s，阻带的最小衰减 $\alpha_s=10$ dB。

解 第一步 首先求阶数 N 和归一化系统函数

将已知的 $\Omega_p=20$ rad/s，$\alpha_p=2$ dB，$\Omega_s=30$ rad/s，$\alpha_s=10$ dB 代入式(6.7)，即

$$N\geqslant\frac{\lg[(10^{-0.1\alpha_p}-1)/(10^{-0.1\alpha_s}-1)]}{2\lg(\Omega_p/\Omega_s)}$$

取 $N=4$，查表 6.1 得四阶巴特沃斯低通多项式，得归一化系统函数表达式为

$$H_a(p)=\frac{1}{p^4+2.613p^3+3.414p^2+2.613p+1}$$

第二步 求截止频率 Ω_c

再将 $N=4$ 代入式(6.8)，即

$$\Omega_c=\frac{\Omega_p}{(10^{-0.1\alpha_p}-1)^{1/2N}}=\frac{20}{(10^{-0.1\times2}-1)^{1/8}}=21.39$$

第三步 求滤波器传输函数 $H_a(s)$

所设计的巴特沃斯低通滤波器传输函数为

$$H_a(s)=H_a(p)\big|_{p=s/\Omega_c}=\frac{2.09\times10^5}{s^4+55.88s^3+1.562\times10^3s^2+2.556\times10^4s+2.09\times10^5}$$

总的来说，无论设计的是几阶巴特沃斯低通滤波器，其幅频特性在 Ω 整个取值范围内都是随 Ω 增加而单调下降的，并随着阶次 N 的增加而特性变得越来越好。但是，当 N 较小时，阻带幅频特性下降较慢，故要想使其幅频特性接近理想低通滤波器，就必须增加滤波器的阶数，这就将导致模拟滤波器使用的元件增多，线路趋于复杂。切比雪夫滤波器的阻带衰减特性则对此有所改善。另外，当通带边界处满足指标要求时，通带内肯定会有余量。因此，更有效的设计方法应该是将精确度均匀地分布在整个通带内，或者均匀分布在整个阻带内，或者同时分布在两者

之内。这样，就可用阶数较低的系统满足要求。这可通过选择具有等波纹特性的逼近函数来达到。切比雪夫滤波器的幅频特性就具有这种等波纹特性。

6.2.3　切比雪夫低通滤波器

切比雪夫滤波器是幅频特性具有波纹特性的滤波器，根据纹波出现在不同的频带，它有两种型式，其一是幅频特性在通带内是等波纹的、在阻带内是单调的切比雪夫Ⅰ型滤波器，其二是幅频特性在通带内是单调的、在阻带内是等波纹的切比雪夫Ⅱ型滤波器。采用何种型式切比雪夫滤波器取决于实际用途。

这里仅介绍切比雪夫Ⅰ型滤波器的设计方法。下面首先讨论切比雪夫多项式，然后研究切比雪夫幅度平方函数及其极点分布，最后讨论切比雪夫的参数计算和滤波器设计。

1. 比雪夫多项式

比雪夫多项式的定义有以下几种

(1)二项式定义

比雪夫多项式可用二项式表示为

$$C_N(x)=\frac{1}{2}\left[(x+\sqrt{x^2-1})^N+(x-\sqrt{x^2-1})^N\right],-\infty<x<\infty \quad \text{式(6.9)}$$

式中，N 为正整数，表示阶数，N 取不同值时，$C_N(x)$不同。

N 阶切比雪夫多项式常用的几种形式：

N	$C_N(x)$
0	1
1	x
2	$2x^2-1$
3	$4x^3-3x$
4	$8x^4-8x^2+1$
5	$16x^5-20x^3+5x$
6	$32x^6-48x^4+18x^2-1$

由此可推出切比雪夫多项式的递推公式，即

$$C_{N+1}(x)=2xC_N(x)-C_{N-1}(x)$$

(2)复三角函数定义

切比雪夫多项式可以用复三角函数定义为

$$C_N(x)=\begin{cases}\cos(N\cos^{-1}x) & |x|\leqslant 1\\ \mathrm{ch}(N\,\mathrm{ch}^{-1}x) & |x|>1\end{cases} \quad \text{式(6.10)}$$

图6.5画出了 N 取1,2,3,4时的切比雪夫多项式函数曲线。从图中可以看

出比雪夫多项式 $C_N(x)$的零值点在$|x|\leqslant 1$范围内；当$|x|<1$时，$C_N(x)$是余弦函数，具有等波纹特性，其振荡随 N 的增大而加快，而幅度不变。当$|x|>1$时，$C_N(x)$按双余弦函数单调上升，它随 N 的增大上升越快。

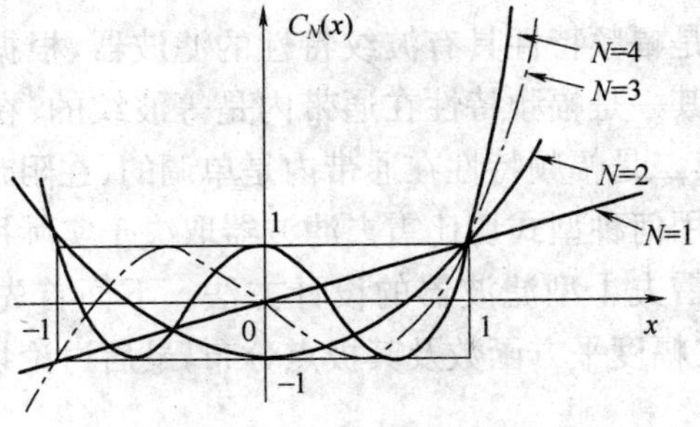

图 6.5 切比雪夫多项式曲线

2. 基本特征

切比雪夫低通滤波器的幅度平方函数$|H_a(\mathrm{j}\Omega)|^2$是由切比雪夫多项式定义的，其定义为

$$|H_a(\mathrm{j}\Omega)|^2=\frac{1}{1+\varepsilon^2 C_N^2\left(\dfrac{\Omega}{\Omega_c}\right)} \qquad 式(6.11)$$

式中，N 为正整数，表示滤波器的阶数，ε 为纹波参数，它表示纹波的大小，$0<\varepsilon<1$，ε 越大，纹波就越大；Ω_c 为截止频率，是滤波器某一衰减分贝值所对应的通带宽度，它与巴特沃斯滤波器 Ω_c 有些不同，某一分贝值不一定是 3 dB；Ω/Ω_c 是 Ω 对 Ω_c 的归一化频率；$C_N(x)$是 N 阶切比雪夫多项式。切比雪夫滤波器由 N、ε 和 Ω_p 等 3 个参数确定。图 6.6 分别画出了阶数 N 为奇数($N=3$)和偶数($N=4$)时的切比雪夫Ⅰ型低通滤波器的幅频特性。

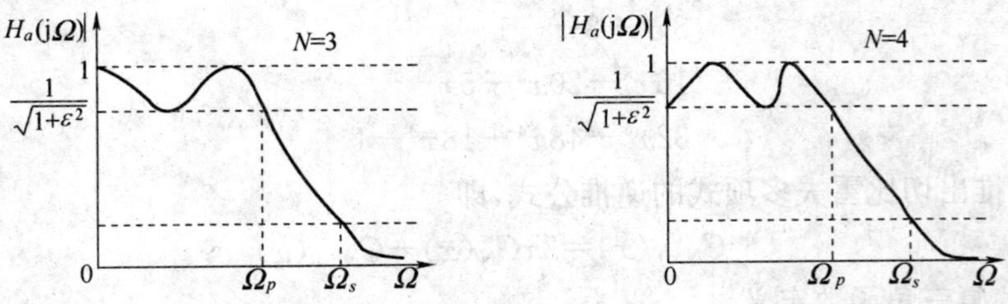

图 6.6 切比雪夫Ⅰ型低通滤波器幅频特性

从图 6.6 可看出，在通带内，切比雪夫滤波器的幅度响应在 1 和$\dfrac{1}{\sqrt{1+\varepsilon^2}}$之间起伏变化，而在阻带内是单调下降的；当 N 为奇数时，滤波器在 $\Omega=0$ 处的幅度响

应为 1，N 为偶数时，滤波器在 $\Omega=0$ 处的幅度响应为 $\frac{1}{\sqrt{1+\varepsilon^2}}$。具体归纳切比雪夫滤波器的特征如下：

(1) $0<\Omega<\Omega_p$ 时，$|H_a(\mathrm{j}\Omega)|$ 在 1 和 $\frac{1}{\sqrt{1+\varepsilon^2}}$ 之间等幅波动，即 $|H_a(\mathrm{j}\Omega)|$ 是等纹波的，ε 越大，波动幅度越大；

(2) $\Omega=0$ 时，若 N 为奇数，则 $|H_a(\mathrm{j}\Omega)|=1$，若 N 为偶数，则 $|H_a(\mathrm{j}\Omega)|=\frac{1}{\sqrt{1+\varepsilon^2}}$；

(3) $\Omega=\Omega_p$ 时，对所有 N 值，则 $|H_a(\mathrm{j}\Omega)|$ 都取同样的值 $\frac{1}{\sqrt{1+\varepsilon^2}}$；

(4) $\Omega>\Omega_p$ 时，曲线单调下降，ε 越大，N 越大，曲线下降越快。

3. 切比雪夫滤波器的参数确定

由切比雪夫低通滤波器的幅度平方函数 $|H_a(\mathrm{j}\Omega)|^2$ 可以看出，要确定比雪夫滤波器需要 N、ε 和 Ω_c 3 个参数，在这三个参数中，Ω_c 一般是预先给定的，ε 是与通带内允许的波动幅度有关的一个参数，它可由通带纹波幅度 δ_1 或通带最大衰减 α_p 确定，N 可由阻带纹波幅度 δ_2 或阻带衰减 α_s 确定，说明如下。

定义通带最大衰减 α_p 表示为

$$\alpha_p=10\lg\frac{|H_a(\mathrm{j}\Omega)|^2_{\max}}{|H_a(\mathrm{j}\Omega)|^2_{\min}}=20\lg\frac{|H_a(\mathrm{j}\Omega)|_{\max}}{|H_a(\mathrm{j}\Omega)|_{\min}}\quad \mathrm{dB}$$

使得 $|H_a(\mathrm{j}\Omega)|_{\max}=1$ dB，它表示通带幅度响应最大值，$|H_a(\mathrm{j}\Omega)|_{\min}=\frac{1}{\sqrt{1+\varepsilon^2}}$ dB，它表示通带幅度响应最小值。将它们代入上式，并整理得

$$\alpha_p=10\lg(1+\varepsilon^2)$$

易得

$$\varepsilon=\sqrt{10^{\frac{\alpha_p}{10}}-1} \qquad \text{式(6.12)}$$

由式(6.12)可以求得不同 α_p 所对应的 ε 值如下：

α_p(dB)	0.5	1	2	3
ε	0.349 31	0.508 85	0.764 78	0.997 62

可见，给定通带最大衰减 α_p 后，就能求得 ε 了。请注意，这里通带纹波幅度值不一定是 3 dB，可以是其他值。

对于阶数 N 来说，它即影响过渡带的宽度，又影响通带内的纹波，因为 N 等于通带内最大值和最小值的总的个数，这可通过图 6.6 验证，当 $N=3$ 时通带内最

大值和最小值的总的个数为 3，$N=4$ 最大值和最小值的总的个数为 4。

将 $\Omega=\Omega_s$ 代入式(6.11)得

$$|H_a(\mathrm{j}\Omega_s)|^2=\frac{1}{1+\varepsilon^2 C_N^2\left(\dfrac{\Omega_s}{\Omega_c}\right)}$$

同理，有 $|H_a(\mathrm{j}\Omega_p)|^2=\dfrac{1}{1+\varepsilon^2 C_N^2\left(\dfrac{\Omega_p}{\Omega_c}\right)}$

而定义的 α_p 和 α_s 为

$$\alpha_p=10\lg\frac{1}{|H_a(\mathrm{j}\Omega_p)|^2}$$

$$\alpha_s=10\lg\frac{1}{|H_a(\mathrm{j}\Omega_s)|^2}$$

可以解出

$$N=\frac{\mathrm{arch}\sqrt{(10^{0.1\alpha_s}-1)/(10^{0.1\alpha_p}-1)}}{\mathrm{arch}(\Omega_s/\Omega_p)} \qquad \text{式(6.13)}$$

4. 切比雪夫滤波器的极点分布

由切比雪夫低通滤波器的幅频特性可得

$$H_a(\mathrm{j}\Omega)H_a(-\mathrm{j}\Omega)=|H_a(\mathrm{j}\Omega)|^2=\frac{1}{1+\varepsilon^2 C_N^2(\Omega)}$$

将 $s=\mathrm{j}\Omega$ 代入得

$$H_a(s)H_a(-s)=\frac{1}{1+\varepsilon^2 C_N^2(s/\mathrm{j})}$$

上式可确定 $2N$ 个极点，设第 k 个极点为 $s=\sigma_k+\mathrm{j}\Omega_k$，可以证明：

$$\sigma_k=\mp\Omega_c\sin\left(\frac{2k-1}{2N}\pi\right)\mathrm{sh}\left(\frac{1}{N}\mathrm{arsh}\,\frac{1}{\varepsilon}\right),k=1,2,\cdots,2N \qquad \text{式(6.14)}$$

$$\Omega_k=\Omega_c\cos\left(\frac{2k-1}{2N}\pi\right)\mathrm{ch}\left(\frac{1}{N}\mathrm{arch}\,\frac{1}{\varepsilon}\right),k=1,2,\cdots,2N \qquad \text{式(6.15)}$$

不妨令 $a=\mathrm{sh}\left(\dfrac{1}{N}\mathrm{arsh}\,\dfrac{1}{\varepsilon}\right)$，$b=\mathrm{ch}\left(\dfrac{1}{N}\mathrm{arch}\,\dfrac{1}{\varepsilon}\right)$将式(6.14)和式(6.15)化简并整理得

$$\frac{\sigma_k^2}{\Omega_c^2 a^2}+\frac{\Omega_k^2}{\Omega_c^2 b^2}=1 \qquad \text{式(6.14)}$$

它是 s 平面上的一个椭圆方程，长、短轴分别位于实轴和虚轴上。与巴特沃斯滤波器类似函数 $H_a(s)H_a(-s)$ 的 $2N$ 个极点分布在该椭圆的圆周上，呈对称分布，同样取左半平面内的极点作为滤波器系统函数 $H_a(s)$ 的极点 s_k，可以推导出 $H_a(s)$ 的表达式为

$$H_a(s)=\frac{K}{\prod_{k=1}^{N}(s-s_k)}=\frac{K}{D(s)} \tag{式(6.17)}$$

其中$D(s)$为系统函数$H_a(s)$的分母多项式，$D(s)=b_0+b_1s+b_2s^2+\cdots+b_{N-1}s^{N-1}+s^N$，$K$为归一化因子，当$N$为奇数时，$K=D(0)$；当$N$为偶数时$K=D(0)/(1+\varepsilon^2)^{1/2}$。

5. 切比雪夫滤波器的设计

总结以上，给出低通切比雪夫滤波器的设计步骤如下：

(1)根据给定的滤波器指标，确定阶数N和纹波参数ε；ε和N分别由式(6.12)和式(6.13)计算。

(2)查表求得归一化系统函数$H_a(p)$，令s/Ω_p代替该归一化原型滤波器系统函数中的p，即代入$H_a(p)$得到实际滤波器的传输函数$H_a(s)$。

【例6.2】 设计低通切比雪夫滤波器，要求通带截止频率$f_p=3$ kHz，通带最大衰减$\alpha_p=0.1$ dB，阻带截止频率$f_s=12$ kHz，阻带最小衰减$\alpha_s=60$ dB。

解 将题给的滤波器指标代入式(6.12)和(6.13)得

$$\varepsilon=\sqrt{10^{\frac{\alpha_p}{10}}-1}=\sqrt{10^{0.01}-1}=0.153$$

$$N=\frac{\mathrm{arch}\sqrt{(10^{0.1\alpha_s}-1)/(10^{0.1\alpha_p}-1)}}{\mathrm{arch}(\Omega_s/\Omega_p)}=5$$

查表6.1得五阶比雪夫滤波器归一化系统函数为

$$H_a(p)=\frac{1}{2.442(p+0.538\,9)(p^2+0.333\,1p+1.194\,9)}\times\frac{1}{(p^2+0.872\,0p+0.635\,9)}$$

所设计的低通切比雪夫滤波器传输函数为

$$H_a(s)=H_a(p)\big|_{p=s/\Omega_p}=\frac{1}{(s+1.015\,8\times10^7)(s^2+6.278\,8\times10^6s+4.259\times10^{14})}\times\frac{1}{(s^2+1.643\,7\times10^7s+2.259\,5\times10^{14})}$$

6.2.4 用双线性变换法设计IIR数字滤波器

由s平面映射到z平面变换的常用方法有冲激响应不变法、阶跃响应不变法和双线性变换法。双线性变换法是使数字滤波器的频率响应逼近模拟滤波器的频率响应的一种变换方法，它建立了s平面与z平面一一对应的单值关系，消除了多值性，也就消除了混叠现象。下面介绍双线性变换法。

1. 双线性变换法

双线性变换法将 s 平面映射到 z 平面采用了二次映射法。首先将整个 s 平面映射到另一个 s_1 平面的一条横带里，采用 $\Omega=c\ \tan\left(\frac{\Omega_1 T}{2}\right)$ 的非线性频率压缩方法，将整个模拟频率轴上的频率范围压缩在 $\pm\frac{\pi}{T}$ 之间，形成横带，横带的宽度为 $2\pi/T$；再通过变换 $z=e^{s_1 T}$ 将此横带变换到 z 平面上，从而使 s 平面与 z 平面建立了一一对应关系。这种映射关系如图 6.7 所示。

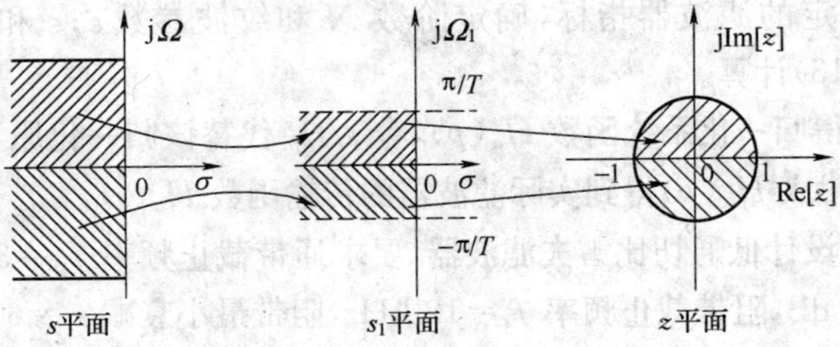

图 6.7 双线性变换法的映射关系

这种映射的映射函数为

$$s=c\,\frac{1-z^{-1}}{1+z^{-1}}\text{或 } z=\frac{c+s}{c-s} \qquad \text{式(6.18)}$$

其中，c 是待定系数。式(6.18)称为双线性变换，这是因为将其展开为 $csz+cs-z+1=0$，对 s 和 z 若固定一个变量，则另一个是线性的，因此这种变换对 s 和 z 是双线性的。双线性变换实现了由 s 平面到 z 平面的单值映射。

证明：s 平面到 s_1 平面的映射关系为

$$\Omega=c\ \tan\left(\frac{\Omega_1 T}{2}\right) \qquad \text{式(6.19)}$$

将上式两边乘以 j 并化简

$$\mathrm{j}\Omega=\mathrm{j}c\ \tan\left(\frac{\Omega_1 T}{2}\right)$$

$$=c\,\frac{\mathrm{j}\sin\left(\frac{\Omega_1 T}{2}\right)}{\cos\left(\frac{\Omega_1 T}{2}\right)}=c\,\frac{e^{\mathrm{j}\left(\frac{\Omega_1 T}{2}\right)}-e^{-\mathrm{j}\left(\frac{\Omega_1 T}{2}\right)}}{e^{\mathrm{j}\frac{\Omega_1 T}{2}}+e^{-\mathrm{j}\frac{\Omega_1 T}{2}}}=c\,\frac{1-e^{-\mathrm{j}\Omega_1 T}}{1+e^{-\mathrm{j}\Omega_1 T}}$$

令 $\mathrm{j}\Omega=s$，$\mathrm{j}\Omega_1=s_1$ 代入上式得

$$s=c\,\frac{1-e^{-s_1 T}}{1+e^{-s_1 T}} \qquad \text{式(6.20)}$$

再将 s_1 平面通过变换 $z=e^{s_1 T}$ 关系映射到 z 平面

将 $z=e^{s_1 T}$ 代入式(6.20)得

$$s=c\frac{1-z^{-1}}{1+z^{-1}}$$

将上式转化为 s 表示 z，即 $z=\frac{c+s}{c-s}$。

待定系数 c 的选择，可使模拟滤波器的频率特性与数字滤波器的频率特性在不同的频率处有不同的对应关系，也就是说通过 c 的选择可以调节模拟滤波器的频率特性与数字滤波器频带之间的逼近关系。当使数字滤波器的低频特性近似等于模拟滤波器的低频特性时 $c=\frac{2}{T}$。

下面分析经双线性变换 s 平面的虚轴和左半平面映射到 z 平面的情况。

因为 $z=e^{j\omega}$ 代表 z 平面的单位圆，将它代入变换 $s=c\frac{1-z^{-1}}{1+z^{-1}}$ 得

$$s=c\frac{1-e^{-j\omega}}{1+e^{-j\omega}}=c\frac{e^{j\omega/2}-e^{-j\omega/2}}{e^{j\omega/2}+e^{-j\omega/2}}=cj\tan\left(\frac{\omega}{2}\right)=$$

$$jc\tan\left(\frac{\Omega_1 T}{2}\right)=j\Omega$$

$j\Omega$ 表示 s 平面的虚轴，上面分析即说明 s 平面的虚轴正好映射到 z 平面的单位圆上。

设 s 平面的左半平面的任意点 $s=\sigma+j\Omega$，且 $\sigma<0$，将其代入 $z=\frac{c+s}{c-s}$ 中得

$$z=\frac{c+s}{c-s}=\frac{(c+\sigma)+j\Omega}{(c-\sigma)+j\Omega},|z|=\frac{\sqrt{(c+\sigma)^2+\Omega^2}}{\sqrt{(c-\sigma)^2+\Omega^2}}$$

可见，当 $\sigma<0$ 时 $z<1$，即说明 s 平面左半平面映射到单位圆内，由稳定性判定条件(参见 2.6.2 节)，因此稳定的模拟滤波器通过双线性变换后，所得到的数字滤波器也是稳定的。经检验，双线性变换符合映射应满足的基本原则。

双线性变换适合用于设计低通、高通、带通、带阻等选频滤波器，是目前使用的最普遍、最有成效的一种设计工具。

2. 模拟滤波器的数字化方法

由于 s 与 z 之间的简单代数关系(双线性变换)，所以从模拟传输函数可直接通过代数置换得到数字滤波器的系统函数，即

$$H(z)=H_a(s)\Big|_{s=c\frac{1-z^{-1}}{1+z^{-1}}}=H_a\left(c\frac{1-z^{-1}}{1+z^{-1}}\right),c=\frac{2}{T} \qquad \text{式(6.21)}$$

但是由于模拟频率与数字频率不再有线性关系，而是由式(6.19)得到的非线性关系，即

$$\Omega = c\tan\left(\frac{\omega}{2}\right) \qquad \text{式}(6.22)$$

这种非线性关系如右图 6.8 所示，表现为在零频率附近，近似为线性关系；随着 Ω 的增加，非线性关系越来越严重，造成两者的幅频响应不同(有畸变)。所以，为保证各边界频率点为预先制定的频率，在确定模拟低通滤波器前必须按式(6.22)进行所谓的频率预畸变处理，然后，将畸变后的频率再代入归一化低通原型中。

到此，可给出利用双线性变换实现滤波器的数字化设计步骤。如下：

(1)频率预畸变校正

将给定的数字低通滤波器的通带截止频率 ω_p、阻带截止频率 ω_s、通带纹波 δ_1 和阻带纹波 δ_2 或通带最大衰减 α_p、阻带最小衰减 α_s 等频率指标按式(6.22)进行预畸变，求出模拟低通滤波器的通带和阻带截止频率 Ω_p 和 Ω_s，即将数字滤波器指标转化成相应的模拟滤波器指标。

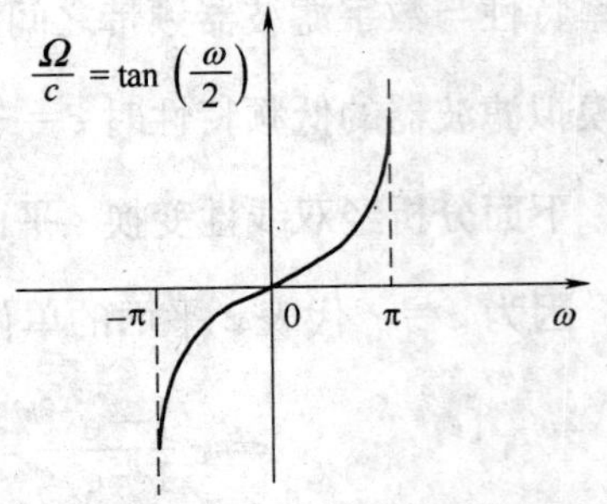

图 6.8 由 s 到 s_1 的非线性映射关系

(2)确定模拟低通滤波器的传输函数 $H(s)$

求满足畸变后 Ω_p、Ω_s 和 δ_1、δ_2 的归一化低通滤波器传输函数 $H_a(p)$，确定 $H(s)=H_a\left(\frac{s}{\Omega_c}\right)$。

(3)利用双线性变换置换

利用式(6.21)将 $H(s)$ 置换成 $H(z)$。

顺便提及的是，数字滤波器的设计就是要计算出 $H(z)$，原来是线性相位的模拟滤波器经双线性变换后得到的数字率滤波器却是非线性数字滤波器。

【例 6.3】 利用双线性变换，把一模拟滤波器 $H_a(s)=\frac{s+1}{s^2+5s+6}$ 转变为数字系统函数 $H(z)$，设采样周期 $T=1$。

解 根据公式(6.21)有

$$H(z)=H_a(s)\Big|_{s=2\frac{1-z^{-1}}{1+z^{-1}}}=H_a\left(2\,\frac{1-z^{-1}}{1+z^{-1}}\right)=\frac{2\,\frac{1-z^{-1}}{1+z^{-1}}+1}{\left(2\,\frac{1-z^{-1}}{1+z^{-1}}\right)^2+5\left(2\,\frac{1-z^{-1}}{1+z^{-1}}\right)+1}$$

整理并化简得

$$H(z)=\frac{0.15+0.1z^{-1}-0.05z^{-2}}{1+0.2z^{-1}}$$

【例 6.4】 要求从二阶巴特沃斯思模拟滤波器用双线性变换导出一低通数字滤波器，已知 3 dB 截止频率为 100 Hz，系统抽样频率为 1 kHz。

解 由题知 $N=2$，通过查表得归一化的二阶巴特沃斯原型滤波器的传输函数为：

$$H_a(p)=\frac{1}{p^2+\sqrt{2}p+1}=\frac{1}{p^2+1.4142136p+1}$$

则将 $p=s/\Omega_c$ 代入得出截止频率为 Ω_c 的模拟原型为

$$H(s)=\frac{1}{\left(\frac{s}{200\pi}\right)^2+1.4142136\left(\frac{s}{200\pi}\right)+1}$$

$$=\frac{394784.18}{s^2+888.58s+394784.18}$$

由双线性变换公式可得：

$$H(z)=H(s)\Big|_{s=\frac{2}{T}\cdot\frac{1-z^{-1}}{1+z^{-1}}}$$

$$=\frac{394784.18}{\left(2\times10^3\cdot\frac{1-z^{-1}}{1+z^{-1}}\right)^2+888.58\times\left(2\times10^3\cdot\frac{1-z^{-1}}{1+z^{-1}}\right)+394784.18}$$

$$=\frac{0.064(1+2z^{-1}+z^{-2})}{1-1.1683z^{-1}+0.4241z^{-2}}$$

【例 6.5】 利用双线性变换法设计巴特沃斯低通数字滤波器。要求满足以下指标：通带数字截止频率 $\omega_p=0.25\pi$，通带最大衰减 $\delta_1\leqslant0.5$ dB，阻带数字截止频率 $\omega_s=0.55\pi$，阻带最小衰减 $\delta_2\geqslant15$ dB，采样周期 $T=2$。

解 第一步　进行频率预畸变求 Ω_p 和 Ω_s

由公式 $\Omega=c\tan\left(\frac{\omega}{2}\right)$，$c=\frac{2}{T}$得

$$\Omega_p=\tan\left(\frac{\omega_p}{2}\right)=\tan\left(\frac{0.25\pi}{2}\right)=0.4142136$$

$$\Omega_s=\tan\left(\frac{\omega_s}{2}\right)=\tan\left(\frac{0.55\pi}{2}\right)=1.1708496$$

第二步　确定模拟低通滤波器的传输函数 $H(s)$

由公式 $N\geqslant\frac{\lg[(10^{-0.1\alpha_p}-1)/(10^{-0.1\alpha_s}-1)]}{2\lg(\Omega_p/\Omega_s)}$得

$$N\geqslant\frac{\lg[(10^{0.1\delta_1}-1)/(10^{0.1\delta_2}-1)]}{2\lg(\Omega_p/\Omega_s)}=2.6586997$$

取 $N=3$，查表 6.1 得三阶巴特沃斯低通滤波器原型传输函数

$$H_a(p)=\frac{1}{(p+1)(p^2+p+1)}$$

求 3 dB 截止频率并求归一化，因为

$|H_a(\mathrm{j}\Omega_p)|^2=\dfrac{1}{1+\left(\dfrac{\Omega_p}{\Omega_c}\right)^{2N}}=10^{-0.1\alpha_p}$，求得

$$\Omega_c=0.588\ 148$$

故 $H(s)=H_a\left(\dfrac{s}{\Omega_c}\right)=\dfrac{0.203\ 451}{(s+0.588\ 148)(s^2+0.588\ 148s+0.345\ 918)}$

第三步　利用双线性变换置换

由 $H(z)=H(s)\Big|_{s=\frac{1-z^{-1}}{1+z^{-1}}}=H\left(\dfrac{1-z^{-1}}{1+z^{-1}}\right)$得

$$H(z)=\frac{0.066\ 227\ 2(1+z^{-1})^3}{(1-0.259\ 328z^{-1})(1-0.676\ 285\ 8z^{-1}+0.391\ 746\ 8z^{-2})}$$

3. 数字高通滤波器的设计

虽然上面给出的滤波器性能指标和滤波器设计都是针对低通滤波器的，但是，其他类型的选频滤波器，如高通和带通等滤波器，它们的技术指标也可作类似的规定，并且可以由低通滤波器演化而得，其设计也可由上面集中讨论的低通滤波器设计转换成其他类型的选频滤波器。这里只涉及数字高通滤波器的设计，至于数字带通和带阻滤波器设计由于与数字高通滤波器设计思路相同，在此不再介绍。

设低通滤波器 $G(\mathrm{j}\lambda)$和高通滤波器 $H(\mathrm{j}\lambda)$的幅度特性如图 6.9 所示。图中，λ_p 和λ_s 分别是低通的归一化通带截止频率和归一化阻带截止频率，η_p 和 η_s 分别是高通的归一化通带下限频率和归一化阻带上限频率。

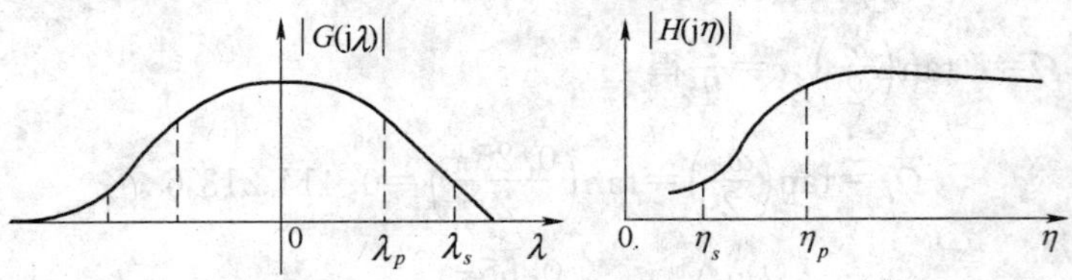

图 6.9　低通滤波器到高通滤波器幅频特性的转换

由于$|G(\mathrm{j}\lambda)|$和 $H|(\mathrm{j}\lambda)|$都是频率的偶函数，可以把$|G(\mathrm{j}\lambda)|$右边曲线和$|H(\mathrm{j}\lambda)|$曲线对应起来，低通的 λ 从∞经过 λ_s 和λ_p 到 0 时，高通的 η 则从 0 经过 η_s 和 η_p 到∞，因此 λ 和 η 之间关系是$\lambda=\dfrac{1}{\eta}$，即是低通到高通的频率变换公式。如果已知低通$|G(\mathrm{j}\lambda)|$和高通$|H(\mathrm{j}\lambda)|$，则二者用式 $H(\mathrm{j}\eta)=G(\mathrm{j}\lambda)\Big|_{\lambda=1/\eta}$ 转换。考虑这种转化以及数字低通滤波器设计，下面给出数字高通滤波器设计步骤。

(1)确定数字高通滤波器的技术指标 ω_p 和ω_s。

(2)将数字高通滤波器的技术指标转换成高通模拟滤波器的技术指标 Ω_p 和 Ω_s，转换公式为 $\Omega=\frac{2}{T}\tan\left(\frac{\omega}{2}\right)$。

(3)利用频率变换 $\lambda=\frac{1}{\eta}$ 将模拟高通滤波器技术指标转换成归一化模拟低通滤波器$G(p)$的技术指标

(4)设计模拟低通滤波器 $G_a(p)$

(5)将模拟低通滤波器 $G_a(p)$ 通过频率转换，转换成模拟高通滤波器 $H_a(s)$，并去归一化后得 $H_a(s)=G_a(p)\Big|_{p=\frac{s}{\Omega_c}}$

(6)采用双线性变换，将所需类型的模拟滤波器转换成所需类型的数字滤波器，即 $H(z)=H_a(s)\Big|_{s=\frac{2}{T}\frac{1-z^{-1}}{1+z^{-1}}}$。

【例 6.6】 设计一个巴特沃斯高通数字滤波器，要求其通带截止频率 $f_p=$ 20 kHz，f_p 处最大衰减为 3 dB，阻带截止频率 $f_s=10$ kHz，阻带最小衰减 $\alpha_s=15$ dB。求该高通滤波器的传输函数 $H_a(s)$。

解　第一步　确定数字高通滤波器的技术指标要求

$f_p=20$ kHz，$\alpha_p=3$ dB，$f_s=10$ kHz，$\alpha_s=15$ dB

归一化频率：$\eta_p=1, \eta_s=\frac{2\pi f_s}{2\pi f_p}=0.5$

第二步　相应低通滤波器的技术指标要求

$$\lambda_p=\frac{1}{\eta_p}=1, \lambda_s=\frac{1}{\eta_s}=2$$

第三步　设计相应归一化低通 $H_a(s)$

$$N\geqslant\frac{\lg[(10^{-0.1\alpha_p}-1)/(10^{-0.1\alpha_s}-1)]}{2\lg(\Omega_p/\Omega_s)}=\frac{\lg[(10^{-0.3}-1)/(10^{-1.5}-1)]}{2\lg(0.5)}=2.47$$

取 $N=3$，查表 6.1 得三阶巴特沃斯低通滤波器原型传输函数

$$G_a(p)=\frac{1}{(p+1)(p^2+p+1)}=\frac{1}{(p^3+2p^2+2p+1)}$$

第四步　频率变化，转换成高通滤波器

$$H_a(s)=G_a(p)\Big|_{p=\Omega_c/s}=\frac{s^3}{(s^3+2\Omega_c s^2+2\Omega_c^2 s+\Omega_c^3)}$$

式中，$\Omega_c=2\pi f_c=2\pi\times 20\times 10^3=4\pi\times 10^4$ rad/s。

【例 6.7】 用双线性变换法设计一个三阶切比雪夫数字高通滤波器，抽样频率为 $f_s=8$ kHz，截止频率为 $f_c=2$ kHz。(不计 4 kHz 以上的频率分量)

解　不妨用 $\delta_1=3$ dB 的三阶切比雪夫低通传输函数，查表得：

$$H_a(s)=\frac{0.250\ 594\ 3}{0.250\ 594\ 3+0.928\ 348\ 05s+0.597\ 240\ 4s^2+s^3}$$

又 $\omega_c=2\pi\frac{f_c}{f_s}=0.5\pi$

由式(6.19)知，$c=\Omega_c\tan\frac{\omega_c}{2}=1(\Omega_c=1\ \text{rad/s})$

所以双线性变换为 $s=\frac{1+z^{-1}}{1-z^{-1}}$

故数字高通滤波器系统函数为

$$H(z)=H_a(s)\Big|_{s=\frac{1-z^{-1}}{1+z^{-1}}}$$

$$=\frac{0.250\ 594\ 3}{0.259\ 594\ 3+0.928\ 348\ 0\frac{1-z^{-1}}{1+z^{-1}}+0.597\ 240\ 4\left(\frac{1-z^{-1}}{1+z^{-1}}\right)^2+\left(\frac{1-z^{-1}}{1+z^{-1}}\right)^3}$$

化简得

$$H(z)=\frac{0.090\ 265\ 8(1-3z^{-1}+3z^{-2}-z^{-3})}{1+0.690\ 556\ 0z^{-1}+0.801\ 890\ 5\ z^{-2}+0.389\ 208\ 3z^{-3}}$$

【例 6.8】 用双线性变换法设计一个巴特沃斯数字高通滤波器，要求通带截止频率 $\omega_p=0.8\pi$ rad，通带最大衰减为 3 dB，阻带截止频率 $\omega_s=0.5\pi$ rad，阻带最小衰减 18 dB。(采样周期为 2 s)

解 (1)由题知高通滤波器的技术指标

$\omega_p=0.8\pi\ \text{rad},\omega_s=0.5\pi\ \text{rad},\alpha_p=3\ \text{dB},\alpha_s=18\ \text{dB}$

(2)计算相应模拟高通滤波器的技术指标

由公式 $\Omega=\frac{2}{T}\tan\left(\frac{\omega}{2}\right)=\tan\left(\frac{\omega}{2}\right)$，故

$$\Omega_p=\tan\left(\frac{\omega_p}{2}\right)=3.077\ 7\ \text{rad/s},\Omega_s=\tan\left(\frac{\omega_s}{2}\right)=1\ \text{rad/s},$$

$$\alpha_p=3\ \text{dB},\alpha_s=18\ \text{dB}$$

(3)求转化的相应归一化低通滤波器的技术指标

因为 $\eta_p=\frac{\Omega_p}{\Omega_c}=1,\eta_s=\frac{\Omega_s}{\Omega_c}=0.324\ 9$，所以 $\lambda_p=\frac{1}{\eta_p}=1,\lambda_s=\frac{1}{\eta_s}=3.077\ 7$

(4)设计归一化模拟低通滤波器 $G_a(p)$，其转换成模拟高通滤波器后去归一化得 $H_a(s)$

因为 $N\geqslant\frac{\lg[(10^{-0.1\alpha_p}-1)/(10^{-0.1\alpha_s}-1)]}{2\lg(\Omega_p/\Omega_s)}=1.84$，所以，$N=2$

查表得到二阶归一化模拟低通通滤波器传输函数 $G_a(p)$ 为

$$G_a(p)=\frac{1}{p^2+1.414p+1}$$

实际高通滤波器去归一化后传输函数后得

$$H_a(s)=G_a(p)\Big|_{p=\frac{\Omega_c}{s}}=\frac{\Omega_c^2s^2}{\Omega_c^2s^2+1.414\Omega_cs+1}$$

(5)将模拟高通滤波器 $H_a(s)$转换成数字高通滤波器

$$H(z)=H_a(s)\Big|_{s=\frac{1-z^{-1}}{1+z^{-1}}}=\frac{1-2z^{-1}+z^{-2}}{14.819-16.935z^{-1}+14.819z^{-2}}$$

6.3　FIR 滤波器的设计

前面指出，有两种类型的数字滤波系统。一种是 IIR 数字滤波器；另一种是 FIR 数字滤波器。从 IIR 数字滤波器设计中，我们看到，其设计主要是针对频率特性的要求来进行设计。但是，实际设计中还需兼顾相频特性，往往要求线性相位。其实，IIR 滤波器的设计在设计模式上沿袭了模拟滤波器的设计方法，因而设计简单而有效，并且阶数也较低，产生的延迟也小。但是，由于 IIR 数字滤波器的相位特性是非线性的，因而相位特性不好控制，也不得不在设计时考虑。FIR 数字滤波器则不同，它具有严格的线性相位，具有任意的幅度特性，加之它主要采用非递归结构，因此在设计时无需考虑稳定性问题。因为 FIR 数字滤波器的极点都位于原点，所以 FIR 数字滤波器总是稳定的。此外，FIR 滤波器还可以用 FFT 来计算，从而大大提高运算效率。正是这些特点才使得 FIR 滤波器越来越为人们所重视，其应用也越来越广泛。FIR 滤波器的不足之处是阶次较高，延迟大，运算量也大。

IIR 滤波器的设计方法不适合 FIR 滤波器的设计，因为 IIR 滤波器的系统函数是有理分式形式。FIR 滤波器常用设计方法有窗函数法、频率取样法和最佳一致逼近法等 3 种，本书主要介绍窗函数法。

6.3.1　设计思路

由节 5.2.1 可知，可从不同角度描述 FIR 滤波器，变化一些符号再写如下：

$$\text{FIR 数学模型}\begin{cases}\text{差分方程 } y(i)=\sum\limits_{n=0}^{N-1}b_nx(i-n)\\ \text{系统函数 } H(z)=\sum\limits_{n=0}^{N-1}b_nz^{-n}\\ \text{单位采样响应 } y(i)=\sum\limits_{n=0}^{N-1}h(n)x(i-n)\end{cases}$$

观察上述表达，易得出 $b_n=h(n)$

所以 $H(z)=\sum_{n=0}^{N-1}h(n)z^{-n}$

FIR 滤波器的设计任务就是求 $h(n)$，它是实际滤波器 $H(z)$ 的系数序列，$h(n)$ 对应的频率特性为 $H(\mathrm{e}^{\mathrm{j}\omega})$。设计 FIR 滤波器的基本思想是使待设计的实际滤波器逼近理想特性。如果希望得到的滤波器的理想频率响应特性是 $H_{\mathrm{d}}(\mathrm{e}^{\mathrm{j}\omega})$，则 FIR 滤波器的设计就是寻找一个 $H(\mathrm{e}^{\mathrm{j}\omega})=\sum_{n=0}^{N-1}h(n)\mathrm{e}^{-\mathrm{j}\omega n}$ 去逼近理想特性 $H_{\mathrm{d}}(\mathrm{e}^{\mathrm{j}\omega})$。这种逼近从时域入手，就是本节要介绍的窗函数法；而从频率入手，就是频率抽样法。下面分析利用窗函数法的设计 FIR 滤波器的思路。

假设理想频率响应 $H_{\mathrm{d}}(\mathrm{e}^{\mathrm{j}\omega})$，通过傅里叶反变换得

$$h_{\mathrm{d}}(n)=\frac{1}{2\pi}\int_{-\pi}^{\pi}H_{\mathrm{d}}(\mathrm{e}^{\mathrm{j}\omega})\mathrm{e}^{\mathrm{j}\omega n}\mathrm{d}\omega \qquad \text{式(6.23)}$$

但一般说来，理想频率响应是逐段恒定的，在边界频率处有断点，这样得到的理想单位采样响应 $h_{\mathrm{d}}(n)$ 往往是无限长非因果序列，物理上是不可实现的。但 FIR 的 $h(n)$ 是有限长的，问题是怎样用一个有限长的序列 $h(n)$ 去逼近 $h_{\mathrm{d}}(n)$，这就是窗函数。就是将 $h_{\mathrm{d}}(n)$ 截取一段，构造物理可实现的长度为 N 的因果序列 $h(n)$，这种截取可形象地想象 $h(n)$ 是通过一个"窗口"所看到的 $h_{\mathrm{d}}(n)$ 的一段，因此 $h(n)$ 可表示为 $h_{\mathrm{d}}(n)$ 和一个窗函数 $\omega(n)$ 的乘积，即

$$h(n)=h_{\mathrm{d}}(n)\cdot\omega(n) \qquad \text{式(6.24)}$$

这里 $\omega(n)=R_N(n)$，$R_N(n)$ 是一个矩形窗，其中心对准 $h_{\mathrm{d}}(n)$ 的中心点，截取的 $h(n)$ 关于 $(N-1)/2$ 点对称保证了所设计滤波器具有线性相位。当然后面将看到，为了改善滤波器的特性，还有其他形式的"窗"。

综上所述，窗函数法的设计思路如图 6.10 所示。

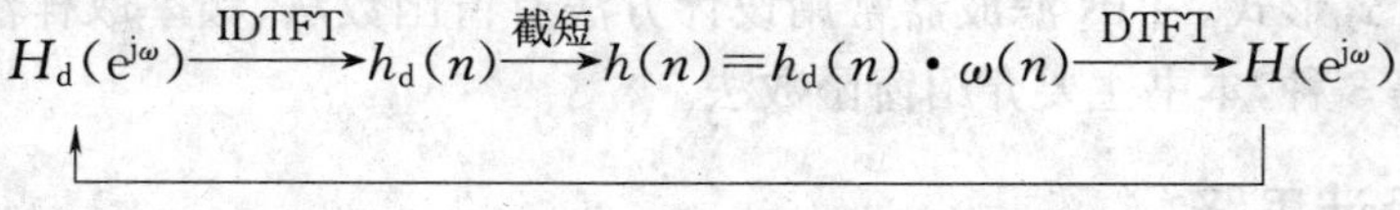

图 6.10 窗函数法的设计思路

已知 $H_{\mathrm{d}}(\mathrm{e}^{\mathrm{j}\omega})$，窗函数设计法的设计步骤为：

(1)由 $H_{\mathrm{d}}(\mathrm{e}^{\mathrm{j}\omega})$ 求傅里叶反变换，求得 $h_{\mathrm{d}}(n)$；

(2)通过窗函数截短得 $h(n)$，即 $h(n)=h_{\mathrm{d}}(n)\cdot\omega(n)$；

(3)检验在误差范围内是否满足理想频率特性；

(4)若不满足，则从新选择窗函数进行设计。

6.3.2 窗函数性能分析

下面以一个截止频率为 ω_c 的线性相位理想低通滤波器为例，讨论 FIR 滤波器

的设计问题。

给定的理想低通滤波器为

$$H_d(e^{j\omega})=\begin{cases}1\cdot e^{-j\tau\omega} & |\omega|\leqslant\omega_c\\ 0 & \omega_c<|\omega|\leqslant\pi\end{cases}\quad 式(6.25)$$

式中，τ 为滤波器的群延迟时间（平均延迟时间），ω_c 为低通滤波器的通带截止频率。图 6.11 是它的理想频率特性。

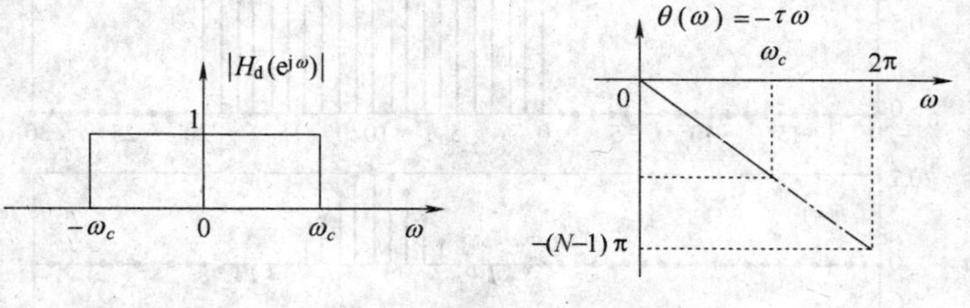

图 6.11　低通滤波器的理想频率特性

第一步　计算 $h_d(n)$

$$h_d(n)=\frac{1}{2\pi}\int_{-\pi}^{\pi}H_d(e^{j\omega})e^{j\omega n}d\omega$$

$$=\frac{1}{2\pi}\int_{-\omega_c}^{\omega}e^{-j\tau\omega}e^{j\omega n}d\omega=\frac{\sin[\omega_c(n-\tau)]}{\pi(n-\tau)}\quad 式(6.26)$$

其波形如图 6.12 所示。

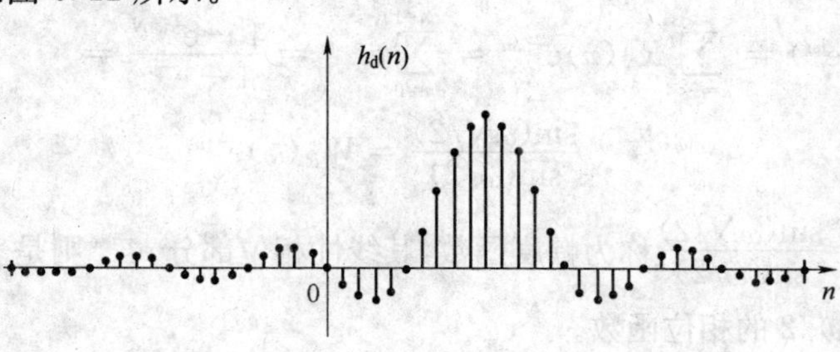

图 6.12　$h_d(n)$的图形

这是一个以 τ 为中心的偶对称的无限长非因果序列，如果截取一段 $0\leqslant n\leqslant N-1$的 $h_d(n)$作为 $h(n)$，则为保证所得到的是线性相位 FIR 滤波器，延时 τ 应为 $h(n)$长度 N 的一半，即

$$\tau=(N-1)/2$$

第二步　用矩形窗函数截取 $h_d(n)$得 $h(n)$

$$h(n)=R_N(n)\cdot h_d(n)=\begin{cases}h_d(n) & 0\leqslant n\leqslant N-1\\ 0 & 其他\ n\end{cases}$$

截取过程用图说明如图 6.13 所示。

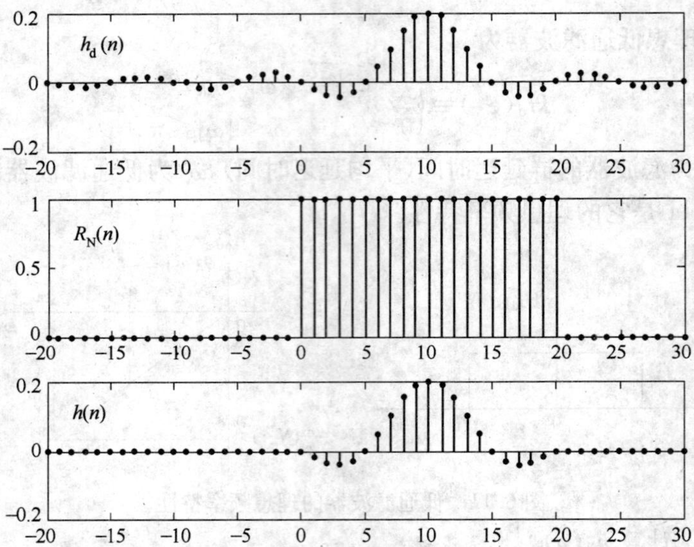

图 6.13 截取过程的图形

第三步 检验,求 $h_d(n)$ 的频率特性 $H_d(e^{j\omega})$

由时域相乘频率卷积得

$$H(e^{j\omega})=R_N(e^{j\omega})\cdot H_d(e^{j\omega})$$

其中 $R_N(e^{j\omega})=\sum_{n=-\infty}^{\infty}R_N(n)e^{-j\omega n}=\sum_{n=0}^{N-1}e^{-j\omega n}=\frac{1-e^{-j\omega N}}{1-e^{-j\omega}}=$

$$e^{-j\omega(\frac{N-1}{2})}\frac{\sin(\omega N/2)}{\sin(\omega/2)}=W_R(\omega)e^{-j\tau\omega}$$

式中,$W_R(\omega)=\frac{\sin(\omega N/2)}{\sin(\omega/2)}$称为幅度函数,其线性相位部分 $e^{-j\tau\omega}$ 则是表示延时一半长度$\tau=(N-1)/2$ 的相位函数。

对 $R_N(e^{j\omega})$频率响应起作用的是 $W_R(\omega)$,其波形如图 6.14 所示。

在 $W_R(\omega)$图中,把 ω 在$\pm 2\pi/N$之间的一段称为矩形窗的主瓣,其他波动部分称为旁瓣。矩形窗函数自身频谱性能指标为主瓣宽度 $\Delta\omega=4\pi/N$,旁瓣峰值-13 dB。

现在可得到加窗后的频率响应为

$$H(e^{j\omega})=R_N(e^{j\omega})\cdot H_d(e^{j\omega})=\frac{1}{2\pi}\int_{-\pi}^{\pi}H_d(e^{j\theta})R_N(e^{j(\omega-\theta)})d\theta$$

$$=\frac{1}{2\pi}e^{-j\omega\tau}\int_{-\omega_c}^{\omega_c}W_R(\omega-\theta)d\theta=H(\omega)e^{-j\omega\tau} \qquad 式(6.27)$$

式中,$H(\omega)=\frac{1}{2\pi}\int_{-\omega_c}^{\omega_c}W_R(\omega-\theta)d\theta$,称它为 FIR 滤波器频率响应的幅度函数。

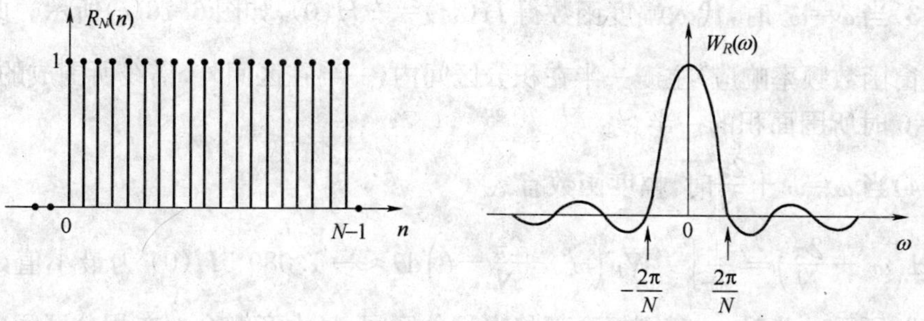

图 6.14　矩形序列与和幅度函数图

用图说明式(6.27)的卷积过程如图 6.15 所示。

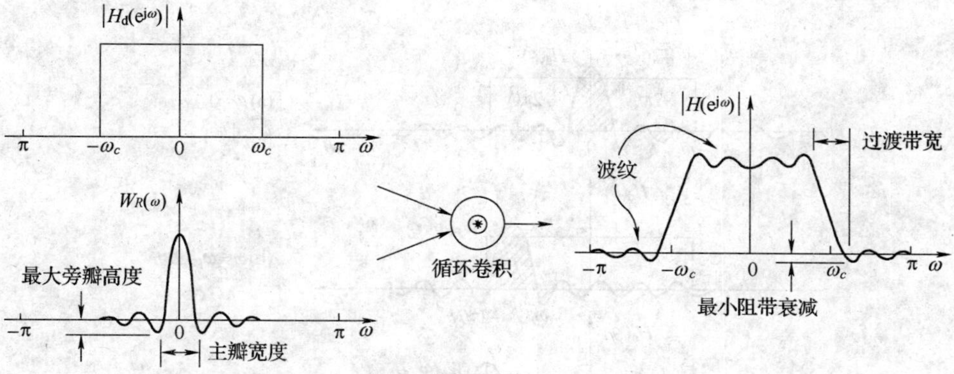

图 6.15　理想滤波器加窗效应

上述加窗处理后对理想频率特性(矩形频率响应)的影响如何呢?

这里不妨通过图 6.16 加以说明。

(1)当 $\omega=0$ 时,由幅度函数得 $H(0)=\frac{1}{2\pi}\int_{-\omega_c}^{\omega_c}W_R(-\theta)\mathrm{d}\theta$。由于一般情况下 $\omega_c\geqslant\frac{2\pi}{N}$,因此,$H(0)$ 近似等于窗函数 $W_R(\theta)$ 与 θ 轴围成的整个面积,如图 6.16(a)所示。

(2)当 $\omega=\omega_c-\frac{2\pi}{N}$ 时,代入幅度函数有

$H\left(\omega_c-\frac{2\pi}{N}\right)=\frac{1}{2\pi}\int_{-\omega_c}^{\omega_c}W_R\left(\omega_c-\frac{2\pi}{N}-\theta\right)\mathrm{d}\theta\approx 1.0895H(0)$,如图 6.16(b)所示。可见,卷积的整个主瓣在积分区间内,最大旁瓣刚好移出积分区间,这时得到最大的 $H(\omega)$,形成正肩峰;之后,随着 ω 的不断增大,$H(\omega)$ 的值迅速减小,此时进入滤波器的过渡带。

(3)当 $\omega=\omega_c$ 时，代入幅度函数得 $H(\omega_c)=\dfrac{1}{2}H(0)$，如图 6.16(c)所示。此时，窗谱（窗函数频率响应）主瓣一半在积分区间内，一半在区间外，谱线所围成的面积为 $\omega=0$ 时所围面积的一半。

(4)当 $\omega=\omega_c+\dfrac{2\pi}{N}$时，幅度函数有

$H\left(\omega_c+\dfrac{2\pi}{N}\right)=\dfrac{1}{2\pi}\displaystyle\int_{-\omega_c}^{\omega_c}W_R\left(\omega_c+\dfrac{2\pi}{N}-\theta\right)\mathrm{d}\theta\approx-1.0895H(0)$ 为最小值，如图 6.16(d)所示。此时，主瓣刚好全部移出积分区间，最大旁瓣全部在积分区间内，这时得到最小的 $H(\omega)$，形成负肩峰；之后，随着 ω 的继续增大，$H(\omega)$振荡且振荡幅度不断减小，也就形成滤波器阻带波动。

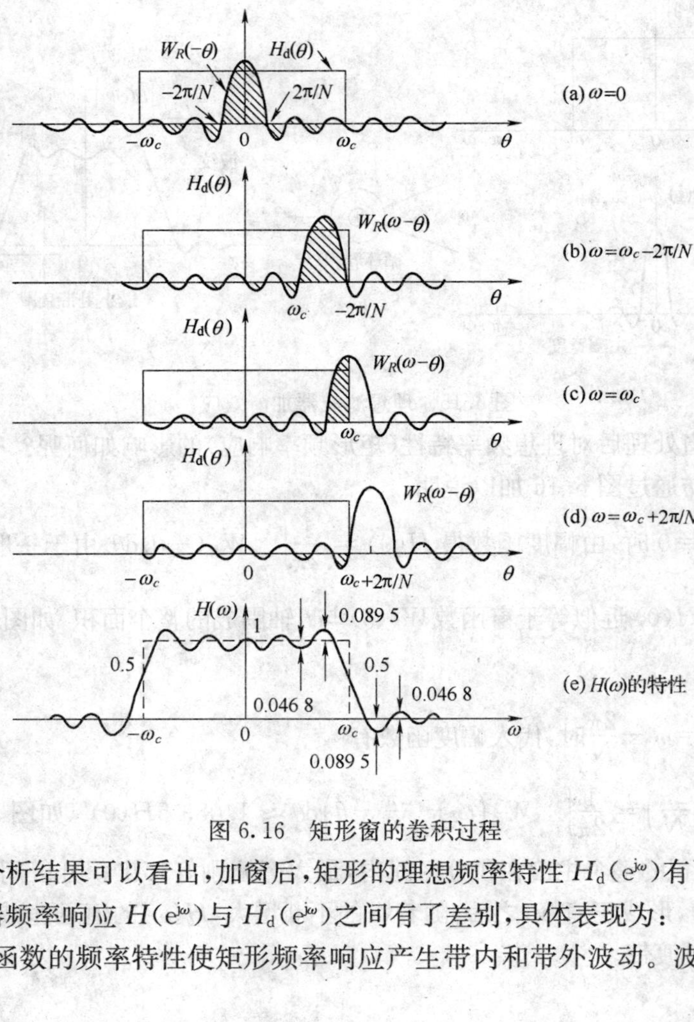

图 6.16 矩形窗的卷积过程

以上分析结果可以看出，加窗后，矩形的理想频率特性 $H_d(e^{j\omega})$有了变化，使形成的滤波器频率响应 $H(e^{j\omega})$与 $H_d(e^{j\omega})$之间有了差别，具体表现为：

(1)窗函数的频率特性使矩形频率响应产生带内和带外波动。波动是由于窗

谱的旁瓣引起的，不同的窗函数对应不同的窗谱特性，最终产生不同的波动特性。波动幅度的强弱完全取决于窗的类型而与 N 值无关。在过渡带的两侧波动最大，如矩形窗在 $\omega=\omega_c\pm 2\pi/N$ 波动最大，约为 8.95%。N 增大，通带和阻带内的波动起伏变密，波动幅度的大小不会改变，这种现象称为吉布斯效应。

(2)使理性频率特性不连续点处边沿加宽，形成过渡带，过渡带的宽度等于窗谱的主瓣宽度。

(3)增加 N，使窗谱的主瓣宽度、ω 坐标的比例、$W_R(\omega)$ 的绝对值大小等发生改变，但主瓣与旁瓣的相对比例不改变。

窗的上述特点决定在设计 FIR 滤波器时，应选择窗谱的主瓣宽度尽可能地窄，最大旁瓣相对主瓣尽可能小，以便使得滤波器的过渡带尽量陡，滤波器的肩峰和波动减小，进而使得所要设计的滤波器尽可能逼近理想滤波器。实际上，对窗函数同时达到主瓣窄和旁瓣相对主瓣小是不可能的，因此选择窗函数时，应根据需要进行折中选择，通常是以增大主瓣宽度来换取度旁瓣的抑制。总之，一个理想窗函数的窗谱性能是要求过渡带和旁瓣峰值都要小，且旁瓣峰值衰减也要快。下面介绍几种窗函数以供选择。

6.3.3　常用的窗函数

一般来说，窗函数的频谱即窗谱，都包含有体现窗谱主体的一个主瓣和位于主瓣两侧的若干个旁瓣，总是根据主瓣和旁瓣来定义窗的性能。

1. 矩形窗

表达式：$w_R(n)=R_N(n)$

谱函数：$W_R(e^{j\omega})=\dfrac{\sin\left(\dfrac{N\omega}{2}\right)}{\sin\left(\dfrac{\omega}{2}\right)}e^{-j\left(\frac{N-1}{2}\right)\omega}$

主瓣宽度：$B_m=\dfrac{4\pi}{N}$

最大旁瓣的归一化峰值衰减：$\alpha_{s_1}=13\ \text{dB}$

阻带最小衰减：$\alpha_s=21\ \text{dB}$

2. 三角窗(Bartlett 窗，又称巴特列特窗)

表达式：

$$\omega_{Br}(n)=\begin{cases}\dfrac{2n}{N-1} & 0\leqslant n\leqslant\dfrac{N-1}{2}\\[2ex] 2-\dfrac{2n}{N-1} & \dfrac{N-1}{2}<n\leqslant N-1\end{cases}$$

谱函数：$W_{Br}(e^{j\omega})=\frac{2}{N}\left[\frac{\sin\left(\frac{N\omega}{4}\right)}{\sin\left(\frac{\omega}{2}\right)}\right]^2 e^{-j\omega+\frac{N-1}{2}\omega}$

主瓣宽度：$B_m=\frac{8\pi}{N}$

最大旁瓣的归一化峰值衰减：$\alpha_{s_1}=26$ dB

阻带最小衰减：$\alpha_s=25$ dB

与矩形窗相比，它的阻带衰减性能有所改善，但代价是过渡带加宽了。

3. 汉宁窗(Hanning 窗，又称升余弦窗)

表达式：

$$\omega_{Hn}(n)=0.5\left[1-\cos\frac{2\pi n}{N-1}\right]R_N(n)$$

谱函数：

$$W_{Hn}(e^{j\omega})=\left\{0.5W_R(\omega)+0.25\left[W_R\left(\omega-\frac{2\pi}{N-1}\right)+W_R\left(\omega+\frac{2\pi}{N-1}\right)\right]\right\}e^{-j\frac{N-1}{2}\omega}$$

其中，$W_R(\omega)=\sin\left(\frac{N\omega}{2}\right)\Big/\sin\left(\frac{\omega}{2}\right)$

主瓣宽度：$B_m=\frac{8\pi}{N}$

最大旁瓣的归一化峰值衰减：$\alpha_{s_1}=31$ dB

阻带最小衰减：$\alpha_s=44$ dB

4. 汉明窗(Hamming 窗，改进的升余弦窗)

表达式：

$$\omega_{Hm}(n)=\left(0.54-0.46\cos\frac{2\pi n}{N-1}\right)R_N(n)$$

谱函数：

$$W_{Hm}(e^{j\omega})=0.54W_R(e^{j\omega})-0.23W_R\left(e^{j\left(\omega-\frac{2\pi}{N-1}\right)}\right)-0.23W_R\left(e^{j\left(\omega+\frac{2\pi}{N-1}\right)}\right)$$

主瓣宽度：$B_m=\frac{8\pi}{N}$

最大旁瓣的归一化峰值衰减：$\alpha_{s_1}=41$ dB

阻带最小衰减：$\alpha_s=53$ dB

这种改进的升余弦窗，在主瓣宽度不变的情况下，旁瓣进一步减小，可使99.99%的能量集中在窗谱的主瓣内。

5. 布莱克曼窗(Blackman 窗)

表达式：

$$\omega_{Bl}(n)=\left[0.42-0.5\cos\frac{2\pi n}{N-1}+0.08\cos\frac{4\pi n}{N-1}\right)\Big]R_N(n)$$

谱函数：

$$W_{Bl}(e^{j\omega})=0.42W_R(e^{j\omega})-0.25[W_R(e^{j(\omega-\frac{2\pi}{N-1})})+W_R(e^{j(\omega+\frac{2\pi}{N-1})})]+$$
$$0.04[W_R(e^{j(\omega-\frac{4\pi}{N-1})})+W_R(e^{j(\omega+\frac{4\pi}{N-1})})]$$

主瓣宽度：$B_m=\frac{12\pi}{N}$

最大旁瓣的归一化峰值衰减：$\alpha_{s_1}=57$ dB

阻带最小衰减：$\alpha_s=74$ dB

与汉明窗比，其进一步降低了旁瓣，但主瓣宽度进一步增加。为了便于更好地比较和选用各种窗，表 6.2 归纳出了常用的窗函数性能，图 6.17 给出了它们的幅度谱。

表 6.2　常用窗函数的性能指标

窗函数	窗谱性能指标		加窗后滤波器性能指标	
	旁瓣峰值/dB	主瓣宽度/(2π/N)	过滤带宽 Δω/(2π/N)	阻带最小衰减/dB
矩形窗	13	2	0.9	21
三角形窗	25	4	2.1	25
汉宁窗	31	4	3.1	44
汉明窗	41	4	3.3	53
布拉克曼窗	57	6	5.5	74

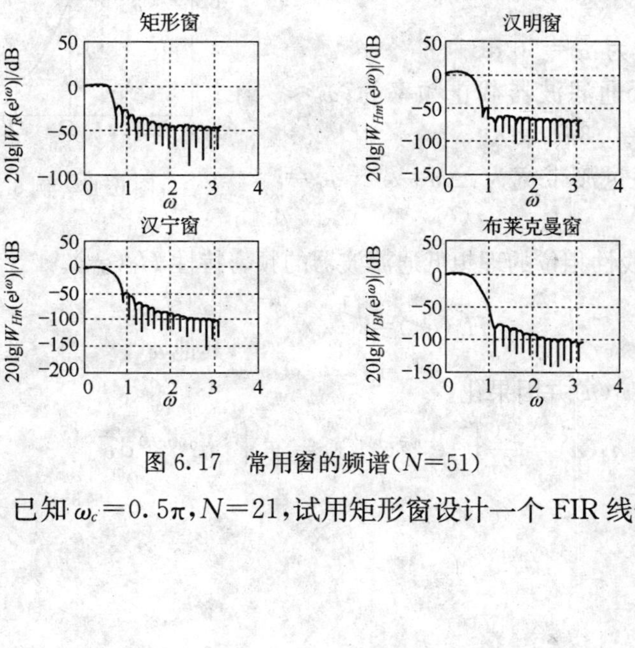

图 6.17　常用窗的频谱($N=51$)

【例 6.9】　已知 $\omega_c=0.5\pi$，$N=21$，试用矩形窗设计一个 FIR 线性相位低通数

字滤波器 $h(n)$。

解 此题给定的是理想线性相位低通滤波器，因为

$$H_{\rm d}(e^{j\omega})=\begin{cases}e^{-j\omega\tau} & -\omega_c\leqslant\omega\leqslant\omega_c\\ 0 & \omega_c<\omega\leqslant\pi,-\pi<\omega<-\omega_c\end{cases}$$

所以

$$h_{\rm d}(n)=\frac{1}{2\pi}\int_{-\pi}^{\pi}H_{\rm d}(e^{j\omega})e^{j\omega n}d\omega$$

$$=\frac{1}{2\pi}\int_{-\omega_c}^{\omega}e^{-j\omega\tau}e^{j\omega n}d\omega=\frac{\omega_c}{\pi}\ \frac{\sin[\omega_c(n-\tau)]}{\omega_c(n-\tau)}$$

其中，$\tau=(N-1)/2=10$，$\omega_c=0.5\pi$

$$h(n)=h_{\rm d}(n)R_N(n)=\begin{cases}\dfrac{-\sin\left(\dfrac{n\pi}{2}\right)}{\pi(n-10)} & 0\leqslant n\leqslant 20\\ 0 & 其他\ n\end{cases}$$

【例 6.10】 设计一个线性相位 FIR 低通数字滤波器，给定采样频率为 $f_s=1.5\times10^4$ Hz，通带截止频率 $\Omega_p=2\pi\times1.5\times10^3$ rad/s，通带最大衰减为 3 dB，阻带截止频率 $\Omega_s=2\pi\times3\times10^3$ rad/s，阻带最小衰减 50 dB。幅度特性如图 6.18 所示。

解

(1)求出各对应的数字频率。

通带截止频率为：$\omega_p=2\pi f_p/f_s=\Omega_p/f_s=0.2\pi$(rad)

阻带截止频率为：$\omega_s=\Omega_s/f_s=0.4\pi$(rad)

阻带衰减为：$\alpha_s=50$ dB

则理想低通滤波器截止频率为：$\omega_c\approx0.5(\omega_p+\omega_s)=0.3\pi$(rad)

理想低通过渡带宽为：$\Delta\omega=\omega_s-\omega_p=0.2\pi$(rad)

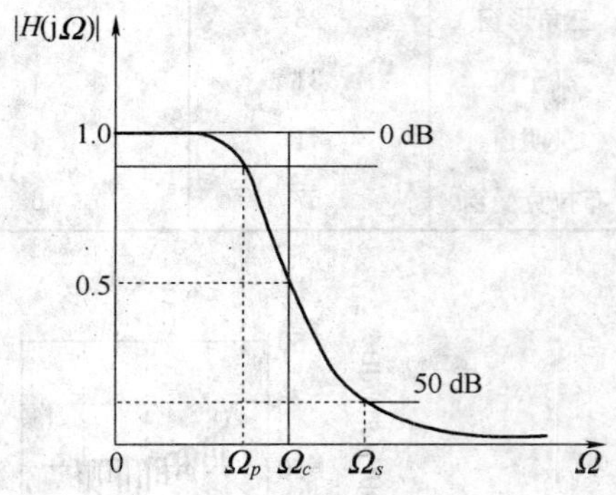

图 6.18 例 6.10 图

(2)确定线性相位的理想低通滤波器的频率特性 $H_{\rm d}(e^{j\omega})$。

$$H_{\rm d}(e^{j\omega})=\begin{cases}1\cdot e^{-j\omega\tau} & |\omega|\leqslant\omega_c\\ 0 & 其他\ \omega\end{cases}$$

(3)确定 $h_{\rm d}(n)$ 并因果化。

$$h_{\rm d}(n)=\frac{1}{2\pi}\int_{-\pi}^{\pi}e^{-j\omega\tau}e^{j\omega n}d\omega=\frac{1}{2\pi}\int_{-\omega_c}^{\omega_c}e^{j\omega(n-\tau)}d\omega$$

$$h_d(n)=\begin{cases}\dfrac{\sin[\omega_c(n-\tau)]}{\pi(n-\tau)}=\dfrac{\sin[0.3\pi(n-\tau)]}{\pi(n-\tau)} & n\neq\tau\\[2ex] \dfrac{\omega_c}{\pi}=0.3 & n=\tau\end{cases}$$

式中,$\tau=(N-1)/2$,N 取奇数。

(4)由阻带衰减 $\alpha_s=50$ dB 确定窗函数,由过渡带宽确定窗口长度 N。

可选择汉明窗,其最小阻带衰减为 53 dB,可满足要求。

$$\omega(n)=\left[0.54-0.46\cos\left(\frac{2\pi n}{N-1}\right)\right]R_N(n),N=\frac{2\pi D}{\Delta\omega}=\frac{2\pi\times 3.3}{0.2\pi}=33$$

$\tau=(N-1)/2=16$ 若 N 不是整数,取大于它,且最接近它的奇数。

(5)求 $h(n)$

$$h(n)=\begin{cases}\dfrac{\sin[0.3\pi(n-\tau)]}{\pi(n-\tau)}\cdot\left[0.54-0.46\cos\left(\dfrac{2\pi n}{N-1}\right)\right]R_N(n) & 0\leqslant n\leqslant 33,n\neq 16\\[2ex] 0.3 & n=16\end{cases}$$

(6)验证 $h(n)$ 的频率特性。

将 $h(n)$ 做傅立叶变换,比较它的频率特性是否满足设计要求。

6.4 本章相关的 Matlab 释义与程序实现

6.4.1 巴特沃斯滤波器

设计巴特沃斯滤波器的 Matlab 函数及其用法如下:

(1)$[N,w_c]=\text{buttord}(w_p,w_s,\alpha_p,\alpha_s)$

用于计算巴特沃斯数字滤波器的阶数 N 和 3 dB 截止频率 w_c。调用参数 w_p,w_s 分别为数字滤波器的通带、阻带截止频率的归一化值,要求:$0\leqslant w_p\leqslant 1$,$0\leqslant w_s\leqslant 1$,$\alpha_p$,$\alpha_s$ 分别为通带最大衰减和阻带最小衰减(dB)。

(2)$[N,\Omega_c]=\text{buttord}(\Omega_p,\Omega_s,\alpha_p,\alpha_s,'s')$

用于计算巴特沃斯模拟滤波器的阶数 N 和 3 dB 截止频率 Ω_c。Ω_p,Ω_s,Ω_c 均为实际模拟角频率。

(3)$[z0,p0,k0]=\text{buttap}(N)$

用于计算 N 阶巴特沃斯归一化(3 dB 截止频率 $\Omega_c=1$)模拟低通原型滤波器系统函数的零、极点和增益因子。如果要从零极点模型得到系统函数的分子分母多项式系数向量 ba、aa,可调用 $[B,A]=zp2tf(z0,p0,k0)$。

(4)$[b,a]=\text{butter}(N,w_c,[,'\text{ftype}'],'s')$

计算 N 阶巴特沃斯数字滤波器系统函数分子分母多项式的系数向量 b、a。调

用参数 N 和 w_c 分别为巴特沃斯数字滤波器的阶数和 3 dB 截止频率的归一化值（关于 pi 归一化），b、a 是按照 $z-1$ 的升幂排列。's'为模拟滤波器，缺省时为数字滤波。'ftype'滤波器的类型可取为：'high'高通滤波器，截止频率为 w_c。'stop'带阻滤波器，截止频率为 $wn=[w1,w2](w1<w2)$。'ftype'缺省时为低通或带通滤波器。w_c 只有 1 个值，则默认为低通；若 w_c 有 2 个值，则默认为带通；其通带频率区间 $w_{c1}<w<w_{c2}$。

(5)$[B,A]$=butter(N,Ω_c,'ftype','s')

计算巴特沃斯模拟滤波器系统函数的分子分母多项式系数向量 ba、aa。调用参数 N 和 Ω_c 分别为巴特沃斯模拟滤波器的阶数和 3 dB 截止频率（实际角频率），可调用 buttord(2)格式计算 N 和 Ω_c。系数 B、A 按 s 的降幂排列。'ftype'同(4)。

【例程 1】 绘制 Butterworth 低通模拟原型滤波器的幅频平方响应曲线，阶数分别为 2,4,8。

chaptersix1 程序：

```
%chaptersix1.m   设计巴特沃斯低通模拟滤波器，程序名 chaptersix1
n=0:0.01:2;                          %频率点
for  i=1:3                           %取 3 种滤波器
    switch i
    case 1,N=2;
    case 2,N=4;
    case 3,N=8;
    end
    [z,p,k]=buttap(N);               %设计 Butterworth 滤波器
    [b,a]=zp2tf(z,p,k);          %将零点极点增益形式转换为传输函数形式
    [H,w]=freqs(b,a,n);              %按 n 指定的频率点给出频率响应
    magH2=(abs(H)).^2;               %给出传输函数幅度平方
    hold on;
    plot(w,magH2);                   %绘制传输函数幅度平方
xlabel('归一化角频率 Ω/Ωc');
ylabel('幅度平方 |H(jΩ)|^2');
title('Butterworth 模拟原型滤波器');
text(1.5,0.18,'n=2')                 %标记
text(1.3,0.08,'n=4')
text(1.16,0.08,'n=8')
```

```
grid on;
  end
```

运行及其结果：

```
>> chaptersix1
```

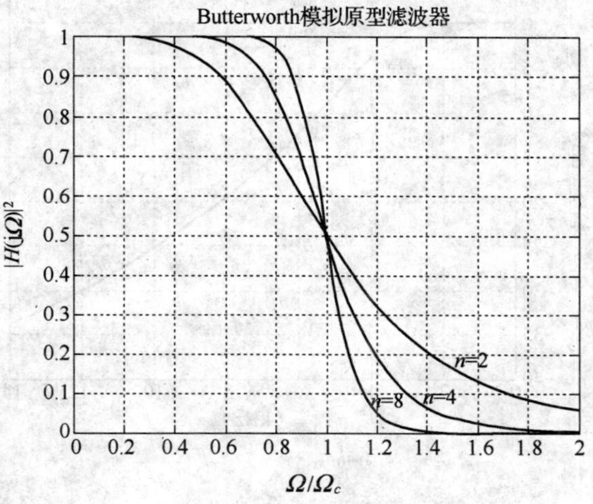

【例程 2】 设计一巴特沃斯低通滤波器。要求满足以下指标：通带边频 $f_p=5$ kHz，通带的最大衰减 $\alpha_p=2$ dB，阻带边频 $f_s=12$ kHz，阻带的最小衰减 $\alpha_s=30$ dB。

chaptersix2 程序：

```
%chaptersix2.m  设计巴特沃斯低通模拟滤波器，程序名 chaptersix2
wp=2*pi*5 000;ws=2*pi*1 200;Rp=2;As=30;
[N,wc]=buttord(wp,ws,Rp,As,'s')                    %模拟滤波器
[B,A]=butter(N,wc,'s');
k=0:511;fk=0:14 000/512:14 000;wk=2*pi*fk;
Hk=freqs(B,A,wk);
plot(fk/1 000,20*log10(abs(Hk)));
grid on
xlabel('频率(kHz)');ylabel('幅度(dB)')
axis([0,14,-40,5])
```

运行及其结果：

```
>> chaptersix2
N=3
wc=2.383 9e+004
```

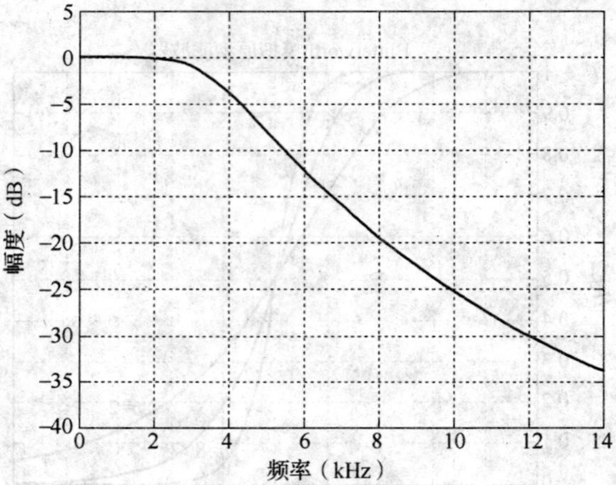

【例程 3】 设计巴特沃斯带阻模拟滤波器，要求采样频率 $f_s=1$ kHz，其 3 dB 的边界频率为 95 Hz 和 105 Hz。

chaptersix3 程序：

```
%chaptersix3.m  设计巴特沃斯带阻模拟滤波器，程序名 chaptersix3
w1=95/500;
w2=105/500;
[B,A]=butter(1,[w1,w2],'stop');
[h,w]=freqz(B,A);
f=w/pi*500;
plot(f,20*log10(abs(h)));
axis([50,150,-30,10]);
grid;
xlabel('频率(Hz)')
ylabel('幅度(dB)')
```

运行及其结果：

```
>> chaptersix3
```

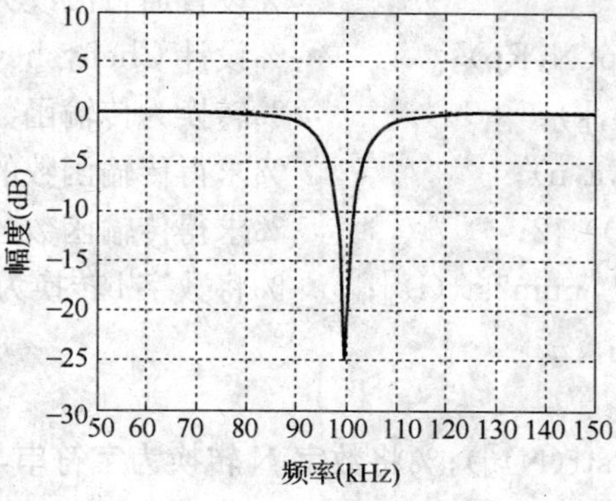

6.4.2 切比雪夫滤波器

切比雪夫滤波器的 Matlab 函数、调用格式及其用法如下：

(1)[z,p,k]=cheb1ap(N,Rp)

用于计算切比雪夫Ⅰ型滤波器的零点 z、极点 p 和增益 k。调用参数 N 为滤波器的阶数，Rp 为通带波纹，单位为 dB。

(2)[n,Wn]=cheb1ord(Wp,Ws,Rp,Rs)

用于计算切比雪夫Ⅰ型滤波器的阶数 n 和截止频率 Wn。调用参数 Wp 和 Ws 分别是通带和阻带的截止频率，其取值范围为 0 至 1 之间。当其值为 1 时代表采样频率的一半。Rp 和 Rs 分别是通带和阻带的波纹系数。

(3)[b,a]=cheby1(n,Rp,Wn,'ftype')

cheby1 函数可设计低通、高通、带通和带阻契比雪夫Ⅰ型滤波器，其通带内为等波纹，阻带内为单调。计算 n 阶切比雪夫Ⅰ型滤波器系统函数分子、分母多项式的系数向量 b、a。调用参数 n 和 Rp 分别为巴特沃斯数字滤波器的阶数和通带波纹系数。

【例程 4】 绘制切比雪夫低通模拟原型滤波器的幅频平方响应曲线，阶数分别为 2,4。

chaptersix4 程序：

```
%chaptersix4. m   设计切比雪夫低通模拟滤波器，程序名 chaptersix4
n=0:0.01:2;                                   %设置频率点
for i=1:2
switch i
case 1,N=2;
```

```
case 2,N=4;
end
Rp=1;                              %设置通带波纹为 1 dB
[z,p,k]=cheb1ap(N,Rp);             %设计 Chebyshev Ⅰ型滤波器
[b,a]=zp2tf(z,p,k);                %转换为传输函数形式
[H,w]=freqs(b,a,n);                %求得传输函数的频率特性
magH2=(abs(H)).^2;                 %求得传输函数的幅频响应
posplot=['2,2,'  num2str(i)];      %将数字 i 转换为字符串,与'2,2,'合并
subplot(posplot);
plot(w,magH2);
title(['N='num2str(N)]);%将数字 N 转换为字符串与'N='合并作为标题
xlabel('归一化角频率 Ω/Ωc');
ylabel('Chebyshev I 幅度平方|H(jΩ)|^2');
grid on
end
```

运行及其结果:

```
>> chaptersix4
```

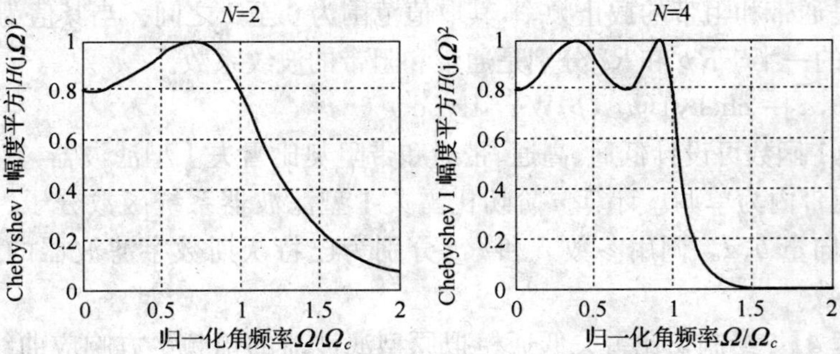

6.4.3 窗函数法设计 FIR 滤波器

窗函数法设计 FIR 滤波器的 Matlab 函数及其用法如下:

(1)w=bartlett(n)

三角窗(Bartlett 窗),调用参数 n 是窗函数的长度阶数,输出参数 w 是由窗函数值组成的 n 阶向量。

(2)w=hann(n)

汉宁窗，调用参数 n 是窗函数的长度阶数，输出参数 w 是由窗函数值组成的 n 阶向量。

(3) w=hamming(n)

汉明窗，调用参数 n 是窗函数的长度阶数，输出参数 w 是由窗函数值组成的 n 阶向量。

(4) w=blackman(n)

布莱克窗，调用参数 n 是窗函数的长度阶数，输出参数 w 是由窗函数值组成的 n 阶向量。

【例程 5】　采用汉明窗设计 FIR 数字低通滤波器，要求通带截止频率 $\omega_p=0.25\pi$rad，阻带截止频率 $\omega_s=0.35\pi$rad。

chaptersix5 程序：

```
%chaptersix5.m 根据技术指标，采用汉明窗设计 FIR 数字低通滤波器
wp=0.25*pi;ws=0.35*pi;          %滤波器边界频率
wdelta=ws-wp;                   %过渡带宽
N=ceil(6.6*pi/wdelta);          %窗主瓣宽求得滤波器所用窗最小长度
Nw=N;
wc=(wp+ws)/2;                   %截止频率在通带和阻带边界频率的中点
n=0:N-1;
alpha=(N-1)/2;                  %求滤波器的相位延迟
m=n-alpha+eps;                  %eps 为 Matlab 系统精度
hd=sin(wc*m)./(pi*m);           %求理想滤波器脉冲响应
win=hamming(Nw);                %采用汉明窗
h=hd.*win';                     %时间域乘积对应于频率域的卷积
b=h;
figure(1)
[H,f]=freqz(b,1,512);
subplot(2,1,1),plot(f,20*log10(abs(H)))
xlabel('频率(Hz)');ylabel('幅度(dB)');grid on;
subplot(2,1,2),plot(f,180/pi*(angle(H)))
xlabel('频率(Hz)');ylabel('相位(^o)');grid on;
```

运行及其结果：

```
>> chaptersix5
```

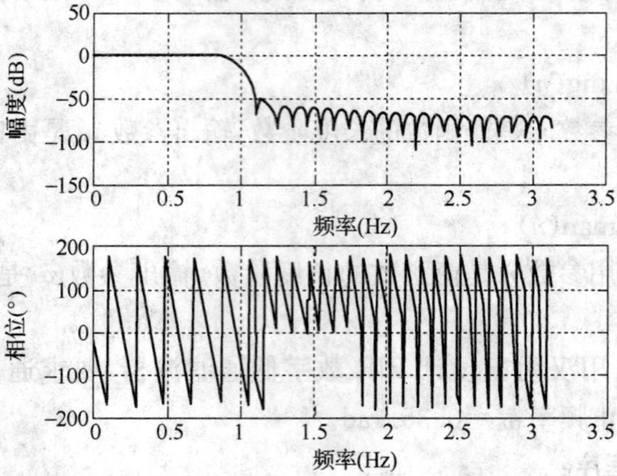

习　题

6.1　设一模拟滤波器传输函数为 $H_a(s)=\frac{1}{s+1}$，证明该滤波器具有单调下降的低通幅频响应特性，且 $|H_a(j0)|=1$，$|H_a(j\infty)|=0$ 并求 3 dB 截止频率 Ω_c。

6.2　推导二阶巴特沃斯低通滤波器的系统函数(设 $\Omega_c=1$ rad/s)。

6.3　推导二阶切比雪夫低通滤波器的系统函数。已知通带波纹为 2 dB，归一化截止频率为 $\Omega_c=1$ rad/s。

6.4　设计一个巴特沃斯模拟低通滤波器，要求通带截止频率 2.1 kHz，通带最大衰减为 0.5 dB，阻带截止频率为 8 kHz，阻带最小衰减 30 dB。求满足要求的最低阶数 N 以及滤波器的传输函数 $H_a(s)$。

6.5　如果将 6.4 设计的滤波器改为切比雪夫Ⅰ型，再求满足其要求的最低阶数 N。

6.6　已知模拟滤波器的传输函数为 $H_a(s)=\frac{1}{s^2+s+1}$，设采样周期为 2 s，试用双线性变换法将它转变为系统函数 $H(z)$。

6.7　用双线性变换法设计一个低通数字滤波器，要求幅频特性单调下降且 3 dB截止频率 $\omega_p=\omega_c=\frac{\pi}{3}$rad，阻带截止频率 $\omega_s=\frac{4\pi}{5}$rad，阻带最小衰减 $\alpha_s=15$ dB，采样频率为 $f_s=30$ kHz。

6.8　用双线性变换法设计巴特沃斯数字低通滤波器，要求抽样频率为 $f_s=500$ Hz，通带截止频率为 0.2 rad，通带最大衰减为 1 dB，阻带截止频率为 0.3 rad，阻带最小衰减为 10 dB。

6.9　用双线性变换法设计一个六阶巴特沃斯数字带通滤波器，采样频率为

$f_s=500$ Hz，上、下边带截止频率分别为 $f_2=150$ Hz，$f_1=30$ Hz。

6.10　要设计一个二阶巴特沃斯带阻数字滤波器，其阻带 3 dB 的边带频率分别为 40 kHz 和 20 kHz，抽样频率 $f_s=200$ kHz。

6.11　用矩形窗和三角形窗设计一个线性相位低通 FIR 数字滤波器，要求 $\omega_c=0.5\pi$，$N=21$。

6.12　用矩形窗设计一个线性相位带通 FIR 数字滤波器，逼近理想带通滤波器：$H_d(e^{j\omega})=\begin{cases} e^{-j\omega\alpha} & \omega_c\leqslant\omega\leqslant\omega_c+B \\ 0 & 0<|\omega|\leqslant\omega_c,\omega_c+B<|\omega|<\pi \end{cases}$，要求过渡带带宽小于 0.125π rad。

6.13　用矩形窗设计一个线性相位高通 FIR 数字滤波器，逼近理想高通滤波器：$H_d(e^{j\omega})=\begin{cases} e^{-j\omega\alpha} & \omega_c\leqslant\omega\leqslant\pi \\ 0 & 0<|\omega|\leqslant\omega_c \end{cases}$，要求过渡带带宽小于 0.125π rad。

6.14　用矩形窗设计一线性相位高通滤波器 $H_d(e^{j\omega})=\begin{cases} e^{-j\alpha(\omega-\pi)} & \pi-\omega_c\leqslant\omega\leqslant\pi \\ 0 & 0\leqslant\omega\leqslant\pi-\omega_c \end{cases}$，试求出 $h(n)$ 的表达式，确定 α 与 N 的关系。

6.15　用矩形窗设计一线性相位低通 FIR 滤波器，设计要求：(1)若截止频率 ω_c、窗口长度 N 为已知，求该滤波器的单位抽样响应；(2)若 $\omega_c=0.25\pi$，$N=33$，试用 Matlab 编程去实现该低通 FIR 滤波器。

6.16　用双线性变换法设计一个三阶巴特沃思数字低通滤波器，采样周期 $T=250\ \mu$s，3 dB 边界频率为 1 kHz。要求理论推导出该数字滤波器的系统函数，并用 Matlab 编程实现。

参 考 文 献

[1] Oppenheim A V, Schafer R W. Discrete-Time Signal Processing[M]. Second Edition. Prentice Hall. Inc. 1999.

[美]A. V. 奥本海姆,等著. 离散时间信号处理(第二版)[M]. 刘树棠,黄建国,译. 西安:西安交通大学出版社,2001.

[2] John G. Proakis, Dimitris G. Manolakis. Digital Signal Processing: Principles, Algorithms and Applications[M]. Prentice-Hall, Inc, 1996.

[美]谱罗奇斯(Proakis, J. ohn G.)等著. 数字信号处理(第三版)[M]. 张晓林译. 北京:电子工业出版社,2004.

[3] Buck J R, Daniel M M , Singer A C. Computer Explorations in Signal and Systems [M]. Prentice Hall. Inc. 1996.

[美]J. R. 巴克等著. 信号与系统计算机练习[M]. 刘树棠译. 西安:西安交通大学出版社,2000.

[4] 高西全,丁玉美编著. 数字信号处理(第三版)[M]. 西安:西安电子科技大学出版社,2008.

[5] 程佩青编著. 数字信号处理教程(第三版)[M]. 北京:清华大学出版社,2007.

[6] 张延华,黎玉玲编著. 离散信号处理——应用与实践(第二版)[M]. 北京:机械工业出版社,2010.

[7] 丁亦农编著. Simulink 与信号处理[M]. 北京:北京航空航天大学出版社,2010.

[8] 丁康,谢明,杨志坚著. 离散频谱分析校正理论与技术[M]. 北京:科学出版社,2008.

[9] 王兆华,黄翔东编著. 数字信号全相位谱分析与滤波技术[M]. 北京:电子科技出版社,2009.

[10] 刘顺兰,吴杰编著. 数字信号处理教程(第二版)[M]. 西安:西安电子科技大学出版社,2009.

[11] 王永玉,孙衢编著. 数字信号处理及应用——实验教程与习题解答[M]. 北京:北京邮电大学出版社,2009.

[12] 楼顺天,李博菡编者. 基于 MATLAB 的系统分析与设计[M]. 西安:西安电子科技大学出版社,2000.

[13] 张德丰,王世泰,李城德等编. MATLAB 数字信号处理与应用[M]. 北京:清华大学出版社,2010.

[14] 王兆华,黄翔东编著. 数字信号全相位谱分析与滤波技术[M]. 西安:西安电子科技大学出版社,2008.

[15] 方勇编著. 数字信号处理——原理与实践[M]. 北京:清华大学出版社,2005.

[16] 楼顺天,李傅菡编著. 基于 MATLAB 的系统分析与设计——信号处理[M]. 西安:西安电子科技大学出版社,1998.

[17] 丁康,谢明,杨志坚著. 离散频谱分析校正理论与技术[M]. 北京:科学出版社,2008.